中国城乡建设统计年鉴

China Urban – Rural Construction Statistical Yearbook

2009 年

中华人民共和国住房和城乡建设部　编

Ministry of Housing and Urban – Rural Development，P. R. CHINA

中 国 计 划 出 版 社

CHINA PLANNING PRESS

图书在版编目（CIP）数据

中国城乡建设统计年鉴. 2009年/中华人民共和国住房和城乡建设部编. —北京：中国计划出版社，2010.11

ISBN 978-7-80242-383-1

Ⅰ.①中… Ⅱ.①中… Ⅲ.①城乡建设-统计资料-中国-2009-年鉴 Ⅳ.①TU984.2-66

中国版本图书馆CIP数据核字（2010）第189890号

中国城乡建设统计年鉴（2009年）

中华人民共和国住房和城乡建设部 编

☆

中国计划出版社出版

（地址：北京市西城区木樨地北里甲11号国宏大厦C座4层）

（邮政编码：100038 电话：63906433 63906381）

新华书店北京发行所发行

三河富华印刷包装有限公司印刷

880×1230毫米 1/16 14.5印张 447千字

2010年11月第1版 2010年11月第1次印刷

印数 1—1000册

☆

ISBN 978-7-80242-383-1

定价：62.00元

编 者 语

一、为贯彻落实科学发展观和城乡统筹精神，全面反映我国城乡市政公用设施建设与发展状况，为方便国内外各界了解中国城乡建设全貌，我们编辑了《中国城乡建设统计年鉴》和《中国城市建设统计年鉴》中英文对照本，每年公开出版一次，供社会广大读者作为资料性书籍使用。

二、《中国城乡建设统计年鉴2009》根据各省、自治区和直辖市建设行政主管部门上报的2009年城乡建设统计数据编辑。全书共分城市、县城和村镇三个部分。

三、本年鉴数据不包括香港特别行政区、澳门特别行政区以及台湾省。

四、为促进中国建设行业统计信息工作的发展，欢迎广大读者提出改进意见。

Editor's Note

Under the guideline of the Scientific Outlook on Development and in line with the efforts to promote the coordinated urban and rural development, *China Urban-Rural Construction Statistical Yearbook and China Urban Construction Statistical Yearbook* are published annually in both Chinese and English languages to provide comprehensive information on urban and rural service facilities development in China. Being the source of facts, the yearbooks help to facilitate the understanding of people from all walks of life at home and abroad on China's urban and rural development.

2009 China Urban-Rural Construction Statistical Yearbook is complied based on statistical data on urban construction in year 2009 that were reported by construction authorities of provinces, autonomous regions and municipalities directly under the central government. The yearbook is composed of statistics for three parts, namely statistics for cities, county seats, and villages and small towns.

This Yearbook does not include data of Hong Kong Special Administrative Region, Macao Special Administrative Region and Taiwan Province.

Any comments to improve the quality of the yearbook are welcomed to promote the advancement in statistics in China's construction industry.

《中国城乡建设统计年鉴—2009年》编委会和编辑工作人员

一、编委会

主　任： 齐　骥

副主任： 何兴华　郑立均

编　委：（以地区排名为序）

郑玉昕　沈　欣　苏蕴山　闫晨曦　李锦生　李振东　王正刚　邵　武
郝　诚　杨春青　沈晓苏　顾小平　应柏平　倪　虹　李　尧　欧阳泉华
杨焕彩　张俊乾　陈海勤　王国清　张学峰　杨世元　杜　挺　严世明
李建飞　张其悦　江小群　张　鹏　罗应光　陈　锦　李　慧　匡　湧
刘慧芳　刘　平

二、编辑工作人员

总 编 辑： 郑立均（兼）

副总编辑： 赵惠珍　郭巧洪　倪　稞

编辑人员：（以地区排名为序）

张　文　林　月　苑海燕　王红梅　杨桂忠　赵晓阳　陈焕伟　闫　萍
王志强　赵胜格　张学峰　李成喜　薛明耀　陈辅强　邵丽峰　王文杰
温骏骅　边晓红　司　慧　郑　波　张伟兴　郭惠杰　孙　野　林　岩
张艳春　刘海臣　李　丽　张广坤　刘继忠　朴秉用　姜执伟　王　青
路文龙　朱达祺　韩建忠　朱建芬　王佳剑　曲秀丽　何爱娟　沙　洋
陈小满　尹宗军　叶宋铃　刘　斌　虞文军　潘泽洪　欧阳洪琴　熊春华
蔡正杰　卢晓栋　徐启峰　汤　群　王　强　李一平　张　冰　吴学英
刘延中　金　涛　李　斌　熊美玲　蒋红翠　陈克军　李鼎宇　李　亚
林　琳　冯育文　陈丽霞　吴伟权　陆　翔　胡沛琪　赵文川　彭志辉
刘建民　郑世谊　袁晓玲　文技军　李昌耀　杨　科　刘明阳　罗孟军
杨跃光　董小星　罗　伟　朱红星　汪　巡　刘永丽　张建军　路　佳
盛日杰　张高荣　张亚非　刘文娟　柳舒甫　慕　剑　张　琰　康海霞
朱燕敏　冯宁军　杨春波　巴尔古丽　杜志坚　刘　振

英文编辑： 林晓南

China Urban-Rural Construction Statistical Yearbook-2009
Editorial Board and Editorial Staff

Ⅰ. Editorial Board

Ⅱ. Editorial Staff

目　　录

CONTENTS

年鉴总说明

一、2009 年底全国 31 个省、自治区、直辖市（不含台湾省），共有设市城市 654 个，县（含自治县、旗、自治旗、林区、特区）1636 个，建制镇 19322 个，乡 14848 个，村委会 59.7 万个。

二、本年鉴共分三个部分：城市部分、县城部分和村镇部分。其中城市部分按 654 个城市汇总；县城部分按 1617 个县汇总，另外统计了 13 个特殊区域以及 144 个新疆生产建设兵团师团部驻地；村镇部分按 16881 个建制镇，13886 个乡，667 个镇乡级特殊区域，271.4 万个自然村（其中村民委员会所在地 56.8 万个）汇总。

三、本年鉴的统计范围

设市的城市的城区：市本级（1）街道办事处所辖地域；（2）城市公共设施、居住设施和市政公用设施等连接到的其他镇（乡）地域；（3）常住人口在 3000 人以上独立的工矿区、开发区、科研单位、大专院校等特殊区域。

县城：（1）县政府驻地的镇、乡或街道办事处地域（城关镇）；（2）县城公共设施、居住设施和市政公用设施等连接到的其他镇（乡）地域；（3）常住人口在 3000 人以上独立的工矿区、开发区、科研单位、大专院校等特殊区域。

村镇：政府驻地的公共设施和居住设施没有和城区（县城）连接的建制镇、乡和镇乡级特殊区域。

四、北京市的延庆县、密云县县城和镇区部分，上海市的崇明县县城部分的数字含在城市报表中，同时村镇部分也单独列出，因此两部分有重复，不能简单加总计算。河北省邯郸县、邢台县、宣化县、沧县，山西省泽州县，辽宁省抚顺县、盘山县、铁岭县、朝阳县，江西省九江县，河南省许昌县、安阳县，新疆乌鲁木齐县、和田县共 14 个县，因为和所在城市市县同城，因此县城部分数据含在所在城市报表中。福建省金门县暂无数据资料。

五、自 2009 年起，城市部分公共交通相关内容不再统计，增加城市轨道交通建设情况内容。

六、本年鉴中除人均住宅建筑面积、人均日生活用水外，所有人均指标、普及率指标均以户籍人口与暂住人口合计为分母计算。

七、本年鉴中“—”表示本数据不足本表最小单位数。

八、本年鉴中部分数据合计数或相对数由于单位取舍不同而产生的计算误差，均没有进行机械调整。

PREFACE

1. There were a total of 654 cities, 1636 counties (including autonomous counties, banners, autonomous banners, forest districts, and special districts), 19322 towns, 14848 townships, and 597 thousand villagers committees in all the 31 provinces, autonomous regions and municipalities (excluding Taiwan Province) across China by 2009.

2. The yearbook is composed of the following 3 parts: Cities, County Seats, and Small Villages and Towns. The census in the part of Cities is based on data collected from the 654 cities, while in the part of County Seats, data is from 1617 counties, 13 special regions and 144 stations of Xinjiang Production and Construction Corps, and in the Villages and Small Towns part, statistics is based on data from 16881 towns, 13886 townships, 667 farms, and 2714 thousand natural villages.

3. Coverage of the statistics

Urban Areas: (1) areas under the jurisdiction of neighborhood administration; (2) other towns (townships) connected to urban public facilities, residential facilities and municipal utilities; (3) special areas like independent industrial and mining districts, development zones, research institutes, and universities and colleges with permanent residents of 3000 and above.

County Seat Areas: (1) towns and townships where county governments are situated and areas under the jurisdiction of neighborhood administration; (2) other towns (townships) connected to county seat public facilities, residential facilities and municipal utilities; (3) special areas like independent industrial and mining districts, development zones, research institutes, and universities and colleges with permanent residents of 3000 and above.

Villages and Small Towns Areas: towns, townships and special district at township level of which public facilities and residential facilities are not connected to those of cities (county seats).

4. Data from the county seats and towns of Yanqing and Miyun County in Beijing are included in the census for Beijing, and data from the county seat of Chongming County in Shanghai are included in the census for Shanghai, while data for towns and villages in these threee counties are listed separately, therefore, due to the overlapping coverage, the sum of these two parts of figures cannot be produced by simple addition. Data from the county seats of Handan, Xingtai, Xuanhua, and Cangxian County in Hebei Province, Zezhou County in Shanxi Province, Fushun, Panshan, Tieling, and Chaoyang County in Liaoning Province, Jiujiang County in Jiangxi Province, Xuchang and Anyang County in Henan Province, and Urumqi and Hetian County in Xinjiang Autonomous Region are included in the census for the respective cities administering the above 14 counties due to the identity of the location between the county seats and the cities. No data are available for Jinmen County in Fujian Province.

5. Starting from 2009, statistics on urban public transport have been removed, and relevant information on the construction of urban rail transport system has been added.

6. All the per capita and coverage rate data in this Yearbook, except the per capita residential floor area and per capita daily consumption of domestic water, are calculated using the sum of resident and non-resident population as a denominator.

7. In this yearbook, " – " indicates that the figure is not large enough to be measured with the smallest unit in the table.

8. The calculation errors of the total or relative value of some data in this Yearbook arising from the use of different measurement units have not been mechanically aligned.

一、城市部分

Statistics for Cities

2009 年城市建设统计概述

概况 2009 年末，全国设市城市 654 个，城市城区人口 3. 40 亿人，暂住人口 0. 36 亿人，建成区面积 3. 81 万平方公里。

城市市政公用设施固定资产投资 2009 年城市市政公用设施固定资产完成投资 10641. 5 亿元，城市市政公用设施固定资产完成投资总额占同期全社会固定资产投资总额的 4. 73%，占同期城镇固定资产投资总额的 5. 48%。道路桥梁、轨道交通、园林绿化分别占城市市政公用设施固定资产投资的 46. 5%、16. 3% 和 8. 6%。

全国城市市政公用设施投资新增固定资产 5814. 1 亿元，固定资产投资交付使用率 54. 6%。主要新增生产能力（或效益）是：供水日综合生产能力 968 万立方米，天然气储气能力 623 万立方米，集中供热蒸汽能力 3045 吨/小时，热水能力 14349 兆瓦，道路长度 9188 公里，轨道交通运营线路长度 264 公里，排水管道长度 1. 58 万公里，城市污水处理厂日处理能力 781 万立方米，城市生活垃圾日处理能力 2. 4 万吨。

城市供水和节水 2009 年，城市供水总量 496. 7 亿立方米，其中，生产运营用水 166. 8 亿立方米，公共服务用水 63. 1 亿立方米，居民家庭用水 169. 6 亿立方米，用水人口 3. 6 亿人，用水普及率 96. 12%，人均日生活用水量 176. 58 升。2009 年，城市节约用水 62. 9 亿立方米，节水措施总投资 19. 8 亿元。

城市燃气和集中供热 2009 年，人工煤气供应总量 361. 6 亿立方米，天然气供气总量 405. 1 亿立方米，液化石油气供气总量 1340. 0 万吨。用气人口 3. 44 亿人，燃气普及率 91. 41%。2009 年末，蒸汽供热能力 9. 3 万吨/小时，热水供热能力 28. 6 万兆瓦，集中供热面积 38. 0 亿平方米。

城市轨道交通 2009 年末，全国有 10 个城市已建成轨道交通线路条数 33 条，长度 839 公里，车站数 558 个，其中换乘站 116 个，配置车辆数 4801 辆。全国有 28 个城市在建轨道交通线路条数 81 条，长度 1991 公里，车站数 1342 个，其中换乘站 306 个。

城市道路桥梁 2009 年末，城市道路长度 26. 91 万公里，道路面积 48. 19 亿平方米，其中人行道面积 10. 59 亿平方米，人均城市道路面积 12. 79 平方米。

城市排水与污水处理 2009 年末，全国城市共有污水处理厂 1214 座，污水厂日处理能力 9052 万立方米，排水管道长度 34. 4 万公里。城市年污水处理总量 279 亿立方米，城市污水处理率 75. 25%，其中污水处理厂集中处理率 65. 79%。

城市园林绿化 2009 年末，城市建成区绿化覆盖面积 149. 4 万公顷，建成区绿化覆盖率 38. 22%；建成区园林绿地面积 133. 8 万公顷，建成区绿地率 34. 17%；公园绿地面积 40. 2 万公顷，人均公园绿地面积 10. 66 平方米。

国家级风景名胜区 2009 年末，全国共有 208 处国家级风景名胜区，统计了其中 198 处，风景名胜区面积 8. 1 万平方公里，可游览面积 3. 4 万平方公里，全年接待游人 4. 6 亿人次。国家投入 34 亿元用于风景名胜区的维护和建设。

城市市容环境卫生 2009 年末，全国城市道路清扫保洁面积 44. 7 亿平方米，其中机械清扫面积 14. 2 亿平方米，机械清扫率 31. 8%。全年清运生活垃圾、粪便 1. 79 亿吨。

Overview

General situation

There were 654 cities across the country at the end of 2009 with a total population of 340 million, among which 36 million were temporary population. The urban built areas amounted to 38. 1 thousand square kilometers.

The fixed assets investment in municipal service facilities

In 2009, the total fixed assets investment in the urban municipal service facilities reached 1064. 15 billion yuan, accounting for 4. 73% of the country's total fixed assets investment and 5. 48% of total urban fixed assets investment in the same period. The fixed assets investment in roads and bridges, transit system, and landscaping and greening accounted for 46. 5% , 16. 3% , and 8. 6% of the total fixed assets investment in municipal service facilities respectively.

This year saw the newly added fixed assets in the municipal service facilities amounting to 581. 41 billion yuan. The fixed assets delivery rate reached 54. 6% . The newly added production capacity or efficacy of major facilities were as follows: daily overall water production capacity was 9. 68 million cubic meters, natural gas storage capacity was 6. 23 million cubic meters, supply capacity of central heating from steam and hot water was 3045 tons per hour and 14349 megawatts respectively, length of urban roads totaled 9188 kilometers, length of rail transit lines in operation was 264 kilometers, drainage pipelines reached 15. 8 thousand kilometers, daily urban wastewater treatment capacity was 7. 81 million cubic meters, and daily urban domestic garbage treatment capacity was 24 thousand tons.

Urban water supply and water conservation

In 2009, the urban water supply totaled 49. 67 billion cubic meters. 16. 68 billion cubic meters of water was consumed in production and operation, 6. 31 billion cubic meters in public service, and 16. 96 billion cubic meters was for domestic use. The water supply served a population of 360 million with coverage rate of 96. 12% and daily per capita consumption of domestic water being 176. 58 liter. 6. 29 billion cubic meters of urban water was saved in the year with total investment in water saving measures reaching 1. 98 billion yuan.

Urban gas and central heating supply

In 2009, the man-made coal gas, natural gas, and LPG supply totaled 36. 16 billion cubic meters, 40. 51 billion cubic meters, and 13. 400 million tons respectively, serving a population of 344 million and with coverage rate of 91. 41% . By the end of 2009, the supply capacity of heating from steam and hot water reached 93 thousand tons per hour and 286 thousand megawatts respectively. The centrally heated area extended to reach 3. 80 billion square meters.

Urbanrail transit system

By the end of 2009, 33 rail transit lines have been built in 10 cities across the country, with total length reaching 839 kilometers. The number of stations totaled 558, among which 116 were transfer stations, and the number of vehicles in service amounted to 4801. There were 81 rail transit lines under construction in 28 cities across the country, which was 1991 kilometers long in total. These projects involved the construction of 1342 stations, among which 306 were transitions.

Urban roads and Bridge

At the end of 2009, the country claimed a total length of urban road of 269. 1 thousand kilometers covering an area of 4. 819 billion square meters with per capita area 12. 79 square meters.

Urban drainage and wastewater treatment

At the end of 2009, there were a total of 1214 wastewater treatment plants in cities with daily treatment capacity of 90. 52 million cubic meters. The length of drainage pipelines reached 344 thousand kilometers. The total quantity of urban wastewater treated within the year was 279 billion cubic meters with treatment rate of 75. 25% and central treatment rate of 65. 79%.

Urban landscaping and greening

By the end of 2009, the area in urban built district covered by greenery totaled 1. 494 million hectares with coverage rate of 38. 22%. The total green space in built areas amounted to 1. 338 million hectares with coverage rate of 34. 17%. The total public green space in cities was 402 thousand hectares with per capita public green space 10. 66 square meters.

State-level Scenic Spots and Historic Sites

By the end of 2009, there were 208 state-level scenic spots and historic sites in China, and they covered an area of 81 thousand square kilometers with 34 thousand square kilometers open to visitation which added up to 460 million people times for the whole year. The Central Government invested 3. 4 billion yuan in the development and maintenance of national parks.

The urban environmental sanitation

By the end of 2009, the total surface area of road cleaned and maintained was 4. 47 billion square meters, of which mechanically cleaned area was 1. 42 billion square meters with a mechanical cleaning rate of 31. 8%. The yearly amount of domestic garbage and night soil cleared and transported totaled 179 million tons.

1-1-1 全国历年城市市政公用设施水平

1-1-1 Level of National Urban Service Facilities in Past Years

指标 Item / 年份 Year	用水普及率（%） Water Coverage Rate (%)	燃气普及率（%） Gas Coverage Rate (%)	每万人拥有公共交通车辆（标台） Motor Vehicle for Public Fransport Per 10,000 Persons (standard unit)	人均道路面积（平方米） Road Surface Area Per Capita (m^2)	污水处理率（%） Wastewater Treatment Rate (%)	园林绿化			每万人拥有公厕（座） Number of Public Lavatories per 10,000 Persons (unit)
						人均公园绿地面积（平方米） Public Recreational Green Space Per Capita (m^2)	建成区绿地率（%） Green Space Rate of Built District (%)	建成区绿化覆盖率（%） Green Coverage Rate of Built District (%)	
1978									
1979									
1980									
1981	53.7	11.6		1.81		1.50			3.77
1982	56.7	12.6		1.96		1.65			3.99
1983	52.5	12.3		1.88		1.71			3.95
1984	49.5	13.0		1.84		1.62			3.57
1985	45.1	13.0		1.72		1.57			3.28
1986	51.3	15.2	2.5	3.05		1.84		16.90	3.61
1987	50.4	16.7	2.4	3.10		1.90		17.10	3.54
1988	47.6	16.5	2.2	3.10		1.76		17.00	3.14
1989	47.4	17.8	2.1	3.22		1.69		17.80	3.09
1990	48.0	19.1	2.2	3.13		1.78		19.20	2.97
1991	54.8	23.7	2.7	3.35	14.86	2.07		20.10	3.38
1992	56.2	26.3	3.0	3.59	17.29	2.13		21.00	3.09
1993	55.2	27.9	3.0	3.70	20.02	2.16		21.30	2.89
1994	56.0	30.4	3.0	3.84	17.10	2.29		22.10	2.69
1995	58.7	34.3	3.6	4.36	19.69	2.49		23.90	3.00
1996	60.7	38.2	3.8	4.96	23.62	2.76	19.05	24.43	3.02
1997	61.2	40.0	4.5	5.22	25.84	2.93	20.57	25.53	2.95
1998	61.9	41.8	4.6	5.51	29.56	3.22	21.81	26.56	2.89
1999	63.5	43.8	5.0	5.91	31.93	3.51	23.03	27.58	2.85
2000	63.9	45.4	5.3	6.13	34.25	3.69	23.67	28.15	2.74
2001	72.26	60.42	6.10	6.98	36.43	4.56	24.26	28.38	3.01
2002	77.85	67.17	6.73	7.87	39.97	5.36	25.80	29.75	3.15
2003	86.15	76.74	7.66	9.34	42.39	6.49	27.26	31.15	3.18
2004	88.85	81.53	8.41	10.34	45.67	7.39	27.72	31.66	3.21
2005	91.09	82.08	8.62	10.92	51.95	7.89	28.51	32.54	3.20
2006	86.07	79.11	9.05	11.04	55.67	8.3	30.92	35.11	2.88
	(97.04)	(88.58)	(10.13)	(12.36)		(9.3)			(3.22)
2007	93.83	87.40	10.23	11.43	62.87	8.98	31.30	35.29	3.04
2008	94.73	89.55	11.13	12.21	70.16	9.71	33.29	37.37	3.12
2009	96.12	91.41		12.79	75.25	10.66	34.17	38.22	3.15

注：1. 自2006年起，人均和普及率指标按城区人口和城区暂住人口合计为分母计算，以公安部门的户籍统计和暂住人口统计为准。括号中的数据为与往年同口径数据。

2. "人均公园绿地面积"指标2005年及以前年份为"人均公共绿地面积"。

Note: 1. Since 2006, figure in terms of per capita and coverage rate have been calculated based on denominator which combines both permanent and temporary residents in urban areas. And the population should come from statistics of police. The data in brackets are same index calculated by the method of past years.

2. Since 2006, Public Green Space Per Capita is changed to be Public Recreational Green Space Per Capita.

1-1-2 全国历年城市数量及人口、面积情况

1-1-2 National Changes in Number of Cities, Urban Population and Urban Area in Past Years

面积计量单位：平方公里 Area Measurement Unit: Square Meter

人口计量单位：万人 Population Measurement Unit: 10,000 persons

指标 Item / 年份 Year	城市个数 Number of Cities	地级 City at Prefecture Level	县级 City at County Level	县及其他个数 Number of Counties	城区人口 Urban Population	非农业人口 Non-Agricultural Population	城区暂住人口 Urban Temporary Population	城区面积 Urban Area	建成区面积 Area of Built District	城市建设用地面积 Area of Urban Construction Land
1978	193	98	92	2153	7682.0					
1979	216	104	109	2153	8451.0					
1980	223	107	113	2151	8940.5					
1981	226	110	113	2144	14400.5	9243.6		206684.0	7438.0	6720.0
1982	245	109	133	2140	14281.6	9590.0		335382.3	7862.1	7150.5
1983	281	137	141	2091	15940.5	10047.2		366315.9	8156.3	7365.6
1984	300	148	149	2069	17969.1	10956.9		480733.3	9249.0	8480.4
1985	324	162	159	2046	20893.4	11751.3		458066.2	9386.2	8578.6
1986	353	166	184	2017	22906.2	12233.8		805834.0	10127.3	9201.6
1987	381	170	208	1986	25155.7	12893.1		898208.0	10816.5	9787.9
1988	434	183	248	1936	29545.2	13969.5		1052374.2	12094.6	10821.6
1989	450	185	262	1919	31205.4	14377.7		1137643.5	12462.2	11170.7
1990	467	185	279	1903	32530.2	14752.1		1165970.0	12855.7	11608.3
1991	479	187	289	1894	29589.3	14921.0		980685.0	14011.1	12907.9
1992	517	191	323	1848	30748.2	15459.4		969728.0	14958.7	13918.1
1993	570	196	371	1795	33780.9	16550.1		1038910.0	16588.3	15429.8
1994	622	206	413	1735	35833.9	17665.5		1104712.0	17939.5	20796.2
1995	640	210	427	1716	37789.9	18490.0		1171698.0	19264.2	22064.0
1996	666	218	445	1696	36234.5	18882.9		987077.9	20214.2	19001.6
1997	668	222	442	1693	36836.9	19469.9		835771.8	20791.3	19504.6
1998	668	227	437	1689	37411.8	19861.8		813585.7	21379.6	20507.6
1999	667	236	427	1682	37590.0	20161.6		812817.6	21524.5	20877.0
2000	663	259	400	1674	38823.7	20952.5		878015.0	22439.3	22113.7
2001	662	265	393	1660	35747.3	21545.5		607644.3	24026.6	24192.7
2002	660	275	381	1649	35219.6	22021.2		467369.3	25972.6	26832.6
2003	660	282	374	1642	33805.0	22986.8		399173.2	28308.0	28971.9
2004	661	283	374	1636	34147.4	23635.9		394672.5	30406.2	30781.3
2005	661	283	374	1636	35923.7	23652.0		412819.1	32520.7	29636.8
2006	656	283	369	1635	33288.7		3984.1	166533.5	33659.8	34166.7
2007	655	283	368	1635	33577.0		3474.3	176065.5	35469.7	36351.7
2008	655	283	368	1635	33471.1		3517.2	178110.3	36295.3	39140.5
2009	654	283	367	1636	34068.9		3605.4	175463.6	38107.3	38726.9

注：1. 2005 年及以前年份"城区人口"为"城市人口"，"城区面积"为"城市面积"。

2. 2005 年、2009 年城市建设用地面积不含上海市。

Note: 1. In 2005 and before, Urban Population is the population of the city proper, and Urban Area is the area of the city proper.

2. Urban usable land for construction purpose throughout the country does not include that in Shanghai in 2005 and 2009.

1-1-3 全国历年城市维护建设资金收入

1-1-3 National Revenue of Urban Maintenance and Construction Fund in Past Years

计量单位：万元　Measurement Unit：10，000 RMB

指标 Item / 年份 Year	合计 Total	城市维护建设税 Urban Maintenance and Construction Tax	城镇公用事业附加 Extra-Charges for Municipal Utilities	中央财政拨款 Central Financial Allocation	地方财政拨款 Local Financial Allocation	水资源费 Water Resource Fee	国内贷款 Domestic Loan	利用外资 Foreign Investment	企事业单位自筹资金 Self-Raised Funds by Enterprises and Institutions	其他收入 Other Revenues
1980	276174		92966	66212						116996
1981	345600		92186	65657						187757
1982	425957		97416	69381						259160
1983	408524		103142	81571						223811
1984	468835		118445	96120						254270
1985	1168293	331296	129744	143313	123963	14142			49362	376473
1986	1448311	406817	157889	138944	351961	16812	31716	744		343428
1987	1638197	442275	176337	152094	225498	22420	61601	748		557224
1988	1845193	525452	192643	104666	181053	24396	75829	6386		734768
1989	1835625	603583	198409	91529	170347	24873	44494	10078		692312
1990	2104896	650908	226186	109126	198421	27876	88429	24713		779237
1991	2661198	695681	270109	99919	277595	35324	229274	107127		946169
1992	3934788	779701	310916	134237	576569	42506	322596	73484		1694779
1993	5811904	980234	329620	269593	594615	48498	445658	138159		3005527
1994	6748008	1161193	413851	213565	599378	47060	413327	183295		3716339
1995	7743732	1409097	447388	213543	725758	51964	476654	254876		4164452
1996	8476420	1578088	555873	103699	862641	60509	956850	558688	1194722	2605348
1997	11103424	1906696	561217	139392	1154245	61203	1657405	1407194	1077986	3138088
1998	14333158	2153203	603965	649420	1581006	63724	3069622	738402	1769411	3704405
1999	16271209	2191985	631558	1052000	1714628	77828	3741979	494463	2374802	3991966
2000	19889324	2372908	541475	1150668	2081330	100590	4146988	847124	3332242	5315999
2001	25262680	2709430	488144	895818	3237790	111087	7416589	563167	4095561	5745094
2002	31561758	3160358	498761	759545	3927309	123825	8739016	610535	6007620	7734789
2003	42761892	3717417	556909	771320	5329302	159757	13318273	681057	7696801	10531056
2004	52575966	4462912	590251	526414	6657678	206883	14455465	741815	9002038	15932510
2005	54225147	5512933	554799	621597	7958871	249990	16698914	927141	9460261	12240641
2006	35406259	5667745	762171	566632	10748459	244522				17416730
2007	47617452	6170604	824251	348134	12137926	279545				27856992
2008	56164219	7442775	896248	756011	14247316	254199				32567671
2009	67276878	7719472	980433	1066464	22311926	247971				34950612

注：自2006年起，城市维护建设资金收入仅包含财政性资金，不含社会融资。地方财政拨款中包括省、市财政专项拨款和市级以下财政资金；其他收入中包括市政公用设施配套费、市政公用设施有偿使用费、土地出让转让金、资产置换收入及其他财政性资金。

Note：Since 2006，national revenue of urban maintenance and construction fund includes the fund fiscal budget，not including social funds. Local Financail Allocation include province and city special finacial allocation，and Other Revenues include fee for expansion of municipal utilites capacity，fee for use of municaipal utilities，land drainage facilities，water resource fee，property displace fee and so on.

1-1-4 全国历年城市维护建设资金支出

指标 Item / 年份 Year	支出合计 Total	按用途分 By Purpose 固定资产投资支出 Expenditure From Investment in Fixed Assets	维护支出 Maintenance Expenditure	其他支出 Other Expenditures	供水 Water Supply	燃气 Gas Supply	集中供热 Central Heating
1978	163589	163589			38439		
1979	256895	114302	142593		49317		
1980	266451	112370	152991	1090	45258		
1981	325615	144837	180778		32932		
1982	369382	183897	172902	12583	50238		
1983	426986	185511	214709	26766	51642		
1984	462705	243479	219226		61886		
1985	1122714	721943	375563	25208	102424	86598	12157
1986	1343025	816154	431595	95276	139303	110697	17993
1987	1480706	895695	479768	105243	50997	99993	20339
1988	644695	246835	303420	94440	78875		
1989	737038	249516	361213	126309	99822		
1990	814901	269992	406025	138884	108132		
1991	2442190	1800536	446562	195092	265064	224584	
1992	3841602	2529896	1086759	224947	453996	261810	
1993	5573279	3757865	1550715	264699	613695	394564	
1994	6583051	4514337	1721457	347257	753151	376545	
1995	7578470	6056988	1092891	428591	839579	332546	
1996	8827009	6272955	2029361	524693	991630	405386	149145
1997	11229697	7832004	2149827	1247866	915220	477144	255485
1998	14374965	10927777	2354278	1092910	1250356	552624	406733
1999	16172386	12281137	2600945	1290304	1175347	485483	425240
2000	18960338	15400602	2699820	859916	1232155	620982	638120
2001	25372970	19207735	2367551	3797684	1530995	775355	789525
2002	31780253	24475402	3184473	4120378	1578903	844230	1137775
2003	42479605	32807384	3840924	5831298	1769459	1120184	1438295
2004	46617124	36924771	4662527	5029826	2013230	1237042	1538473
2005	52757240	40946915	5474379	6335946	2140834	1210925	1838492
2006	33494964	20005661	6950298	6888341	791690	344728	583932
2007	42473049	24649406	8689485	9134158	981690	409311	617348
2008	50083394	30612349	10432730	9279334	1074319	565441	1047382
2009	59270667	38125424	10982852	10187001	1175896	512700	1206084

注：1. 1978 年至 1984 年，1988 年至 1990 年供水支出为公用事业支出；1978 年至 2000 年道路桥梁支出为市政工程支

2. 自 2006 年起，城市维护建设资金支出仅包含财政性资金，不含社会融资。

Note：1. Data in the water supply column from 1978 to 1984 and from 1988 to 1990 reder to expenditure of public utilities; Data in

2. From 2006, expenditure of Urban maintenance and construction fund includes the fund from fiscal buget, not including so-

1-1-4 National Expenditure of Urban Maintenance and Construction Fund in Past Years

计量单位：万元 Measurement Unit：10，000RMB

按行业分 By Indurstry

公共交通 Public Transportation	道路桥梁 Road and Bridge	排水 Sewerage	防洪 Flood Control	园林绿化 Landscaping	市容环境卫生 Environmental Sanitation	其他 Other
	48882			13904		
	67940			19337	26541	
	77891			24708	26093	1089
	65032			23311	31751	
	114715			30304	41112	12585
	121204			35445	44873	26766
	150554			44421	52459	-6799
56073	331930			85831	76250	25208
43281	408526	86533		93234	107719	95276
50997	481682	92141		98347	109356	105242
	214471			61143	89510	94440
	229082			66320	94189	126309
	256539			73356	114880	138884
69668	757003			186574	206776	195092
106503	1198511			245334	283664	224947
199547	2336633			311418	363825	264699
139599	2929744			402105	440382	347257
154127	3222256			523299	575786	428591
201337	3590192	393753.11		532873	616247	524693
285625	4664378	539944.55		675787	736913	1247866
509899	6263259	881922.95		1035178	990036	1092909
504331	7359954	985336.27		1315396	953377	1290304
1434521	8188958	1291761		1779059	1526633	859916
1901819	8640772	2181103	568835	1776331	932631	6275604
2714424	11081731	2670957	1394590	918210	2628912	6810521
2540364	17463295	3580353	1089181	3348090	1665167	8465217
2405912	19862495	3361557	1494379	953154	3619398	9000952
3467801	23719550	3555419	1786861	908127	4224763	9904468
1511917	13154564	2215124	448841	2967691	1746169	9730308
3394326	16951020	2972994	729391	3611468	2100669	10704832
4012497	19769532	3709526	977739	4086639	2579521	12260798
2259540	23061301	4923007	820261	4979200	2716274	17616404

出，包含道路、桥梁、排水等。

the bridge and road column reder to expenditure of municipal engineering construction projects, including roads, bridges and sewers.
ciety fund.

1-1-5　按行业分全国历年城市市政公用设施建设固定资产投资

1-1-5　National Fixed Assets Investment in Urban Sevice Facilities by Industry in Past Years

计量单位：亿元　Measurement Unit：100 million RMB

指标 Item / 年份 Year	本年固定资产投资总额 Completed Investment of this Year	供水 Water Supply	燃气 Gas Supply	集中供热 Central Heating	公共交通 Public Transportation	道路桥梁 Road and Bridge	排水 Sewerage	污水处理及其再生利用 Wastewater Treatment and Reuse	防洪 Flood Control	园林绿化 Landscaping	市容环境卫生 Environmental Sanitation	垃圾处理 Garbage Treatment	其他 Other
1978	12.0	4.7				2.9							4.4
1979	14.2	3.4	0.6		1.8	3.1	1.2		0.1	0.4	0.1		3.4
1980	14.4	6.7				7.0							0.7
1981	19.5	4.2	1.8		2.6	4.0	2.0		0.2	0.9	0.7		3.2
1982	27.2	5.6	2.0		3.1	5.4	2.8		0.3	1.1	0.9		5.9
1983	28.2	5.2	3.2		2.8	6.5	3.3		0.4	1.2	0.9		4.7
1984	41.7	6.3	4.8		4.7	12.2	4.3		0.5	2.0	0.9		5.9
1985	64.0	8.1	8.2		6.0	18.6	5.6		0.9	3.3	2.0		11.3
1986	80.1	14.3	12.5	1.6	5.6	20.5	6.0		1.6	3.4	2.8		11.9
1987	90.3	17.2	10.9	2.1	5.5	27.1	8.8		1.4	3.4	2.1		11.9
1988	113.2	23.1	11.2	2.8	6.0	35.6	10.0		1.6	3.4	2.6		16.9
1989	107.0	22.2	12.3	3.3	7.7	30.1	9.7		1.2	2.8	2.8		14.8
1990	121.2	24.8	19.4	4.5	9.1	31.3	9.6		1.3	2.9	2.9		15.4
1991	170.9	30.2	24.8	6.4	9.8	51.8	16.1		2.1	4.9	3.6		21.3
1992	283.2	47.7	25.9	11.0	14.9	90.6	20.9		2.9	7.2	6.5		55.6
1993	521.8	69.9	34.8	10.7	22.1	191.8	37.0		5.9	13.2	10.6		125.8
1994	666.0	90.3	32.5	13.4	25.1	279.8	38.3		8.0	18.2	10.9		149.7
1995	807.6	112.4	32.9	13.8	30.9	291.6	48.0		9.5	22.5	13.6		232.5
1996	948.6	126.1	48.3	15.7	38.8	354.2	66.8		9.1	27.5	12.5		249.7
1997	1142.7	128.3	76.0	25.1	43.2	432.4	90.1		15.5	45.1	20.9		266.1
1998	1477.6	161.0	82.0	37.3	86.1	616.2	154.5		35.8	78.4	36.7		189.6
1999	1590.8	146.7	72.1	53.6	103.1	660.1	142.0		43.0	107.1	37.1		226.0
2000	1890.7	142.4	70.9	67.8	155.7	737.7	149.3		41.9	143.2	84.3		297.5
2001	2351.9	169.4	75.5	82.0	194.9	856.4	224.5	116.4	70.5	163.2	50.6	23.5	466.6
2002	3123.2	170.9	88.4	121.4	293.8	1182.2	275.0	144.1	135.1	239.5	64.8	29.7	551.0
2003	4462.4	181.8	133.5	145.8	281.9	2041.4	375.2	198.8	124.5	321.9	96.0	35.3	760.4
2004	4762.2	225.1	148.3	173.4	328.5	2128.7	352.3	174.5	100.3	359.5	107.8	53.0	838.4
2005	5602.2	225.6	142.4	220.2	476.7	2543.2	368.0	191.4	120.0	411.3	147.8	56.7	947.0
2006	5765.1	205.1	155.0	223.6	604.0	2999.9	331.5	151.7	87.1	429.0	175.8	51.8	554.3
2007	6418.9	233.0	160.1	230.0	852.4	2989.0	410.0	212.2	141.4	525.6	141.8	53.0	735.6
2008	7368.2	295.4	163.5	269.7	1037.2	3584.1	496.0	264.7	119.6	649.8	222.0	50.6	530.8
2009	10641.5	368.8	182.2	368.7	1737.6	4950.6	729.8	418.6	148.6	914.9	316.5	84.6	923.9

1-1-6 按资金来源分全国历年城市市政公用设施建设固定资产投资

1-1-6 National Fixed Assets Investment in Urban Service Facilities by Capital Source in Past Years

计量单位：亿元 Measurement Unit：100 million RMB

指标 Item / 年份 Year	本年资金来源合计 Completed Investment of this Year	上年末结余资金 The Balance of the Previous Year	本年资金来源 Sources of Fund							
			小计 Subtotal	中央财政拨款 Financial Allocation of the Central Government	地方财政拨款 Financial Allocation of Local Governments	国内贷款 Domestic Loan	债券 Securities	利用外资 Foreign Investment	自筹资金 Self-Raised Funds	其他资金 Other Funds
1978	12.0		6.4	6.4						
1979	14.0									
1980	14.4		14.4	6.1		0.1			8.2	
1981	20.0		20.0	5.3		0.4		—	13.8	0.5
1982	27.2		27.2	8.6		1.0		—	16.5	1.1
1983	28.2		28.2	8.2		0.6			17.2	2.2
1984	41.7		41.7	11.8		2.1		—	25.5	2.3
1985	63.8		63.8	13.9		3.1		0.1	40.9	5.8
1986	79.8		79.8	13.2		3.1		0.1	57.4	6.0
1987	90.0		90.0	13.4		6.2		1.3	61.4	7.7
1988	112.6		112.6	10.2		7.1		1.6	78.0	15.7
1989	106.8		106.8	9.7		6.0		1.5	72.9	16.7
1990	121.2		121.2	7.4		11.0		2.2	82.2	18.4
1991	169.9		169.9	8.6		25.3		6.0	108.1	21.9
1992	265.4		265.4	9.9		42.9		10.3	180.4	38.9
1993	521.6		521.6	15.9		72.8		20.8	304.5	107.6
1994	665.5		665.5	27.9		58.3		64.2	397.1	118.0
1995	837.0		807.5	24.2		65.1		84.9	493.3	140.0
1996	939.1	68.0	871.1	34.8		122.2	4.9	105.6	486.1	117.5
1997	1105.6	49.0	1056.6	43.0		165.3	3.1	129.5	554.3	161.4
1998	1404.4	58.0	1346.4	100.2		284.8	40.3	110.1	600.4	210.6
1999	1534.2	81.0	1453.2	173.8		357.8	55.9	68.6	595.2	201.9
2000	1849.5	109.0	1740.5	222.0		428.6	29.0	76.7	682.7	301.5
2001	2351.9	109.0	2112.8	104.9	379.1	603.4	16.8	97.8	636.4	274.5
2002	3123.2	111.0	2705.9	96.3	516.9	743.8	7.3	109.6	866.3	365.7
2003	4264.1	120.7	4143.4	118.9	733.4	1435.4	17.4	90.0	1350.2	398.0
2004	4650.9	267.9	4383.0	63.0	938.4	1468.0	8.5	87.2	1372.9	445.0
2005	5505.5	229.0	5276.6	63.9	1050.6	1805.9	5.2	170.0	1728.0	453.0
2006	5800.6	365.4	5435.2	89.2	1339.0	1880.5	16.4	92.9	1638.1	379.2
2007	6283.5	369.5	5914.0	77.3	1925.7	1763.7	29.5	73.1	1635.7	409.0
2008	7277.4	386.9	6890.4	72.7	2143.9	2037.0	27.8	91.2	1980.1	537.6
2009	10938.1	460.4	10477.6	112.9	2705.1	4034.8	120.8	66.1	2487.1	950.7

1-1-7 全国历年城市供水情况

1-1-7 National Urban Water Supply in Past Years

指标 Item / 年份 Year	综合生产能力（万立方米/日） Integrated Production Capacity (10,000m³/day)	供水管道长度（公里） Length of Water Supply Pipelines (km)	供水总量（万立方米） Total Quantity of Water Supply (10,000m³)	生活用量 Residential Use	用水人口（万人） Population with Access to Water Supply (10,000persons)	人均日生活用水量（升） Daily Water Consumption Per Capita (liter)	用水普及率（%） Water Coverage Rate (%)
1978	2530.4	35984	787507	275854	6267.1	120.6	81.60
1979	2714.0	39406	832201	309206	6951.0	121.8	82.30
1980	2979.0	42859	883427	339130	7278.0	127.6	81.40
1981	3258.0	46966	969943	367823	7729.3	130.4	53.70
1982	3424.9	51513	1011319	391422	8102.2	132.4	56.70
1983	3539.0	56852	1065956	421968	8370.9	138.1	52.50
1984	3960.9	62892	1176474	465651	8900.7	143.3	49.50
1985	4019.7	67350	1280238	519493	9424.3	151.0	45.10
1986	10407.9	72557	2773921	706971	11757.9	161.9	51.30
1987	11363.6	77864	2984697	759702	12684.6	164.1	50.40
1988	12715.8	86231	3385847	873800	14049.9	170.4	47.60
1989	12821.1	92281	3936648	930619	14786.3	172.4	47.40
1990	14220.3	97183	3823425	1001021	15611.1	175.7	48.00
1991	14584.0	102299	4085073	1159929	16213.2	196.0	54.80
1992	16036.4	111780	4298437	1172919	17280.8	186.0	56.20
1993	16927.9	123007	4502341	1282543	18636.4	188.6	55.20
1994	18215.1	131052	4894620	1422453	20083.0	194.0	56.00
1995	19250.4	138701	4815653	1581451	22165.7	195.4	58.70
1996	19990.0	202613	4660652	1670673	21997.0	208.1	60.70
1997	20565.8	215587	4767788	1757157	22550.1	213.5	61.20
1998	20991.8	225361	4704732	1810355	23169.1	214.1	61.90
1999	21551.9	238001	4675076	1896225	23885.7	217.5	63.50
2000	21842.0	254561	4689838	1999960	24809.2	220.2	63.90
2001	22900.0	289338	4661194	2036492	25832.8	216.0	72.26
2002	23546.0	312605	4664574	2131919	27419.9	213.0	77.85
2003	23967.1	333289	4752548	2246665	29124.5	210.9	86.15
2004	24753.0	358410	4902755	2334625	30339.7	210.8	88.85
2005	24719.8	379332	5020601	2437374	32723.4	204.1	91.09
2006	26965.6	430426	5405246	2220459	32304.1	188.3	86.67 (97.04)
2007	25708.4	447229	5019488	2263676	34766.5	178.4	93.83
2008	26604.1	480084	5000762	2274266	35086.7	178.2	94.73
2009	27046.8	510399	4967467	2334082	36214.2	176.6	96.12

注：1. 1978 年至 1985 年综合供水生产能力为系统内数；1978 年至 1995 年供水管道长度为系统内数。

2. 自 2006 年起，用水普及率指标安城区人口和城区暂住人口合计为分母计算，括号中的数据为往年同口径数据。

Note: 1. Integrated production capacity from 1978 to 1985 is limited to the statistical figure in building secter; Length of water supply pipelines from 1978 to 1995 is limited to the statistical figure in building secter.

2. Since 2006, water coverage rate has been calculated based on denominator which combines both permanent and temporary residents in urban areas, and the datas of brackets are the same index but calculated by the method of past years.

1-1-8 全国历年城市节约用水情况

1-1-8 National Urban Water Conservation in Past Years

指标 Item / 年份 Year	计划用水量（万立方米） Planned Quantity of Water Use (10,000m^3)	新水取用量（万立方米） Fresh Water Used (10,000m^3)	工业用水重复利用量（万立方米） Quantity of Industrial Water Recycled (10,000m^3)	节约用水量（万立方米） Water Saved (10,000m^3)
1991	1977024	1921307	1985326	211259
1992	2077092	1939390	2843918	205087
1993	2076928	2004922	3000109	218317
1994	2299596	2497236	3375652	276241
1995	2123215	1930610	3626086	235113
1996	6285246	2166806	3345351	235194
1997	2004412	1875974	4429175	260885
1998	2490390	2343370	3978967	278835
1999	2409254	2223035	3966355	287284
2000	2153979	2071731	3811945	353569
2001	2504134	2126401	3881683	377733
2002	2463717	2091365	4849164	372352
2003	2353286	2014528	4572711	338758
2004	2441914	2048488	4183937	393426
2005	2676425	2300332	5670096	376093
2006		2356268	5535492	415755
2007		2295192	6026048	454794
2008		2121034	6547258	659114
2009		2064014	6523126	628692

注：从 2006 年起，不统计计划用水量指标。

Note：From 2006，"Planned Quantity of Water Use" has not been counted.

1-1-9 全国历年城市燃气情况

1-1-9 National Urban Gas in Past Years

指标 Item / 年份 Year	人工煤气 Man-Made Coal Gas				天然气 Natural Gas				液化石油气 LPG				燃气普及率(%) Gas Coverage Rate (%)
	供气总量(万立方米) Total Gas Supplied (10,000 m^3)	家庭用量 Domestic Consumption	用气人口(万人) Population with Access to Gas (10,000 persons)	管道长度(公里) Length of Gas Supply Pipeline (km)	供气总量(万立方米) Total Gas Supplied (10,000 m^3)	家庭用量 Domestic Consumption	用气人口(万人) Population with Access to Gas (10,000 persons)	管道长度(公里) Length of Gas Supply Pipeline (km)	供气总量(吨) Total Gas Supplied (ton)	家庭用量 Domestic Consumption	用气人口(万人) Population with Access to Gas (10,000 persons)	管道长度(公里) Length of Gas Supply Pipeline (km)	
1978	172541	66593	450	4157	69078	4103	24	560	194533	175744	635		14.40
1979	182748	73557	500	4446	68489	9833	76	751	243576	218797	788		16.10
1980	195491	83281	561	4698	58937	4893	80	921	290460	269502	924		17.30
1981	199466	90326	594	4830	93970	8575	83	1059	330987	308028	995		11.60
1982	208819	94896	630	5258	90421	8938	93	1098	388596	342828	1076		12.60
1983	214009	89012	703	5967	49071	9443	91	1149	456192	414635	1159		12.30
1984	231351	96228	768	7353	168568	38258	135	1965	535289	424318	1435		13.00
1985	244754	107060	911	8255	162099	43268	281	2312	601803	540761	1534		13.00
1986	337745	139374	951	7990	435887	65262	492	2409	1011308	763590	2041		15.20
1987	686518	170887	1177	11650	501093	77719	634	5465	1049116	954534	2399		16.70
1988	667927	171376	1357	13028	573983	73305	748	6186	1730261	1136883	2764		16.50
1989	841297	204709	1498	14448	591169	91770	896	6849	1898003	1259349	3156		17.80
1990	1747065	274127	1674	16312	642289	115662	972	7316	2190334	1428058	3579		19.10
1991	1258088	311430	1867	18181	754616	154302	1072	8054	2423988	1694399	4084		23.70
1992	1495531	305325	2181	20931	628914	152013	1119	8487	2996699	2019620	4796		26.30
1993	1304130	345180	2490	23952	637207	139297	1180	8889	3150296	2316129	5770		27.90
1994	1262712	416453	2889	27716	752436	146938	1273	9566	3664948	2817702	6745		30.40
1995	1266894	456585	3253	33890	673354	163788	1349	10110	4886528	3701504	8355		34.30
1996	1348076	472904	3490	38486	637832	138018	1470	18752	5758374	3943604	8864	2762	38.20
1997	1268944	535412	3735	41475	663001	177121	1656	22203	5786023	4370979	9350	4086	40.00
1998	1675571	480734	3746	42725	688255	195778	1908	25429	7972947	5478535	9995	4458	41.80
1999	1320925	494001	3918	45856	800556	215006	2225	29510	7612684	4990363	10336	6116	43.80
2000	1523615	630937	3944	48384	821476	247580	2581	33655	10537147	5322828	11107	7419	45.40
2001	1369144	494191	4349	50114	995197	247543	3127	39556	9818313	5583497	13875	10809	60.42
2002	1989196	490258	4541	53383	1259334	350479	3686	47652	11363884	6561738	15431	12788	67.17
2003	2020883	583884	4792	57017	1416415	374986	4320	57845	11263475	7817094	16834	15349	76.74
2004	2137225	512026	4654	56419	1693364	454248	5628	71411	11267120	7041351	17559	20119	81.53
2005	2558343	458538	4369	51404	2104951	521389	7104	92043	12220141	7065214	18013	18662	82.08
2006	2964500	381518	4067	50524	2447742	573441	8319	121498	12636613	6936513	17100	17469	79.11 (88.58)
2007	3223512	373522	4022	48630	3086365	662198	10190	155271	14667692	7280415	18172	17202	87.40
2008	3558287	353162	3370	45172	3680393	779917	12167	184084	13291072	6292713	17632	28590	89.55
2009	3615507	307134	2971	40447	4050996	913386	14544	218778	13400303	6887600	16924	14236	91.41

注：自2006年起，燃气普及率指标按城区人口和城区暂住人口合计为分母计算，括号中的数据为与往年同口径数据。

Note: Since 2006, gas coverage rate has been calculated based on denominator which combines both permanent and temporary residents in urban areas, and the datas in brackets are the same index but calculated by the method of past years.

1-1-10 全国历年城市集中供热情况

1-1-10 National Urban Centralized Heating in Past Years

指标 Item / 年份 Year	供热能力 Heating Capacity		供热总量 Total Heat Supplied		管道长度（公里） Length of Pipelines（km）		集中供热面积（万平方米） Heated Area（10, 000 m^2）
	蒸汽（吨/小时） Steam（ton/hour）	热水（兆瓦） Hot Water（mega watts）	蒸汽（万吉焦） Steam（10, 000 gigajoules）	热水（万吉焦） Hot Water（10, 000 gigajoules）	蒸汽 Steam	热水 Hot Water	
1981	754	440	641	183	79	280	1167
1982	883	718	627	241	37	491	1451
1983	965	987	650	332	67	586	1841
1984	1421	1222	996	454	71	761	2445
1985	1406	1360	896	521	76	954	2742
1986	9630	36103	3467	2704	183	1335	9907
1987	16258	27601	6669	3650	163	1576	15282
1988	18550	32746	5978	4848	209	2193	13883
1989	20177	25987	6782	4334	401	2678	19386
1990	20341	20128	7117	21658	157	3100	21263
1991	21495	29663	8195	21065	656	3952	27651
1992	25491	45386	9267	26670	362	4230	32832
1993	31079	48437	10633	29036	532	5161	44164
1994	34848	52466	10335	32056	670	6399	50992
1995	67601	117286	16414	75161	909	8456	64645
1996	62316	103960	17615	56307	9577	24012	73433
1997	65207	69539	20604	62661	7054	25446	80755
1998	66427	71720	17463	64684	6933	27375	86540
1999	70146	80591	22169	69771	7733	30506	96775
2000	74148	97417	23828	83321	7963	35819	110766
2001	72242	126249	37655	100192	9183	43926	146329
2002	83346	148579	57438	122728	10139	48601	155567
2003	92590	171472	59136	128950	11939	58028	188956
2004	98262	174442	69447	125194	12775	64263	216266
2005	106723	197976	71493	139542	14772	71338	252056
2006	95204	217699	67794	148011	14012	79943	265853
2007	94009	224660	66374	158641	14116	88870	300591
2008	94454	305695	69082	187467	16045	104551	348948
2009	93193	286106	63137	200051	14317	110490	379574

注：1981 年至 1995 年热水供热能力计量单位为兆瓦/小时；1981 年至 2000 年蒸汽供热总量计量单位为万吨。

Note：Heating capacity through hot water from 1981 to 1995 is measured with the unit of maga watts/hour；Heating capacity through steam from 1981 to 2000 is measured with the unit of 10, 000 tons.

1-1-11 全国历年城市道路和桥梁情况

1-1-11 National Urban Roads and Bridges in Past Years

指标 Item / 年份 Year	道路长度（公里） Length of Roads (km)	道路面积（万平方米） Surface Area of Roads ($10,000m^2$)	防洪堤长度（公里） Length of Flood Control Dikes (km)	人均城市道路面积（平方米） Urban Road Surface Area Per Capita (m^2)
1978	26966	22539	3443	2.93
1979	28391	24069	3670	2.85
1980	29485	25255	4342	2.82
1981	30277	26022	4446	1.81
1982	31934	27976	5201	1.96
1983	33934	29962	5577	1.88
1984	36410	33019	6170	1.84
1985	38282	35872	5998	1.72
1986	71886	69856	9952	3.05
1987	78453	77885	10732	3.10
1988	88634	91355	12894	3.10
1989	96078	100591	14506	3.22
1990	94820	101721	15500	3.13
1991	88791	99135	13892	3.35
1992	96689	110526	16015	3.59
1993	104897	124866	16729	3.70
1994	111058	137602	16575	3.84
1995	130308	164886	18885	4.36
1996	132583	179871	18475	4.96
1997	138610	192165	18880	5.22
1998	145163	206136	19550	5.51
1999	152385	222158	19842	5.91
2000	159617	237849	20981	6.13
2001	176016	249431	23798	6.98
2002	191399	277179	25503	7.87
2003	208052	315645	29426	9.34
2004	222964	352955	29515	10.34
2005	247015	392166	41269	10.92
2006	241351	411449	38820	11.04 (12.36)
2007	246172	423662	32274	11.43
2008	259740	452433	33147	12.21
2009	269141	481947	34698	12.79

注：自2006年起，人均城市道路面积按城区人口和城区暂住人口合计为分母计算，括号内为与往年同口径数据。

Note: Since 2006, urban road surface per capita has been calculated based on denominator which combines both permanent and temporary residents in urban areas, and the data in brackets are the same index calculated by the method of past years.

1-1-12 全国历年城市排水和污水处理情况

1-1-12 National Urban Drainage and Wastewater Treatment in Past Years

指标 Item / 年份 Year	排水管道长度（公里）Length of Drainage Pipelines (km)	污水年排放量（万立方米）Annual Quantity of Wastewater Discharged (10,000m³)	污水处理厂 座数（座）Number of Wastewater Treatment Plant (unit)	污水处理厂 处理能力（万立方米/日）Treatment Capacity (10,000m³/day)	污水年处理总量（万立方米）Annual Treatment Capacity (10,000m³)	污水处理率（%）Wastewater Treatment Rate (%)
1978	19556	1494493	37	64		
1979	20432	1633266	36	66		
1980	21860	1950925	35	70		
1981	23183	1826460	39	85		
1982	24638	1852740	39	76		
1983	26448	2097290	39	90		
1984	28775	2253145	43	146		
1985	31556	2318480	51	154		
1986	42549	963965	64	177		
1987	47107	2490249	73	198		
1988	50678	2614897	69	197		
1989	54510	2611283	72	230		
1990	57787	2938980	80	277		
1991	61601	2997034	87	317	445355	14.86
1992	67672	3017731	100	366	521623	17.29
1993	75207	3113420	108	449	623163	20.02
1994	83647	3030082	139	540	518013	17.10
1995	110293	3502553	141	714	689686	19.69
1996	112812	3528472	309	1153	833446	23.62
1997	119739	3514011	307	1292	907928	25.84
1998	125943	3562912	398	1583	1053342	29.56
1999	134486	3556821	402	1767	1135532	31.93
2000	141758	3317957	427	2158	1135608	34.25
2001	158128	3285850	452	3106	1196960	36.43
2002	173042	3375959	537	3578	1349377	39.97
2003	198645	3491616	612	4254	1479932	42.39
2004	218881	3564601	708	4912	1627966	45.67
2005	241056	3595162	792	5725	1867615	51.95
2006	261379	3625281	815	6366	2026224	55.67
2007	291933	3610118	883	7146	2269847	62.87
2008	315220	3648782	1018	8106	2560041	70.16
2009	343892	3712129	1214	9052	2793457	75.25

注：1978 年至 1995 年污水处理厂座数及处理能力均为系统内数。

Note: Number of wastewater treatment plants and treatment capacity from 1978 to 1995 are limited to the statistical figure in the building sector.

1-1-13 全国历年城市园林绿化情况

1-1-13 National Urban Landscaping in Past Years

计量单位：公顷 Measurement Unit：Hectare

指标 Item / 年份 Year	建成区绿化覆盖面积 Built District Green Coverage Area	建成区园林绿地面积 Built District Area of Parks and Green Space	公园绿地面积 Area of Public Recreational Green Space	公园面积 Park Area	人均公园绿地面积（平方米） Public Recreational Green Space Per Capita (m^2)	建成区园林绿地率（%） Green Space Rate of Built District（%）	建成区绿化覆盖率（%） Green Coverage Rate of Built District（%）
1981		110037	21637	14739	1.50		
1982		121433	23619	15769	1.65		
1983		135304	27188	18373	1.71		
1984		146625	29037	20455	1.62		
1985		159291	32766	21896	1.57		
1986		153235	42255	30740	1.84		16.90
1987		161444	47752	32001	1.90		17.10
1988		180144	52047	36260	1.76		17.00
1989		196256	52604	38313	1.69		17.80
1990	246829		57863	39084	1.78		19.20
1991	282280		61233	41532	2.07		20.10
1992	313284		65512	45741	2.13		21.00
1993	354127		73052	48621	2.16		21.30
1994	396595		82060	55468	2.29		22.10
1995	461319		93985	72857	2.49		23.90
1996	493915	385056	99945	68055	2.76	19.05	24.43
1997	530877	427766	107800	68933	2.93	20.57	25.53
1998	567837	466197	120326	73198	3.22	21.81	26.56
1999	593698	495696	131930	77137	3.51	23.03	27.58
2000	631767	531088	143146	82090	3.69	23.67	28.15
2001	681914	582952	163023	90621	4.56	24.26	28.38
2002	772749	670131	188826	100037	5.36	25.80	29.75
2003	881675	771730	219514	113462	6.49	27.26	31.15
2004	962517	842865	252286	133846	7.39	27.72	31.66
2005	1058381	927064	283263	157713	7.89	28.51	32.54
2006	1181762	1040823	309544	208056	8.3 (9.3)	30.92	35.11
2007	1251573	1110330	332654	202244	8.98	31.30	35.29
2008	1356467	1208448	359468	218260	9.71	33.29	37.37
2009	1494486	1338133	401584	235825	10.66	35.11	39.22

注：1. 自2006年起，"公共绿地"统计为"公园绿地"。

2. 自2006年起，"人均公共绿地面积"统计为以城区人口和城区暂住人口合计为分母计算的"人均公园绿地面积"，括号内数据约为与往年同口径数据。

Note：1. Since 2006，Public Green Space is changed to Public Recreatinal Green Space.

2. Since 2006，Public recreational green space per capita has been calculated based on denominator which combines both permanent and temporary resiclents in urban areas，and the datas in brackets are the same index but calculated by the method of past years.

1-1-14　全国历年城市市容环境卫生情况

1-1-14　National Urban Environmental Sanitation in Past Years

指标 Item 年份 Year	生活垃圾清运量（万吨） Quantity of Domestic Garbage Collected and Transported (10,000tons)	垃圾无害化处理厂（场）座数（座） Number of Harmless Treatment Plants/Grounds (unit)	无害化处理能力（吨/日） Harmless Treatment Capacity (ton/day)	垃圾无害化处理量（万吨） Quantity of Harmlessly Treated Garbage (10,000tons)	粪便清运量（万吨） Volume of Soil Collected and Transported (10,000tons)	公厕数量（座） Number of Latrine (unit)	市容环卫专用车辆设备总数（台） Number of Vehicles and Equipment Designated for Municipal Environmental Sanitation (unit)	每万人拥有公厕（座） Number of Latrine per 10,000 Population (unit)
1979	2508	12	1937		2156	54180	5316	
1980	3132	17	2107	215	1643	61927	6792	
1981	2606	30	3260	162	1547	54280	7917	3.77
1982	3125	27	2847	190	1689	56929	9570	3.99
1983	3452	28	3247	243	1641	62904	10836	3.95
1984	3757	24	1578	188	1538	64178	11633	3.57
1985	4477	14	2071	232	1748	68631	13103	3.28
1986	5009	23	2396	70	2710	82746	19832	3.61
1987	5398	23	2426	54	2422	88949	21418	3.54
1988	5751	29	3254	75	2353	92823	22793	3.14
1989	6292	37	4378	111	2603	96536	25076	3.09
1990	6767	66	7010	212	2385	96677	25658	2.97
1991	7636	169	29731	1239	2764	99972	27854	3.38
1992	8262	371	71502	2829	3002	95136	30026	3.09
1993	8791	499	124508	3945	3168	97653	32835	2.89
1994	9952	609	1308322	4782	3395	96234	34398	2.69
1995	10671	932	1837322	6014	3066	113461	39218	3.00
1996	10825	574	155826	5568	2931	109570	40256	3.02
1997	10982	635	180081	6292	2845	108812	41538	2.95
1998	11302	655	201281	6783	2915	107947	42975	2.89
1999	11415	696	237393	7232	2844	107064	44238	2.85
2000	11819	660	210175	7255	2829	106471	44846	2.74
2001	13470	741	224736	7840	2990	107656	50467	3.01
2002	13650	651	215511	7404	3160	110836	52752	3.15
2003	14857	575	219607	7545	3475	107949	56068	3.18
2004	15509	559	238519	8089	3576	109629	60238	3.21
2005	15577	471	256312	8051	3805	114917	64205	3.20
2006	14841	419	258048	7873	2131	107331	66020	2.88 (3.22)
2007	15215	458	279309	9438	2506	112604	71609	3.04
2008	15438	509	315153	10307	2331	115306	76400	3.12
2009	15734	567	356130	11232	2141	118525	83756	3.15

注：1. 1980 年至 1995 年垃圾无害化处理厂，垃圾无害化处理量为垃圾加粪便。

2. 自 2006 年起，生活垃圾填埋场的统计采用新的认定标准，生活垃圾无害化处理数据与往年不可比。

Note：1. Quantity of garbage disposed harmlessly from 1980 to 1995 consists of quantity of garbage and soil.

2. Since 2006, treatment of domestic garbage through sanitary landfill has adopted new certification standard, so the datas of harmless treatmented garbage are not compared with the past years.

1-2-1 全国城市市政公用设施水平（2009年）

地区名称 Name of Regions		人口密度（人/平方公里） Population Density (person/km²)	人均日生活用水量（升） Daily Water Consumption Per Capita (liter)	用水普及率（%） Water Coverage Rate (%)	燃气普及率（%） Gas Coverage Rate (%)	建成区供水管道密度（公里/平方公里） Density of Water Supply Pipelines in Built District (kilometer/square kilometer)	人均道路面积（平方米） Road Surface Area Per Capita (m²)
全　国	**National Total**	**2147**	**176.58**	**96.12**	**91.41**	**12.59**	**12.79**
北　京	Beijing	1224	192.05	100.00	100.00	17.75	6.15
天　津	Tianjin	2716	133.15	100.00	100.00	13.36	13.76
河　北	Hebei	2344	124.79	99.97	97.86	8.71	15.32
山　西	Shanxi	2931	122.10	95.38	87.30	8.39	10.02
内蒙古	Inner Mongolia	951	85.99	87.89	75.51	8.42	13.62
辽　宁	Liaoning	1922	124.19	97.23	93.74	13.66	10.41
吉　林	Jilin	1396	122.99	88.75	85.48	7.03	10.94
黑龙江	Heilongjiang	4321	129.70	86.56	83.78	7.13	9.39
上　海	Shanghai	3030	206.96	100.00	100.00		4.48
江　苏	Jiangsu	2152	207.17	99.65	98.39	19.51	20.42
浙　江	Zhejiang	1742	201.55	99.81	97.93	17.60	16.03
安　徽	Anhui	2114	160.96	95.25	88.62	9.66	14.91
福　建	Fujian	2193	191.92	99.18	98.63	13.55	12.58
江　西	Jiangxi	4757	194.24	98.00	92.22	10.80	12.10
山　东	Shandong	1415	129.91	99.47	99.17	10.32	20.94
河　南	Henan	4886	118.49	88.34	72.89	8.42	10.44
湖　北	Hubei	1845	215.00	97.45	91.20	13.36	13.84
湖　南	Hunan	3276	229.46	94.82	85.60	10.33	12.59
广　东	Guangdong	2402	253.14	97.70	96.45	18.48	12.63
广　西	Guangxi	1391	259.05	94.43	92.19	13.89	13.98
海　南	Hainan	2568	265.06	89.65	83.68	11.60	13.28
重　庆	Chongqing	1637	141.46	94.60	91.83	10.88	9.78
四　川	Sichuan	2737	196.01	89.68	83.38	12.63	11.50
贵　州	Guizhou	3217	145.95	92.09	68.49	12.39	6.29
云　南	Yunnan	3561	138.63	96.23	77.68	9.34	10.00
西　藏	Tibet	1574	213.50	92.53	81.40	8.13	13.32
陕　西	Shaanxi	5530	164.65	98.06	89.64	7.07	12.86
甘　肃	Gansu	3814	158.58	89.66	73.03	6.77	11.29
青　海	Qinghai	2189	176.49	99.45	91.49	11.68	11.47
宁　夏	Ningxia	902	150.66	97.20	87.13	6.13	16.57
新　疆	Xinjiang	4922	148.74	99.03	89.34	7.61	12.55

1-2-1 National Level of National Urban Service Facilities (2009)

建成区排水管道密度（公里/平方公里） Density of Sewers in Built District (kilometer/square kilometer)	污水处理率（%） Wastewater Treatment Rate (%)	污水处理厂集中处理率 Centralized Treatment Rate of Wastewater Treatment Plants	人均公园绿地面积（平方米） Public Recreational Green Space Per Capita (m^2)	建成区绿化覆盖率（%） Green Coverage Rate of Built District (%)	建成区绿地率（%） Green Space Rate of Built District (%)	生活垃圾处理率（%） Domestic Garbage Treatment Rate (%)	生活垃圾无害化处理率（%） Domestic Garbage Harmless Treatment Rate (%)	地区名称 Name of Regions
8.76	**75.25**	**65.79**	**10.66**	**38.22**	**34.17**	**89.03**	**71.39**	**全　国**
6.92	80.29	77.85	12.11	47.69	45.71	98.22	98.22	北　京
21.94	80.11	74.98	8.59	30.33	26.23	94.31	94.31	天　津
8.32	84.50	83.59	11.19	40.02	33.68	90.73	59.00	河　北
5.91	75.24	66.10	8.21	36.49	32.63	64.39	62.89	山　西
6.85	75.21	75.21	11.65	32.44	29.81	84.40	72.01	内蒙古
6.57	60.20	56.62	9.76	38.33	35.14	94.52	59.87	辽　宁
6.11	64.60	62.68	9.82	32.78	28.52	91.05	38.39	吉　林
4.75	55.57	31.13	10.47	33.62	29.34	35.89	29.86	黑龙江
	88.97	88.97	8.02			81.06	78.77	上　海
14.06	85.44	65.53	13.21	41.99	38.28	99.49	90.98	江　苏
12.03	78.88	74.13	10.76	38.20	34.62	99.03	97.60	浙　江
8.23	83.24	62.40	10.23	37.16	33.63	95.51	60.91	安　徽
9.32	80.31	64.30	10.51	39.71	35.87	99.72	92.53	福　建
7.66	74.90	67.19	11.48	44.36	41.14	100.00	84.40	江　西
11.46	88.07	84.26	15.09	41.18	36.49	94.93	90.54	山　东
7.26	83.90	81.90	8.72	36.29	31.03	82.75	75.33	河　南
9.21	75.29	63.63	9.58	37.79	32.36	96.67	55.65	湖　北
6.31	59.20	40.86	8.47	36.59	32.84	92.37	66.60	湖　南
8.65	71.50	61.35	12.27	40.75	36.53	91.65	65.49	广　东
6.42	73.44	36.54	9.60	33.69	29.51	90.20	86.32	广　西
10.64	58.43	54.47	9.96	41.88	36.36	100.00	64.98	海　南
8.49	88.36	88.03	11.25	38.48	35.42	98.45	95.88	重　庆
8.53	67.47	61.18	9.49	36.40	32.57	91.57	83.50	四　川
6.81	56.21	56.21	6.13	27.44	23.65	96.25	81.70	贵　州
6.07	85.34	75.30	8.89	36.29	31.59	89.85	80.88	云　南
4.22			7.62	29.62	26.72	87.30		西　藏
7.14	66.39	56.32	9.34	38.76	32.12	84.83	69.16	陕　西
5.05	61.26	55.51	7.99	27.32	23.27	98.02	32.37	甘　肃
8.07	46.41	46.41	8.13	29.02	28.71	79.77	65.11	青　海
5.54	42.23	32.59	14.96	38.75	36.43	96.07	41.96	宁　夏
5.10	75.38	69.73	8.46	36.30	32.74	93.80	60.63	新　疆

1-2-2 全国城市人口和建设用地（2009 年）

地区名称 Name of Regions		市区面积 Urban District Area	市区人口 Urban District Population	市区暂住人口 Urban District Temporary Population	城区面积 Urban Area	城区人口 Urban Population	城区暂住人口 Urban Temporary Population	建成区面积 Area of Built District	小计 Subtotal
全国	**National Total**	**1909908.46**	**65373.32**	**6033.19**	**175463.61**	**34068.86**	**3605.38**	**38107.26**	**38726.92**
北京	Beijing	16410.00	1755.00		12187.00	1491.80		1349.83	1349.83
天津	Tianjin	7398.86	800.34	29.71	2236.12	580.40	26.87	662.25	662.25
河北	Hebei	32147.79	2665.54	156.03	6517.13	1424.01	103.44	1577.52	1499.26
山西	Shanxi	29415.41	1528.41	102.42	3270.35	890.12	68.45	822.93	833.06
内蒙古	Inner Mongolia	147121.99	843.69	123.35	8330.05	685.08	107.34	975.48	905.17
辽宁	Liaoning	64865.65	3207.66	144.48	10924.87	1973.14	126.62	2030.71	2082.04
吉林	Jilin	104838.92	1949.16	46.36	7322.42	985.56	36.32	1193.33	1144.42
黑龙江	Heilongjiang	175172.12	2261.39	78.56	3135.63	1291.17	63.79	1566.11	1682.84
上海	Shanghai	6340.50	1921.32		6340.50	1921.32			
江苏	Jiangsu	58526.42	5038.31	897.96	11395.93	2323.94	128.59	3046.37	3167.59
浙江	Zhejiang	52770.01	3196.93	901.47	10113.78	1400.08	362.15	2033.32	2110.56
安徽	Anhui	36240.35	2273.40	181.29	5704.29	1090.05	115.81	1377.67	1452.10
福建	Fujian	43597.27	1782.92	356.76	4334.36	740.86	209.46	918.64	881.37
江西	Jiangxi	32825.83	1635.47	67.62	1626.80	729.95	43.90	856.90	888.23
山东	Shandong	82399.89	5350.20	212.55	18814.83	2539.37	123.10	3373.63	3346.59
河南	Henan	41197.70	3614.74	286.72	4025.78	1724.48	242.64	1913.26	1828.40
湖北	Hubei	86371.85	3824.85	151.63	9124.38	1565.07	118.61	1616.42	1629.44
湖南	Hunan	47032.57	2379.87	103.44	3630.07	1115.67	73.53	1238.54	1439.38
广东	Guangdong	87052.08	6350.70	1308.25	18063.80	3391.66	946.97	4434.08	4688.81
广西	Guangxi	55978.91	1833.96	120.21	5662.63	686.58	100.94	880.57	845.75
海南	Hainan	17018.43	559.85	28.50	825.99	188.28	23.80	214.80	204.27
重庆	Chongqing	26041.15	1542.81	143.56	5590.55	800.11	114.88	783.29	769.58
四川	Sichuan	55592.45	3336.32	90.39	5491.68	1444.53	58.67	1509.51	1473.19
贵州	Guizhou	24121.61	958.88	80.70	1657.86	476.70	56.71	460.31	496.51
云南	Yunnan	49820.83	1110.24	155.99	1851.58	514.68	144.58	666.57	755.09
西藏	Tibet	4179.18	31.08	20.96	295.00	26.13	20.31	81.30	79.20
陕西	Shaanxi	28685.00	1441.76	45.95	1405.56	747.02	30.20	685.62	667.60
甘肃	Gansu	87357.54	889.79	56.09	1397.72	490.89	42.16	604.44	566.67
青海	Qinghai	146980.00	133.45	14.92	512.28	104.24	7.88	112.39	111.96
宁夏	Ningxia	22528.64	308.85	28.12	2425.74	195.29	23.57	321.11	331.57
新疆	Xinjiang	239879.51	846.43	99.20	1248.93	530.68	84.09	800.36	834.19

1-2-2 National Urban Population and Construction Land (2009)

面积计量单位：平方公里 Measurement Unit: Square Kilometer

城市建设用地面积 Urban Construction Land									本年征用土地面积 Area of Land Requisition This Year	耕地 Arable Land	地区名称 Name of Regions
居住用地 Residential Land	公共设施用地 Land for Public Facilities	工业用地 Industrial Land	仓储用地 Land for Storage	对外交通用地 Land for Transportation System	道路广场用地 Land for Roads and Plazas	市政公用设施用地 Land for Municipal Utilities	绿地 Greenland	特殊用地 Land for Special Purposes			
12056.23	**4848.18**	**8626.67**	**1226.63**	**1673.00**	**4368.92**	**1299.55**	**3868.27**	**759.47**	**1504.69**	**564.61**	**全　国**
383.29	233.13	291.22	38.06	51.20	158.85	39.10	140.03	14.95			北　京
185.07	78.47	149.14	45.26	27.89	69.81	20.70	75.25	10.66	60.45	19.37	天　津
478.74	186.02	317.79	60.37	67.97	154.81	50.70	141.95	40.91	38.57	12.62	河　北
257.89	95.84	169.83	31.79	47.19	73.60	56.19	83.93	16.80	33.44	6.42	山　西
296.75	113.12	168.27	35.71	33.49	91.42	29.06	119.72	17.63	31.74	5.57	内蒙古
690.66	200.52	502.05	83.16	87.07	203.80	58.99	201.94	53.85	83.78	39.24	辽　宁
388.52	128.08	245.23	42.16	57.95	125.52	32.44	95.79	28.73	28.66	17.33	吉　林
609.47	181.43	335.54	81.81	71.52	173.61	40.38	151.42	37.66	40.67	3.07	黑龙江
											上　海
966.05	373.20	852.05	85.63	123.35	350.18	91.57	284.16	41.40	159.57	71.37	江　苏
570.51	226.79	548.94	43.13	109.06	278.65	74.68	220.56	38.24	104.70	58.50	浙　江
454.71	169.96	308.78	35.14	51.97	170.20	39.58	204.02	17.74	106.18	57.17	安　徽
263.97	119.68	198.97	17.96	40.77	112.62	28.82	82.11	16.47	17.83	6.60	福　建
270.96	137.13	187.12	21.15	32.80	107.04	27.84	95.38	8.81	25.24	5.27	江　西
983.54	483.33	734.44	107.45	120.32	384.70	111.51	379.00	42.30	83.41	19.38	山　东
525.81	261.74	357.04	61.09	89.02	219.67	67.51	213.69	32.83	30.32	13.27	河　南
462.60	244.79	357.52	68.68	89.98	161.59	77.52	130.35	36.41	53.78	8.39	湖　北
450.35	249.48	268.05	49.27	76.94	145.23	58.16	117.75	24.15	39.34	8.76	湖　南
1440.90	431.69	1321.42	118.31	178.16	567.37	116.03	419.90	95.03	63.63	11.80	广　东
265.88	113.76	171.22	26.59	35.17	94.09	33.31	79.83	25.90	57.34	16.25	广　西
71.12	32.79	19.48	2.90	15.08	24.96	5.43	25.83	6.68			海　南
279.13	78.12	173.68	10.90	24.93	117.74	18.29	55.31	11.48	22.87	10.16	重　庆
485.61	207.39	304.24	32.41	60.65	190.48	43.74	126.40	22.27	92.35	47.66	四　川
145.16	69.48	86.08	17.63	34.00	44.29	13.08	77.37	9.42	3.79	1.19	贵　州
326.26	75.48	115.80	19.54	36.40	49.26	56.79	47.10	28.46	240.35	79.50	云　南
27.10	11.66	7.08	3.65	4.17	5.72	4.68	7.00	8.14			西　藏
207.05	122.29	130.02	21.78	27.07	75.02	18.74	53.43	12.20	44.93	25.86	陕　西
153.81	67.33	103.12	22.31	24.41	68.34	22.31	92.54	12.50	20.08	10.99	甘　肃
42.84	5.56	17.83	5.14	10.62	5.86	11.72	4.95	7.44	0.67	0.40	青　海
99.30	50.19	45.81	10.44	16.49	42.82	14.36	47.59	4.57	13.17	4.30	宁　夏
273.18	99.73	138.91	27.21	27.36	101.67	36.32	93.97	35.84	7.83	4.17	新　疆

1-2-3 全国城市维护建设资金（财政性资金）收入(2009 年)

地区名称	Name of Regions	合计 Total	中央财政拨款 Financial Allocation From Central Government Budget	省级财政拨款 Financial Allocation From Provincial Government Budget	合计 Total	市财政专项拨款 Special Financial Allocation From City Government Budget	城市维护建设税 Urban Maintenance and Construction Tax	城镇公用事业附加 Extra-Charges for Municipal Utilities	市政公用设施配套费 Fee for Expansion of Municipal Utilities Capacity
全　国	**National Total**	**67276878**	**1066464**	**1163626**	**59354942**	**15440390**	**7719472**	**980433**	**3256163**
北　京	Beijing	5992251			5992251	4999314	712794	104612	
天　津	Tianjin	1123031	4800	44545	998165	194435	255475	19778	149352
河　北	Hebei	2457293	33584	3388	1895262	540616	338822	43770	37005
山　西	Shanxi	1375368	8006	6327	1317591	287387	198492	19827	55970
内蒙古	Inner Mongolia	1125132	21767	90341	834624	219167	131204	9836	5415
辽　宁	Liaoning	3383057	48560	21945	3158840	323876	404142	40425	160638
吉　林	Jilin	702101	75653	35508	547585	100366	172771	19933	46850
黑龙江	Heilongjiang	1018428	67021	14270	872497	129035	251279	17174	90403
上　海	Shanghai	1807618			1807618	951810			89670
江　苏	Jiangsu	9270946	50109	252827	8368305	1303713	758061	121756	427372
浙　江	Zhejiang	4856851	29979	18472	4666160	1120215	413197	22221	35752
安　徽	Anhui	2949185	38230	24343	2671631	231078	289194	18350	127816
福　建	Fujian	2446495	49803	13264	1815595	250948	230485	31233	101157
江　西	Jiangxi	1301294	7418	7814	1221049	283886	110234	3737	29688
山　东	Shandong	7120019	45053	10995	6799557	1087068	820516	80033	604989
河　南	Henan	1849641	29895	2082	1070452	216395	259225	37179	110281
湖　北	Hubei	1164830	36595	8480	1066389	113223	284750	17063	73129
湖　南	Hunan	1809246	35229	44924	1309890	204885	285074	26389	97522
广　东	Guangdong	4526851	11316	45629	4430445	927982	572962	182303	277649
广　西	Guangxi	2133463	45404	95140	1076091	104227	158229	34454	27341
海　南	Hainan	807778	42736	17270	721489	364697	50328	9958	36090
重　庆	Chongqing	1498450	41606	247382	1189069	411565	93325	17087	215770
四　川	Sichuan	1611229	95848	1149	1432828	275366	292692	29360	167241
贵　州	Guizhou	269313	13364	18725	229924	66337	45247	21451	15310
云　南	Yunnan	1315507	80967	30679	1193041	117535	145688	538	16033
西　藏	Tibet	10437			9937	8080	502		
陕　西	Shaanxi	2065427	8111	37037	1654285	311464	172932	20984	185243
甘　肃	Gansu	320876	32438	20570	247515	93790	80547	2200	22002
青　海	Qinghai	158761	26924	25600	106237	39481	19429	3562	6410
宁　夏	Ningxia	303584	66410	24237	204078	54888	33221	16179	2753
新　疆	Xinjiang	502416	19638	683	446542	107561	138655	9041	41312

1-2-3 National Revenue of Urban Maintenance and Construction Fund（Fiscal Budget）（2009）

计量单位：万元 Measurement Unit：10, 000 RMB

市财政资金 City Fiscal Fund									其他财政资金	地区名称
市政公用设施有偿使用费 Fee for Use of Municipal Utilities	过桥过路费 Tolls on Roads and Bridges	污水处理费 Wastewater Treatment Fee	垃圾处理费 Garbage Treatment Fee	排水设施有偿使用费 Fee for Use of Drainage Facilities	土地出让转让收入 Land Transfer Revenue	水资源费 Water Resource Fee	资产置换收入 Property Replacement Revenue	其他收入 Other Revenues	Others	Name of Regions
2589016	**589464**	**1492838**	**292186**	**52781**	**26360164**	**247971**	**154923**	**2607106**	**5707910**	**全国**
81620		81620				93911				北京
4638		4188			264924			109563	75521	天津
79942	373	44001	4997	909	818943	19496	60	16608	525059	河北
20706	970	8721	4196	679	697044	9918	45	28202	43444	山西
8504	210	6459	1764		408451	3055		51197	178867	内蒙古
40897	5333	28671	2665	114	2152652	4665	534	31011	153712	辽宁
24381	5084	11648	1974	1918	106568	711	2310	73695	43355	吉林
21406	6976	6484	1051	6382	341504	2048	30	19618	64640	黑龙江
142903	137800	5103			221100			402135		上海
297463	4621	230838	49863	40	5126270	10102	12200	311368	599705	江苏
360083	107179	184691	28067	610	2556615	3608	25269	129200	142240	浙江
56173	460	48602	5020	325	1694809	4418	13709	230574	231307	安徽
110859	40573	51601	14726	3500	981536	3122	6000	100255	567833	福建
22285	7455	10706	3218	671	484733	278	6373	279835	65013	江西
145662	220	115362	18590	1030	3879655	36878	7927	137558	263685	山东
71492		49659	13305	314	340043	9215	500	26122	747212	河南
77847	5477	57629	9810	676	366345	4045	633	129354	53366	湖北
80358	8210	32898	8520	28582	515589	4270	25931	69872	419203	湖南
474471	152058	269626	48738	145	1866978	12834	2281	116257	39461	广东
65154	17017	34182	13680		644595	1344	123	40624	916828	广西
21633		19556	1947	16	230366	283		8134	26283	海南
58367	6437	44979	6177	161	325691	1404	1530	64330	20393	重庆
117964	39734	52423	17448	150	482236	3108		64861	81404	四川
19476		9336	960		58960	399	116	2628	7300	贵州
40906	3291	27123	10352	140	810504	6085	300	55452	10820	云南
					800			555	500	西藏
54126	5245	28719	8214	402	778906	1330	48800	80500	365994	陕西
14676	772	10155	2700	720	25124	317		8859	20353	甘肃
7621	1875	2695	2136		23316	6343		75		青海
5769		2198	868		84675	2211	252	4130	8859	宁夏
61634	32094	12965	11200	5297	71232	2573		14534	35553	新疆

1-2-4 全国城市维护建设资金（财政性资金）支出(2009 年)

地区名称 Name of Regions		合计 Total	按用途分 By Purpose				供水 Water Supply	燃气 Gas Supply	集中供热 Central Heating
			固定资产投资支出 Expenditure From Investment in Fixed Assets	维护支出 Maintenance Expenditure	其他支出 Other Expenditures	偿还贷款 Payment for Loans			
全　国	**National Total**	**59270667**	**10982852**	**38125424**	**10187001**	**5878470**	**1175896**	**512700**	**1206084**
北　京	Beijing	5668040	2844624	2823416			123334	40385	205099
天　津	Tianjin	1171311	261430	882162	27719		9476	103953	55146
河　北	Hebei	2410892	300256	1798250	312616	194490	17023	18738	38203
山　西	Shanxi	2262553	116080	1917127	244468	189261	23766	6433	146130
内蒙古	Inner Mongolia	903465	180987	619802	102676	11350	26548	4542	137010
辽　宁	Liaoning	2461900	547829	1620537	293534	149443	93184	28763	95676
吉　林	Jilin	857193	228417	388897	239879	99234	40878	7851	55836
黑龙江	Heilongjiang	1025637	280195	621107	124335	63115	44880	2726	32683
上　海	Shanghai	2964374	128242	374617	2461515	2461515	4689	3549	
江　苏	Jiangsu	5860985	925530	4145262	790193	384930	146482	28393	5014
浙　江	Zhejiang	4560864	515939	3312527	732398	134801	100018	21361	1393
安　徽	Anhui	2990813	247327	2519365	223555	90593	33660	12679	100
福　建	Fujian	1941993	159462	1594456	188075	106363	86287	17013	
江　西	Jiangxi	1225047	102560	1077576	52603	324	32850	3051	
山　东	Shandong	4864181	928270	3510566	423329	115332	99199	66367	273297
河　南	Henan	1780125	297770	1249173	232997	190306	14885	27393	39855
湖　北	Hubei	1074445	118349	791848	164248	126309	25082	14483	
湖　南	Hunan	1946522	262674	1350939	333169	129441	21649	7872	
广　东	Guangdong	3066816	659446	1430311	977309	240390	64088	19271	
广　西	Guangxi	2034220	134515	1068960	834568	686816	17219	198	
海　南	Hainan	222821	31863	178289	12669	106	9447	340	
重　庆	Chongqing	1497170	245551	713534	538085	200872	11271	4427	
四　川	Sichuan	1556715	398144	894619	263952	81021	31540	17376	800
贵　州	Guizhou	261457	52580	173166	35711	32990	9749		
云　南	Yunnan	1124672	139308	836565	148799	61912	7578	689	
西　藏	Tibet	9735	6084	530	3121		3429		
陕　西	Shaanxi	2260077	587778	1502569	169730	16233	32774	13129	43859
甘　肃	Gansu	297032	94905	188198	13929		10799	826	19477
青　海	Qinghai	158081	22155	120959	14967	9367	14796	6510	7160
宁　夏	Ningxia	328256	38615	167051	122590	15900	4573	11010	25560
新　疆	Xinjiang	483275	125967	253046	104262	86056	14743	23372	23786

1-2-4 National Expenditure of Urban Maintenance and Construction Fund（Fiscal Budget）（2009）

计量单位：万元 Measurement Unit：10，000 RMB

按行业分 By Industry										地区名称
轨道交通 Rail Transit System	道路桥梁 Road and Bridge	排水 Sewerage	污水处理 Wastewater Treatment and Reuse	再生水利用 Wastewater Recycled and Reused	防洪 Flood dontrol	园林绿化 Landscaping	市容环境卫生 Environmental Sanitation	垃圾处理 Domestic Garbage Treatment	其他 Other Industry	Name of Regions
2259540	**23061301**	**4923007**	**2401715**	**131655**	**820261**	**4979200**	**2716274**	**735083**	**17616404**	**全　国**
441798	260693	166029	115699	50330		35381	75189	40090	4320132	北　京
160000	262408	160244	37574		6430	176570	96436		140648	天　津
	1013858	214687	82526	20951	15345	329124	127114	31701	636800	河　北
	1606715	95331	32219	3160	424	133961	35703	17123	214090	山　西
	343752	83281	30426	3135	3040	103736	54756	11014	146800	内蒙古
355493	507759	220145	145045	1600	14053	182835	208174	23814	755818	辽　宁
22208	303391	114070	84727		636	66703	66305	23559	179315	吉　林
41000	399925	119203	54567	700	3637	78280	85692	15534	217611	黑龙江
10240	322832	39996	21218			48968	3276		2530824	上　海
361587	2733771	508905	287740	2745	84923	577808	302298	87297	1111804	江　苏
262500	2261666	362094	194831	6682	74614	288652	216793	56574	971773	浙　江
10000	1796247	240751	88589	6220	71344	279983	110931	32134	435118	安　徽
	1178077	83370	46133	1920	63436	75823	75804	55533	362183	福　建
70464	602577	111795	47493		21981	257207	51253	6739	73869	江　西
27000	1835482	618148	158014	12980	198900	854854	220767	59724	670167	山　东
220050	667148	171224	105111	6158	9089	162793	91943	17519	375745	河　南
50200	572083	131018	46474		11609	79477	49041	16555	141452	湖　北
48000	1158578	151356	89694	300	12397	186018	91004	24344	269648	湖　南
76753	938470	398156	314544	3000	127742	230743	280450	106931	931143	广　东
11704	839451	123859	69794		31999	88433	75617	25493	845740	广　西
	88919	51296	42565		300	29825	14617	4320	28077	海　南
3481	780218	120489	9835	50	5556	181984	58374	11279	331370	重　庆
	751461	182636	34676		26998	173560	121466	22247	250878	四　川
	151035	24184	9647		1092	16478	17812	4934	41107	贵　州
	563284	175682	156241	735	5790	36883	23831	10305	310935	云　南
	1120				66	2177	2157	36	786	西　藏
87062	739360	119410	25135		6397	110094	97008	9495	1010984	陕　西
	117752	28884	19486	1636	523	31662	6311	2338	80798	甘　肃
	75219	20292	11916		9392	12113	12512	11055	87	青　海
	85530	14560	5734	1290	9382	76714	15359	3996	85568	宁　夏
	102520	71912	34062	8063	3166	70361	28281	3400	145134	新　疆

1-2-5 按行业分全国城市市政公用设施建设固定资产投资（2009 年）

地区名称 Name of Regions		本年完成投资 Completed Investment of this Year	供水 Water Supply	燃气 Gas Supply	集中供热 Central Heating	轨道交通 Rail Transit System	道路桥梁 Road and Bridge	排水 Sewerage
全　国	**National Total**	**106414672**	**3688112**	**1821692**	**3686727**	**17375942**	**49505515**	**7298043**
北　京	Beijing	8579391	247685	105461	403911	4257868	2117465	248839
天　津	Tianjin	2794536	80728	107878	51851	849998	1154806	195664
河　北	Hebei	5942876	54836	122795	252891		3404637	342631
山　西	Shanxi	2488302	34207	16759	242858		1620942	189755
内蒙古	Inner Mongolia	2610099	87180	44628	370495		1171263	134819
辽　宁	Liaoning	6111552	312792	37223	876139	976276	1538269	266128
吉　林	Jilin	1701158	57271	20264	146320	156015	1030458	121002
黑龙江	Heilongjiang	1902959	98322	30664	340865	204012	535820	198361
上　海	Shanghai	7287633	645419	190828		3502756	2293565	287717
江　苏	Jiangsu	9420914	502579	167828	27280	1072062	4991191	576921
浙　江	Zhejiang	4747210	267721	98623	7523	646666	2515342	439405
安　徽	Anhui	3762160	88703	72243	27341	26679	2536422	250066
福　建	Fujian	2908824	105569	34455		34776	2095697	123486
江　西	Jiangxi	1929677	63939	35931		90424	1054677	132432
山　东	Shandong	7222294	237525	214420	603513	25000	2939465	760540
河　南	Henan	1803957	58044	73551	80391	366281	778133	210839
湖　北	Hubei	4319272	83026	64964		520450	2945885	291569
湖　南	Hunan	3993012	54207	52116		47999	2091122	427244
广　东	Guangdong	7772571	115110	57686		3208043	1550334	763439
广　西	Guangxi	2972371	58729	30838			1978368	361738
海　南	Hainan	300002	7769	4803			131996	115233
重　庆	Chongqing	3913852	49262	73627		652656	2415153	114528
四　川	Sichuan	3181786	88093	26620		333100	1832372	183607
贵　州	Guizhou	784540	7674	5118			725335	33648
云　南	Yunnan	2799763	76403	13959		52854	2091479	163566
西　藏	Tibet	40454					13316	
陕　西	Shaanxi	2994191	51611	30822	54332	352027	958096	159818
甘　肃	Gansu	717306	20228	23411	88776		454530	41910
青　海	Qinghai	121177	10233	168	6800		73889	15954
宁　夏	Ningxia	235695	6524	5580	14244		95769	31441
新　疆	Xinjiang	1055138	116723	58429	91197		369719	115743

1-2-5 National Fixed Assets Investment in Urban Service Facilities by Industry (2009)

计量单位：万元 Measurement Unit：10, 000 RMB

污水处理 Wastewater Treatment and Reuse	再生水利用 Wastewater Recycled and Reused	防洪 Flood Control	园林绿化 Landscaping	市容环境卫生 Environmental Sanitation	垃圾处理 Domestic Garbage Treatment	其他 Other	本年新增固定资产 Newly Added Fixed Assets of This Year	地区名称 Name of Regions
3891190	**294515**	**1485923**	**9148554**	**3164728**	**846330**	**9239436**	**58140935**	**全　国**
43026	100850	70982	444321	599432	105256	83427	3006650	北　京
69363	5863	557	180727	24398	1531	147929	853755	天　津
208369	23392	195168	726126	145398	59933	698394	3381915	河　北
63583	4261	1000	146352	42003	14112	194426	1970978	山　西
33734		14327	492523	87278	19801	207586	1906042	内蒙古
175291	20878	55167	299006	50636	31404	1699916	4943898	辽　宁
84930		14770	77625	59108	42653	18325	1383275	吉　林
134557	9722	10577	191764	79197	20536	213377	925039	黑龙江
107319		93117	77791	82800	5930	113640	1335386	上　海
386537	1800	127111	1394020	161877	47500	400045	5840477	江　苏
265886	14824	114696	342968	102197	67606	212069	2064308	浙　江
126806	18569	67173	528340	55195	26865	109998	2194346	安　徽
83759	1670	64149	69438	87520	81595	293734	1661187	福　建
83696		25318	296733	19768	4129	210455	1329863	江　西
233581	11648	250802	1251983	129559	64539	809487	4680798	山　东
137546	19657	9344	174264	40065	11171	13045	969421	河　南
130705		2905	212316	136954	30572	61203	3638621	湖　北
375123		60777	329240	94755	35357	835552	2939950	湖　南
591339	21221	140938	99019	913032	69348	924970	1893734	广　东
160041		49504	410363	47058	33781	35773	1602762	广　西
87457	26076		23837	8485	8196	7879	140414	海　南
41252	1977	17545	420780	11916	1982	158385	2924127	重　庆
79521		30347	275858	29387	7735	382402	1909690	四　川
7629		50	6035	6680	3087		235959	贵　州
57628		9599	70387	87042	36413	234474	1755525	云　南
			26197	941				西　藏
37056	10171	44189	337178	28313	6620	977805	1297144	陕　西
32275		2425	27553	3901	2260	54572	312803	甘　肃
12280	300		12349	1705		79	116470	青　海
26524	670	8830	42568	6440	3990	24299	147778	宁　夏
14377	966	4556	160893	21688	2428	116190	778620	新　疆

1-2-6 按资金来源分全国城市市政公用设施建设固定资产投资（2009 年）

地区名称		合计	上年末结余资金	本年资金来源			
				小计	中央财政拨款	地方财政拨款	国内贷款
Name of Regions		Total	The Balance of The Previous Year	Subtotal	Financial Allocation of The Central Government	Financial Allocation of Local Governments	Domestic Loan
全国	**National Total**	**109380649**	**4604321**	**104776328**	**1129031**	**27051007**	**40348360**
北京	Beijing	10731478	1798036	8933442	76259	3616011	2286802
天津	Tianjin	2953797	176665	2777132	15410	355049	1488052
河北	Hebei	5941671	10349	5931322	20614	1307539	3300367
山西	Shanxi	2467220	5380	2461840	8356	442064	1386254
内蒙古	Inner Mongolia	2424253	24568	2399685	14410	395648	660464
辽宁	Liaoning	5989249	119360	5869889	142225	1235564	2082547
吉林	Jilin	1577652	54	1577598	67212	324824	811662
黑龙江	Heilongjiang	1969628	34922	1934706	48661	721187	425533
上海	Shanghai	6908162	150295	6757867	16753	220557	2269973
江苏	Jiangsu	9823918	396703	9427215	30306	2274683	4302594
浙江	Zhejiang	5149210	324047	4825163	33416	1974771	1316435
安徽	Anhui	3631684	3381	3628303	60668	507003	860484
福建	Fujian	2554708	49939	2504769	18991	807160	1016870
江西	Jiangxi	1981581	30588	1950993	6323	744190	213372
山东	Shandong	6761223	171801	6589422	47611	3832766	661815
河南	Henan	1795989	13588	1782401	38612	792991	569363
湖北	Hubei	3382737	14121	3368616	51473	1532194	378160
湖南	Hunan	4327844	23301	4304543	35658	904059	1865980
广东	Guangdong	8672645	237663	8434982	39176	1558451	3974264
广西	Guangxi	3785989	157670	3628319	45064	367817	2295185
海南	Hainan	310103	29862	280241	13585	118110	133658
重庆	Chongqing	3906129	115190	3790939	8692	704841	2120709
四川	Sichuan	3063491	557849	2505642	88208	775552	736896
贵州	Guizhou	638127	2878	635249	29247	70227	518483
云南	Yunnan	3441832	33794	3408038	28959	261060	2555422
西藏	Tibet	42100		42100	11820	28280	
陕西	Shaanxi	3049436	79404	2970032	15535	706774	1178491
甘肃	Gansu	731209	28510	702699	23703	136206	272242
青海	Qinghai	120616	581	120035	26343	41494	38420
宁夏	Ningxia	192257	12242	180015	13507	49871	62688
新疆	Xinjiang	1054711	1580	1053131	52234	244064	565175

1-2-6 National Fixed Assets Investment in Urban Service Facilities by Capital Resource (2009)

计量单位：万元 Measurement Unit：10, 000 RMB

Sources of Fund 债券 Securities	利用外资 Foreign Investment	外商直接投资 Foreign Direct Investment	自筹资金 Self-Raised Funds	单位自有资金 Self-Owned Funds	其他资金 Other Funds	各项应付款 Sum Payable This Year	地区名称 Name of Regions
1208486	**661189**	**140349**	**24871118**	**4738259**	**9507137**	**8202334**	**全　国**
	662		672127	373026	2281581	479597	北　京
480638	4344	309	422166	103844	11473	137650	天　津
	4000		1131025	142292	167777	61497	河　北
210741			143501	35821	270924	259634	山　西
138	14999		1154434	92468	159592	92872	内蒙古
	35705	7352	1983359	138646	390489	380721	辽　宁
5783	47390		231126	45214	89601	181589	吉　林
2900	21722	5407	498314	120650	216389	28586	黑龙江
133339	28470		3597457	1295621	491318	463962	上　海
4452	16072	9972	2436218	727322	362890	863063	江　苏
3550	6834	2257	1345511	144166	144646	153350	浙　江
11440	32984	6942	1641916	56957	513808	461177	安　徽
50031			413936	210347	197781	95727	福　建
6956	18628	16528	304788	44810	656736	216377	江　西
3000	12949	5600	1272466	191513	758815	354615	山　东
8500	12053		298927	49314	61955	67382	河　南
2500	36070	15000	705997	42624	662222	1003153	湖　北
40761	72740	20015	683006	60378	702339	550828	湖　南
5934	27184	12800	2503908	278363	326065	402105	广　东
	43764	28417	858975	82927	17514	143840	广　西
			9769	6707	5119	37569	海　南
67075	47195	4750	503613	133640	338814	248081	重　庆
80298	17445		652968	42977	154275	388566	四　川
			14252		3040	233118	贵　州
80105	63503	5000	173913	21272	245076	425807	云　南
					2000		西　藏
4755	35966		820893	250941	207618	318350	陕　西
890	33165		213858	13136	22635	48440	甘　肃
			13778	168		265	青　海
4700			42019	21379	7230	75255	宁　夏
	27345		126898	11736	37415	29158	新　疆

1-2-7 全国城市市政公用设施建设施工规模和新增生产能力（或效益）（2009 年）

指标名称	Index	计量单位	Measurement Unit
1. 供水综合生产能力	1. Integrated Water Production Capacity	万立方米/日	10,000m^3/day
2. 供水管道长度	2. Length of Water Pipelines	公里	Kilometer
3. 人工煤气生产能力	3. Production Capacity of Man-made Coal Gas	万立方米/日	10,000m^3/day
4. 人工煤气储气能力	4. Storage Capacity of Man-made Coal Gas	万立方米	10,000m^3
5. 人工煤气供气管道长度	5. Length of Man-made Gas Pipelines	公里	Kilometer
6. 天然气储气能力	6. Storage Capacity of Natural Gas	万立方米	10,000m^3
7. 天然气供气管道长度	7. Length of Natural Gas Pipelines	公里	Kilometer
8. 液化石油气储气能力	8. LPG Storage Capacity	吨	Ton
9. 液化石油气供气管道长度	9. Length of LPG Pipelines	公里	Kilometer
10. 集中供热能力：蒸汽	10. Central Heating Capacity (Steam)	吨/小时	Ton/Hour
11. 集中供热能力：热水	11. Central Heating Capacity (Hot Water)	兆瓦	Mega Watts
12. 集中供热管道长度：蒸汽	12. Length of Central Heating Pipelines (Steam)	公里	Kilometer
13. 集中供热管道长度：热水	13. Length of Central Heating Pipelines (Hot Water)	公里	Kilometer
14. 轨道交通运营线路长度	14. Length of Operational Lines for Rail Transit	公里	Kilometer
15. 桥梁座数	15. Number of Bridges	座	Unit
16. 道路新建、扩建长度	16. Length of Extension of Roads and New Roads	公里	Kilometer
17. 道路新建、扩建面积	17. Surface Area of Extension of Roads and New Roads	万平方米	10,000m^2
18. 排水管道长度	18. Length of Sewerage Piplines	公里	Kilometer
19. 污水处理厂处理能力	19. Wastewater Treatment Capacity	万立方米/日	10,000m^3/day
20. 再生水管道长度	20. Length of Recycled Water Piplines	公里	Kilometer
21. 再生水生产能力	21. Recycled Water Production Capacity	万立方米/日	10,000m^3/day
22. COD 削减能力	22. COD Reduction Ability	万吨/年	10,000ton/year
23. 绿地面积	23. Area of Green Space	公顷	Hectare
24. 垃圾无害化处理能力	24. Garbage Treatment Capacity	吨/日	Ton/day

1-2-7 National Urban Service Facilities Construction Scale and Newly Added Production Capacity (or Benefits) (2009)

建设规模 Construction Scale	本年施工规模 Construction Scale This Year	本年新开工 Newly Started This Year	累计新增生产能力（或效益） Accumulative Newly Added Production Capicity (or Benefits)	本年新增 Newly Added This Year
6004. 48	5323. 61	1294. 01	1159. 78	967. 78
23154. 24	18732. 86	16633. 29	16851. 24	16145. 36
201	201	201	8	1
35. 39	35. 4	29. 0	29. 0	12. 5
1182. 85	1124. 19	1122. 29	1033. 32	1023. 02
1864. 82	705. 82	655. 32	688. 32	622. 67
25061. 81	18019. 74	15138. 74	17839. 15	14901. 34
3797. 15	3752. 2	3752. 2	3750. 2	3750. 2
855. 85	841. 65	779. 65	841. 59	781. 73
6860. 4	5974. 3	4689. 5	3044. 5	3044. 5
21176. 97	17239. 95	15222. 66	15476. 45	14349. 19
601. 84	595. 59	570. 59	591. 42	566. 42
6232. 83	5425. 38	5386. 13	4694. 02	4573. 36
1006. 5	883. 47	343. 66	387. 57	264. 32
1636	1395	1154	1052	988
16558. 94	14051. 88	11850. 71	9751. 30	9188. 33
39134. 66	31810. 39	25597. 23	22025. 38	20959. 05
30900. 36	21488. 14	17990. 96	17339. 16	15843. 93
2502. 43	1986. 05	1011. 05	1244. 72	781. 06
309. 5	247. 96	208. 96	214. 96	214. 96
92. 5	74. 30	56. 30	49. 80	47. 80
58. 86	54. 43	28. 62	39. 92	23. 13
65035. 35	59051. 43	56498. 38	55293. 35	53866. 74
53926. 8	42146	28363	26647	24299

1-2-8 城市供水（2009 年）

地区名称	Name of Regions	综合生产能力（万立方米/日） Integrated Production Capacity (10,000 m^3/day)	地下水 Underground Water	供水管道长度（公里） Length of Water Supply Pipelines (km)	供水总量（万立方米） 合计 Total	生产运营用水 The Quantity of Water for Production and Operation	公共服务用水 The Quantity of Water for Public Service	居民家庭用水 The Quantity of Water for Household Use
全　国	**National Total**	**27046.8**	**6140.1**	**510399**	**4967467**	**1668009**	**630645**	**1695680**
北　京	Beijing	1572.9	1349.5	23959	151815	24506	45617	58954
天　津	Tianjin	393.9	81.1	8847	70138	25066	8616	20897
河　北	Hebei	835.4	612.4	13733	156991	65541	17160	52202
山　西	Shanxi	449.3	237.3	6901	82193	31819	8570	32116
内蒙古	Inner Mongolia	344.7	231.5	8217	55197	21956	7640	14202
辽　宁	Liaoning	1386.1	592.5	27735	288732	120376	36169	56301
吉　林	Jilin	720.1	74.3	8390	97242	29596	14132	26413
黑龙江	Heilongjiang	813.4	332.0	11171	165449	84273	16112	39321
上　海	Shanghai	1434.6	25.8	30753	341389	102564	47813	97327
江　苏	Jiangsu	2534.1	94.8	59445	449037	185461	49582	134058
浙　江	Zhejiang	1401.0	9.6	35786	269809	93852	27384	101906
安　徽	Anhui	2080.6	92.9	13314	162243	67702	18316	49072
福　建	Fujian	680.4	23.8	12449	134264	45115	14321	51454
江　西	Jiangxi	454.3	21.5	9251	92540	18884	16267	37083
山　东	Shandong	1458.3	689.1	34814	275592	117149	34306	90297
河　南	Henan	1007.8	542.8	16109	173377	65746	19803	54378
湖　北	Hubei	1311.7	31.7	21596	248944	65193	30389	98167
湖　南	Hunan	911.0	33.0	12791	179560	41769	18594	75364
广　东	Guangdong	3406.5	55.4	81923	785071	227176	102600	288510
广　西	Guangxi	590.9	68.0	12233	138981	52855	16985	53262
海　南	Hainan	172.4	57.0	2491	31176	2134	3664	14726
重　庆	Chongqing	420.4	1.6	8523	77146	22326	7872	36705
四　川	Sichuan	765.0	135.4	19064	163875	43229	24614	71550
贵　州	Guizhou	240.2	9.3	5702	44291	8157	3996	22013
云　南	Yunnan	282.9	15.7	6229	61461	16688	4707	27249
西　藏	Tibet	25.1	25.0	661	7342	1587	1398	1482
陕　西	Shaanxi	376.3	165.2	4845	83059	24489	14160	31592
甘　肃	Gansu	397.4	132.5	4092	60618	23851	7403	20214
青　海	Qinghai	78.6	78.6	1312	16835	6541	1117	5779
宁　夏	Ningxia	130.5	110.2	1970	27882	12198	3819	7848
新　疆	Xinjiang	371.5	210.6	6092	75215	20213	7518	25241

1-2-8 Urban Water Supply (2009)

Total Quantity of Water Supply (10,000 m³)				用水户数（户） Number of Households with Access to Water Supply (unit)		用水人口（万人） Population with Access to Water Supply (10,000 persons)	地区名称 Name of Regions
消防及其他用水 The Quantity of Water for Fire Control and Other Purposes	免费供水量 The Quantitiy of Free Water Supply	生活用水 Domestic Water Use	漏损水量 The Lossed Water		家庭用户 Household User		
242198	**127556**	**7757**	**603381**	**92823995**	**85256477**	**36214.21**	**全国**
5873	507		16360	4299630	4295146	1491.8	北京
5351	705		9503	2551077	2442662	607.26	天津
3508	2539	191	16041	3129269	2915797	1527.05	河北
3698	513	60	5477	1157696	1040907	914.31	山西
4949	1140	19	5311	1879234	1658931	696.48	内蒙古
17045	3074	80	55766	7472287	7022691	2041.65	辽宁
2746	1901	168	22454	3149181	2855525	906.88	吉林
4413	1215	87	20116	4192915	3892113	1172.81	黑龙江
29555	32999		31131	6936501	6434777	1921.32	上海
22750	14530	1162	42656	8599018	7977502	2443.9	江苏
9851	4081	103	32736	5469363	4890704	1758.9	浙江
4248	1534	93	21370	3296480	3006135	1148.64	安徽
9665	778	246	12932	2157460	1949894	942.49	福建
2812	1736	415	15759	1736266	1495194	758.35	江西
7865	4037	980	21939	5940124	5652353	2648.44	山东
8120	2388	979	22943	3373115	3079020	1737.82	河南
9951	12607	209	32639	4415311	4122682	1640.8	湖北
8395	8604	479	26834	2595588	2340975	1127.56	湖南
39896	11686	535	115204	7703596	6772019	4238.67	广东
1747	944	70	13187	1472536	1372826	743.69	广西
6071	468	5	4112	274486	222373	190.14	海南
2804	750	113	6690	1910712	1733793	865.54	重庆
4717	3896	279	15868	3341554	2987034	1348.02	四川
2307	2709	159	5110	882667	810131	491.22	贵州
1788	4478	144	6551	1234349	1132600	634.38	云南
1171	1060	468	644	71610	69667	42.97	西藏
3694	394	53	8730	791019	537226	762.18	陕西
4308	192	47	4650	761714	701527	477.92	甘肃
1056	311	287	2031	98296	89700	111.5	青海
2380	475	32	1162	472433	420080	212.73	宁夏
9464	5304	293	7475	1458508	1334493	608.79	新疆

1-2-9 城市供水（公共供水）（2009 年）

地区名称 Name of Regions		综合生产能力（万立方米/日） Integrated Production Capacity (10,000 m³/day)	地下水 Underground Water	供水管道长度（公里） Length of Water Supply Pipelines (km)	供水总量（万立方米）				
					合计 Total	售水量			
						小计 Subtotal	生产运营用水 The Quantity of Water for Production and Operation	公共服务用水 The Quantity of Water for Public Service	居民家庭用水 The Quantity of Water for Household Use
全　国	**National Total**	**19422.5**	**3000.1**	**463288**	**3963106**	**3232169**	**951283**	**548979**	**1543345**
北　京	Beijing	424.1	200.7	14791	103747	86881	13060	30975	41999
天　津	Tianjin	321.5	11.9	8806	61305	51096	19285	5563	20897
河　北	Hebei	569.1	375.7	11238	98341	79761	20744	13451	43524
山　西	Shanxi	297.1	161.6	5370	52955	46964	14782	5246	23550
内蒙古	Inner Mongolia	244.3	137.8	6335	40356	33905	11569	6215	11894
辽　宁	Liaoning	908.7	326.6	24343	179818	120977	42172	24845	46887
吉　林	Jilin	304.7	33.8	7310	72957	48602	12070	11454	23090
黑龙江	Heilongjiang	512.1	159.0	9733	99267	77936	29945	12717	31888
上　海	Shanghai	1096.0	20.9	29464	304706	240576	65880	47813	97327
江　苏	Jiangsu	1900.5	44.0	56468	337164	279979	93451	44562	125517
浙　江	Zhejiang	1270.4	5.2	35062	253072	216255	79026	26350	101054
安　徽	Anhui	532.3	41.1	11893	99613	76709	17220	12827	42779
福　建	Fujian	616.1	11.3	12093	116526	102816	30553	13710	49453
江　西	Jiangxi	394.1	4.4	8920	83376	65881	12278	15253	35629
山　东	Shandong	1106.6	421.3	29750	191524	165548	62644	24981	72754
河　南	Henan	698.1	291.1	14522	121277	95946	27518	15896	45678
湖　北	Hubei	1093.4	11.9	19567	206406	161161	38971	28618	89055
湖　南	Hunan	793.2	19.6	11861	153726	118288	25743	17149	69878
广　东	Guangdong	3338.0	48.1	81459	772610	645721	217537	102238	286597
广　西	Guangxi	425.3	40.5	10816	95100	80968	15317	16892	47085
海　南	Hainan	141.9	28.0	2488	29463	24883	1714	3578	13638
重　庆	Chongqing	312.9	1.0	6917	64720	57280	14836	7050	33658
四　川	Sichuan	569.2	78.2	16226	127162	107397	17779	22631	63042
贵　州	Guizhou	227.5	5.6	5312	40724	32905	5449	3498	21695
云　南	Yunnan	261.9	6.8	6069	53617	42588	11367	4576	25284
西　藏	Tibet	25.1	25.0	661	6850	5147	1587	1398	990
陕　西	Shaanxi	330.5	131.1	4394	65938	56814	13983	13103	27702
甘　肃	Gansu	296.9	97.8	3294	44077	39234	14321	6275	17282
青　海	Qinghai	52.5	52.5	1178	10129	7787	1477	1067	4362
宁　夏	Ningxia	59.8	51.7	1374	14461	12823	3429	2625	6446
新　疆	Xinjiang	298.8	156.0	5575	62120	49340	15572	6423	22711

1-2-9 Urban Water Supply (Public Water Suppliers) (2009)

Total Quantity of Water Supply (10,000m³)				用水户数（户）		用水人口（万人）	地区名称
消防及其他用水 The Quantity of Water for Fire Control and Other Purposes	免费供水量 The Quantitiy of Free Water Supply	生活用水 Domestic Water Use	漏损水量 The Lossed Water	Number of Households with Access to Water Supply (unit)	家庭用户 Household User	Population with Access to Water Supply (10,000 persons)	Name of Regions
188563	**127556**	**7757**	**603381**	**85254901**	**78462109**	**33306.07**	**全　国**
847	507		16360	3193781	3193781	949.81	北　京
5351	705		9503	2551072	2442662	607.26	天　津
2043	2539	191	16041	2619442	2453983	1310.62	河　北
3385	513	60	5477	639438	551643	727.76	山　西
4226	1140	19	5311	1637757	1483244	611.79	内蒙古
7073	3074	80	55766	6986738	6581491	1849.51	辽　宁
1987	1901	168	22454	2900187	2635507	829.95	吉　林
3386	1215	87	20116	3695420	3434259	999.17	黑龙江
29555	32999		31131	6936445	6434777	1921.32	上　海
16448	14530	1162	42656	8374952	7787236	2385.16	江　苏
9825	4081	103	32736	5370820	4813072	1732.50	浙　江
3883	1534	93	21370	2977751	2699938	1028.20	安　徽
9100	778	246	12932	2114296	1911051	920.96	福　建
2721	1736	415	15759	1670159	1430928	732.97	江　西
5168	4037	980	21939	5238622	5049436	2367.67	山　东
6854	2388	979	22943	2899760	2685384	1568.51	河　南
4516	12607	209	32639	4064571	3834225	1533.53	湖　北
5519	8604	479	26834	2407637	2164979	1039.75	湖　南
39349	11686	535	115204	7601921	6676245	4218.81	广　东
1674	944	70	13187	1404533	1316145	689.43	广　西
5954	468	5	4112	213618	161505	173.32	海　南
1735	750	113	6690	1682253	1522702	773.49	重　庆
3945	3896	279	15868	2857215	2591392	1225.48	四　川
2263	2709	159	5110	873713	801428	480.76	贵　州
1361	4478	144	6551	1180790	1088169	608.50	云　南
1171	1060	468	644	70905	69316	37.57	西　藏
2026	394	53	8730	737507	491036	704.92	陕　西
1357	192	47	4650	603270	555308	423.24	甘　肃
881	311	287	2031	78090	69569	104.38	青　海
323	475	32	1162	366035	316420	175.04	宁　夏
4635	5304	293	7475	1306203	1215278	574.69	新　疆

1-2-10 城市供水（自建设施供水）（2009 年）

地区名称 Name of Regions		综合生产能力（万立方米/日） Integrated Production Capacity (10,000m³/day)	地下水 Underground Water	供水管道长度（公里） Length of Water Supply Pipelines (km)	供水总量（万立方米） 合计 Total	生产运营用水 The Quantity of Water for Production and Operation
全　国	**National Total**	**7624.3**	**3140.0**	**47111**	**1004362**	**716726**
北　京	Beijing	1148.8	1148.8	9168	48068	11445
天　津	Tianjin	72.3	69.2	42	8833	5780
河　北	Hebei	266.3	236.7	2495	58650	44797
山　西	Shanxi	152.3	75.8	1532	29238	17037
内蒙古	Inner Mongolia	100.4	93.7	1881	14841	10387
辽　宁	Liaoning	477.3	265.9	3392	108915	78205
吉　林	Jilin	415.4	40.5	1081	24285	17526
黑龙江	Heilongjiang	301.3	173.0	1439	66182	54327
上　海	Shanghai	338.6	4.9	1290	36684	36684
江　苏	Jiangsu	633.6	50.8	2976	111872	92010
浙　江	Zhejiang	130.6	4.4	724	16737	14826
安　徽	Anhui	1548.3	51.8	1421	62630	50482
福　建	Fujian	64.3	12.5	355	17739	14562
江　西	Jiangxi	60.2	17.1	331	9164	6605
山　东	Shandong	351.8	267.7	5064	84068	54504
河　南	Henan	309.7	251.7	1587	52101	38228
湖　北	Hubei	218.3	19.8	2030	42538	26222
湖　南	Hunan	117.8	13.4	930	25834	16025
广　东	Guangdong	68.4	7.3	464	12461	9639
广　西	Guangxi	165.6	27.6	1417	43881	37539
海　南	Hainan	30.5	29.0	3	1712	420
重　庆	Chongqing	107.5	0.6	1606	12427	7489
四　川	Sichuan	195.8	57.2	2839	36713	25450
贵　州	Guizhou	12.7	3.7	391	3568	2707
云　南	Yunnan	21.0	8.9	160	7843	5321
西　藏	Tibet				492	
陕　西	Shaanxi	45.8	34.1	451	17121	10506
甘　肃	Gansu	100.5	34.8	798	16541	9530
青　海	Qinghai	26.1	26.1	134	6705	5063
宁　夏	Ningxia	70.6	58.4	596	13422	8769
新　疆	Xinjiang	72.7	54.6	518	13096	4641

1-2-10 Urban Water Supply (Suppliers with Self-Built Facilities) (2009)

Total Quantity of Water Supply (10,000m³)			用水户数（户）		用水人口（万人）	地区名称
公共服务用水	居民家庭用水	消防及其他用水		家庭用户		
The Quantity of Water for Public Service	The Quantity of Water for Household Use	The Quantity of Water for Fire Control and Other Purposes	Number of Households with Access to Water Supply (unit)	Household User	Population with Access to Water Supply (10,000persons)	Name of Regions
81666	**152335**	**53635**	**7569094**	**6794368**	**2908.14**	**全　国**
14642	16955	5027	1105849	1101365	541.99	北　京
3053			5			天　津
3710	8678	1465	509827	461814	216.43	河　北
3323	8566	312	518258	489264	186.55	山　西
1424	2307	723	241477	175687	84.69	内蒙古
11325	9413	9972	485549	441200	192.14	辽　宁
2678	3322	759	248994	220018	76.93	吉　林
3395	7433	1028	497495	457854	173.64	黑龙江
			56			上　海
5020	8541	6301	224066	190266	58.74	江　苏
1034	851	26	98543	77632	26.40	浙　江
5489	6294	365	318729	306197	120.44	安　徽
611	2001	565	43164	38843	21.53	福　建
1014	1454	90	66107	64266	25.38	江　西
9325	17543	2696	701502	602917	280.77	山　东
3907	8700	1266	473355	393636	169.31	河　南
1770	9111	5435	350740	288457	107.27	湖　北
1446	5487	2876	187951	175996	87.81	湖　南
362	1913	547	101675	95774	19.86	广　东
93	6177	73	68003	56681	54.26	广　西
86	1089	117	60868	60868	16.82	海　南
822	3046	1069	228459	211091	92.05	重　庆
1984	8508	772	484339	395642	122.54	四　川
498	318	44	8954	8703	10.46	贵　州
131	1965	426	53559	44431	25.88	云　南
	492	0	705	351	5.40	西　藏
1057	3890	1669	53512	46190	57.26	陕　西
1128	2932	2951	158444	146219	54.68	甘　肃
50	1417	175	20206	20131	7.12	青　海
1194	1402	2057	106398	103660	37.69	宁　夏
1095	2530	4830	152305	119215	34.10	新　疆

1-2-11 城市节约用水（2009年）

地区名称 Name of Regions		实际用水量 Actual Quantity of Water Used					
		合计 Total	工业 Industry	新水取水量 Fresh Water Used	工业 Industry	重复利用量 Water Reused	工业 Industry
全　国	**National Total**	**8587140**	**7158824**	**2064014**	**1028179**	**6523126**	**6130645**
北　京	Beijing	221018	19043	190842	19043	30176	
天　津	Tianjin	29239	28384	1568	1021	27671	27363
河　北	Hebei	792389	774763	54565	39294	737824	735469
山　西	Shanxi	756277	715886	66799	35877	689478	680009
内蒙古	Inner Mongolia	73482	45463	44734	19314	28748	26149
辽　宁	Liaoning	1205759	1096044	181557	89875	1024202	1006169
吉　林	Jilin	369835	341761	120048	93438	249787	248323
黑龙江	Heilongjiang	307803	233664	172936	137625	134867	96039
上　海	Shanghai	270613	196514	86675	35176	183938	161338
江　苏	Jiangsu	869540	657298	233164	135138	636376	522160
浙　江	Zhejiang	192560	153923	57125	35373	135435	118550
安　徽	Anhui	328194	312113	34347	20836	293847	291277
福　建	Fujian	103312	76449	39835	15242	63477	61207
江　西	Jiangxi	28674	7210	13282	2530	15392	4680
山　东	Shandong	1146869	1010707	185169	86372	961700	924335
河　南	Henan	404530	322675	96770	45193	307760	277482
湖　北	Hubei	291121	249135	78019	42835	213102	206300
湖　南	Hunan	37641	22960	30120	15862	7521	7098
广　东	Guangdong	167373	115324	79711	28435	87662	86889
广　西	Guangxi	272851	225954	67079	21562	205772	204392
海　南	Hainan	23117	4950	16017	1200	7100	3750
重　庆	Chongqing	14537	1997	14445	1905	92	92
四　川	Sichuan	76448	23721	34607	14585	41841	9136
贵　州	Guizhou	93690	83354	44887	35017	48803	48337
云　南	Yunnan	17737	12201	9792	4612	7945	7589
陕　西	Shaanxi	212992	190116	38388	16896	174604	173220
甘　肃	Gansu	235522	215415	41590	23237	193932	192178
青　海	Qinghai	3852	1144	2034	660	1818	484
宁　夏	Ningxia	21176	16120	10654	6023	10522	10097
新　疆	Xinjiang	18989	4536	17255	4003	1734	533

1-2-11 Urban Water Conservation (2009)

计量单位：万立方米 Measurement Unit：10, 000m³

节约用水量 Water Saved	工业 Industry	重复利用率（%） Reuse Rate（%）	工业用水重复利用率 Reuse Rate of Water for Industrial Purpose	再生水利用量（建筑中水） Volume of Recycled Water Used (Recycled Water Used in Buildings)	节水措施投资总额（万元） Total Investment in Water-Saving Measures（10, 000 RMB）	地区名称 Name of Regions
	507497	**75. 96**	**85. 64**	**39039**	**197531**	**全　国**
11190	3707	13. 65		1001	17995	北　京
1508	989	94. 64	96. 40	335	195	天　津
16155	13259	93. 11	94. 93	1090	2432	河　北
13602	9659	91. 17	94. 99	55	885	山　西
10890	7893	39. 12	57. 52	714	80	内蒙古
36233	26025	84. 94	91. 80	624	14620	辽　宁
12963	11382	67. 54	72. 66	761	859	吉　林
8355	7212	43. 82	41. 10	390	6992	黑龙江
22085	14424	67. 97	82. 10			上　海
35959	30430	73. 19	79. 44	13447	22890	江　苏
13927	8490	70. 33	77. 02	1157	2459	浙　江
246542	243898	89. 53	93. 32	3021	5553	安　徽
9474	3296	61. 44	80. 06		620	福　建
1096	224	53. 68	64. 91		121	江　西
46892	35331	83. 85	91. 45	8940	23426	山　东
13512	9030	76. 08	85. 99	580	4014	河　南
15669	8383	73. 20	82. 81	374	22804	湖　北
6562	3344	19. 98	30. 91	479	29442	湖　南
15705	4772	52. 38	75. 34	8	70	广　东
11143	9216	75. 42	90. 46	6	5736	广　西
1700	650	30. 71	75. 76	393	636	海　南
3310	151	0. 63	4. 61		200	重　庆
34439	32406	54. 73	38. 51	522	18423	四　川
10631	10316	52. 09	57. 99	2	2483	贵　州
2613	120	44. 79	62. 20	652	2752	云　南
11334	7639	81. 98	91. 11	2047	3569	陕　西
5896	2846	82. 34	89. 21	1240	4100	甘　肃
226	226	47. 20	42. 31	1084	31	青　海
1935	957	49. 69	62. 64		18	宁　夏
7146	1222	9. 13	11. 75	117	4126	新　疆

1-2-12 城市人工煤气（2009 年）

地区名称 Name of Regions		生产能力（万立方米/日）Production Capacity (10,000m^3)	储气能力（万立方米）Gas Storage Capacity (10,000m^3)	供气管道长度（公里）Length of Gas Supply Pipeline (km)	自制气量（万立方米）Self-Produced Gas (10,000m^3)	外购气量（万立方米）Purchased Gas (10,000m^3)	
							合计 Total
全　国	**National Total**	**11099.5**	**2686.4**	**40447**	**3350909**	**347104**	**3615507**
河　北	Hebei	95.1	98.5	3509	7228	63943	68793
山　西	Shanxi	436.7	389.9	4694	76075	63010	82276
内蒙古	Inner Mongolia	179.0	30.8	470	3090	900	3915
辽　宁	Liaoning	293.9	142.6	5081	47799	26679	54441
吉　林	Jilin	92.4	129.5	2296	27402	2727	17616
黑龙江	Heilongjiang	76.4	33.8	669	12639	18970	26349
上　海	Shanghai	867.4	411.0	6156	162707		162721
江　苏	Jiangsu	4765.0	170.0	2352	1719730	8799	1728890
浙　江	Zhejiang	5.5	36.5	193	1558	29	1468
安　徽	Anhui	3.5	10.8	282	1208	1372	1372
福　建	Fujian	8.0	5.0	255	1395	1039	2537
江　西	Jiangxi	160.0	34.0	2073	2265	16304	37898
山　东	Shandong	119.3	52.4	2175	11527	20159	29377
河　南	Henan	175.6	73.5	1731	59487	51646	111136
湖　北	Hubei	58.9	45.7	660	19067	520	12382
湖　南	Hunan	282.2	43.4	515	87365	2178	89819
广　东	Guangdong	113.1	184.8	590	10471	3500	15493
广　西	Guangxi	10.6	7.4	387	3697	2252	4449
四　川	Sichuan	511.0	35.0	509	159746	3080	162826
贵　州	Guizhou	191.8	641.5	2784	98	26724	26886
云　南	Yunnan	82.2	47.3	2159	1369	32249	33113
甘　肃	Gansu	15.9	29.0	614	2986		9427
宁　夏	Ningxia		5.0	160		1024	1024
新　疆	Xinjiang	2556.0	29.0	134	932000		931300

1-2-12 Urban Man-Made Coal Gas (2009)

供气总量（万立方米） Total Gas Supplied (10, 000 m³)			用气户数（户）		用气人口（万人）	地区名称
销售气量		燃气损失量		家庭用户		
	居民家庭					
Quantity Sold	Households	Loss Amount	Number of Household with Access to Gas (unit)	Household User	Population with Access to Gas (10, 000 persons)	Name of Regions
3546641	**307134**	**68866**	**9391428**	**9077917**	**2971.00**	**全　国**
59875	19594	8919	519100	505188	191.55	河　北
80290	33276	1986	825557	721001	281.97	山　西
3881	3781	34	170731	168680	63.18	内蒙古
49721	37355	4720	1835711	1705207	523.72	辽　宁
15506	8745	2110	532121	531319	166.60	吉　林
26134	11872	215	197689	194001	85.14	黑龙江
141869	74566	20852	1538562	1514821	351.33	上　海
1712775	11741	16115	344758	343904	135.46	江　苏
1462	1066	6	128563	127787	30.42	浙　江
1202	922	171	45215	45117	14.43	安　徽
2433	1922	104	39985	39813	13.93	福　建
34759	11383	3139	411214	409523	145.74	江　西
27435	12531	1941	486350	468673	156.46	山　东
110576	13507	560	447748	443195	179.80	河　南
11104	6523	1278	151711	151321	48.50	湖　北
89466	3164	353	90829	90708	39.30	湖　南
14764	8478	729	63607	63062	25.44	广　东
4449	3940		117859	117753	41.52	广　西
162753	5282	73	122983	122060	39.55	四　川
26469	10921	417	476300	472664	161.33	贵　州
29637	15230	3476	710929	708881	234.80	云　南
9056	8965	371	75916	75820	21.73	甘　肃
1024	572		36990	36859	12.90	宁　夏
930000	1800	1300	21000	20560	6.20	新　疆

1-2-13 城市天然气（2009 年）

地区名称 Name of Regions		储气能力（万立方米）Gas Storage Capacity (10,000m³)	供气管道长度（公里）Length of Gas Supply Pipeline (km)	外购气量（万立方米）Purchased Gas (10,000m³)	供气总量（万立方米）合计 Total	销售气量 Quantity Sold
全　国	**National Total**	**46472.6**	**218778**	**3740935**	**4050996**	**3898721**
北　京	Beijing	70.0	15313	682831	682839	645356
天　津	Tianjin	111.4	10233	149533	149736	128080
河　北	Hebei	203.5	6975	80378	89065	86733
山　西	Shanxi	395.9	2626	62936	103239	99873
内蒙古	Inner Mongolia	189.8	1942	47288	46136	45725
辽　宁	Liaoning	477.2	6941	52659	60035	57717
吉　林	Jilin	70.10	3223	31882	33774	31467
黑龙江	Heilongjiang	30.7	5164	30481	46770	42496
上　海	Shanghai	36935.0	14997	334372	334399	313310
江　苏	Jiangsu	1061.4	22155	342040	343544	335300
浙　江	Zhejiang	231.5	11784	87879	86536	85335
安　徽	Anhui	582.8	8165	88807	89259	85703
福　建	Fujian	159.8	2982	8984	10295	10126
江　西	Jiangxi	295.0	2622	6516	6187	5835
山　东	Shandong	1584.9	20328	276510	242908	235130
河　南	Henan	450.5	10870	125929	126721	120506
湖　北	Hubei	118.6	9838	118570	117703	116444
湖　南	Hunan	275.8	4956	93947	95816	94423
广　东	Guangdong	1322.2	8885	127746	117125	114770
广　西	Guangxi	310.1	3613	5659	7050	6979
海　南	Hainan	106.6	1108	9862	12760	12496
重　庆	Chongqing	102.7	5980	133265	205164	202826
四　川	Sichuan	246.2	21748	470148	511115	498873
贵　州	Guizhou	49.7	112	2785	2336	2309
云　南	Yunnan	45.8	300	70	73	72
陕　西	Shaanxi	731.3	6287	137388	144275	138608
甘　肃	Gansu	115.4	846	59515	59505	59272
青　海	Qinghai	35.0	780	53421	152572	149879
宁　夏	Ningxia	4.1	2007	14006	69561	69473
新　疆	Xinjiang	159.9	5998	105523	104498	103603

1-2-13 Urban Natural Gas（2009）

Total Gas Supplied（10,000m³）居民家庭 Households	燃气损失量 Loss Amount	用气户数（户）Number of Household with Access to Gas（unit）	家庭用户 Household User	用气人口（万人）Population with Access to Gas（10,000 persons）	天然气汽车加气站（座）Gas Stations for CNG-Fueled Motor Vehicles（unit）	地区名称 Name of Regions
913386	**152275**	**48989276**	**47671216**	**14543.68**	**1055**	**全　　国**
89087	37483	4234544	4199988	1143.20	35	北　　京
21140	21655	2333544	2322278	569.75	6	天　　津
24974	2332	1729237	1686184	673.61	55	河　　北
28609	3366	894644	890772	358.27	15	山　　西
6336	411	535623	507778	178.72	47	内 蒙 古
31060	2318	2540212	2491638	751.10	1	辽　　宁
12415	2308	691774	681042	215.98	51	吉　　林
15897	4274	1705364	1681328	512.05	16	黑 龙 江
64329	21088	3701092	3667784	850.66	2	上　　海
53244	8245	3560865	3536366	1029.60	48	江　　苏
22812	1201	1357951	1349217	459.47	1	浙　　江
20812	3556	1718897	1708155	529.49	68	安　　徽
2185	169	639876	634962	211.42		福　　建
2930	352	300399	261914	114.01	1	江　　西
53311	7777	3669450	3591592	1231.16	134	山　　东
38970	6215	1967874	1915583	706.62	32	河　　南
36840	1259	1682014	1663994	610.28	51	湖　　北
20487	1392	1037200	1025641	331.32	30	湖　　南
35867	2354	2614971	2598158	850.36	14	广　　东
2939	71	269226	267983	88.64	2	广　　西
2378	264	168472	165983	64.27	16	海　　南
66456	2338	2610561	2513642	729.84	48	重　　庆
126551	12242	4920072	4416641	1079.42	136	四　　川
1071	27	22949	22429	10.32	5	贵　　州
39	1	36722	27605	32.64	2	云　　南
29626	5667	1725814	1649271	480.11	80	陕　　西
8441	233	595159	588547	180.72	26	甘　　肃
5072	2693	80895	76090	83.39	15	青　　海
58892	88	275799	272597	85.00	27	宁　　夏
30615	895	1368076	1256054	382.26	91	新　　疆

1-2-14 城市液化石油气（2009 年）

地区名称	Name of Regions	储气能力（吨） Gas Storage Capacity (ton)	供气管道长度（公里） Length of Gas Supply Pipeline (km)	外购气量（吨） Purchased Gas (ton)	供气总量（吨） 合计 Total	销售气量 Quantity Sold
全　国	**National Total**	**1664073.0**	**14236**	**12235766**	**13400303**	**13334367**
北　京	Beijing	38552.0	245	156925	367323	332693
天　津	Tianjin	11069.5	177	64091	58963	58963
河　北	Hebei	18439.5	217	208111	284101	283925
山　西	Shanxi	7942.3	190	52947	55884	55714
内蒙古	Inner Mongolia	10488.5	98	85615	84206	83727
辽　宁	Liaoning	47553.5	626	402588	398309	397569
吉　林	Jilin	20360.0	105	218790	219848	219521
黑龙江	Heilongjiang	18337.5	21	186822	195710	195192
上　海	Shanghai	21130.0	500	399943	400176	401115
江　苏	Jiangsu	113850.6	1771	906106	865663	860561
浙　江	Zhejiang	322251.7	2265	807620	909487	909085
安　徽	Anhui	33320.0	317	268078	594994	594168
福　建	Fujian	23958.5	1394	339831	341795	341169
江　西	Jiangxi	19126.1	358	123585	179792	178783
山　东	Shandong	82806.5	1172	653078	872762	870577
河　南	Henan	13677.0	25	240701	237895	237669
湖　北	Hubei	40330.1	655	345177	343513	337526
湖　南	Hunan	23555.4	96	242704	235885	234715
广　东	Guangdong	531271.8	3521	5449768	4704485	4694428
广　西	Guangxi	64543.2	40	297580	296843	296664
海　南	Hainan	19387.0	18	61602	61724	61514
重　庆	Chongqing	5819.3		72888	70066	70066
四　川	Sichuan	16183.0	75	179708	176579	176019
贵　州	Guizhou	5717.6	106	58829	60227	60183
云　南	Yunnan	16803.5	163	160971	155859	155735
西　藏	Tibet	120.0		85	826148	826148
陕　西	Shaanxi	14216.0		113643	111081	110557
甘　肃	Gansu	105833.0	1	39654	185733	185367
青　海	Qinghai	1127.0		8507	7628	7612
宁　夏	Ningxia	6598.0		8005	15625	15535
新　疆	Xinjiang	9705.0	82	81816	81999	81865

1-2-14 Urban LPG Supply (2009)

Total Gas Supplied (ton)		用气户数（户）Number of Household with Access to Gas (unit)		用气人口（万人）Population with Access to Gas (10,000 persons)	液化石油气汽车加气站 LPG（座）Gas Stations for LPG-Fueled Motor Vehicles (unit)	地区名称 Name of Regions
居民家庭 Households	燃气损失量 Loss Amount		家庭用户 Household User			
6887600	**65935**	**53934599**	**50620974**	**16924.46**	**379**	**全　国**
226538	34630	1867470	1799759	348.60	6	北　京
32596		93483	88978	37.52		天　津
196615	176	1623197	1555736	629.62		河　北
50535	170	457961	430097	196.58	1	山　西
63376	480	1019141	877606	356.45	15	内蒙古
240714	740	2391853	2162500	693.59	25	辽　宁
114869	327	1546402	1520338	490.91	43	吉　林
108937	517	1689996	1560252	537.93	49	黑龙江
241105	-939	3140414	3101559	719.33	55	上　海
531023	5102	4454539	4318078	1248.06	4	江　苏
577470	402	4259135	3811021	1235.92	4	浙　江
164939	826	1611570	1527464	524.72	2	安　徽
190605	627	1953650	1888809	711.98	3	福　建
149527	1009	1342449	1321289	453.91	8	江　西
394558	2185	4349835	3937374	1252.78	28	山　东
202030	227	1732353	1696381	547.38	17	河　南
225857	5986	2665914	2595576	876.80	12	湖　北
173524	1170	1948963	1627850	647.34		湖　南
2157659	10056	9303098	8708331	3308.95	40	广　东
246182	179	1808358	1691343	595.82		广　西
45939	210	281749	267153	113.19		海　南
32569		304497	236769	110.38	1	重　庆
90291	559	497141	462451	134.41	10	四　川
56702	44	528246	506563	193.69		贵　州
97403	124	1095772	1062517	244.66		云　南
54360		82233	62514	37.80		西　藏
66264	524	563502	541104	216.59		陕　西
69574	366	502922	468114	186.81	10	甘　肃
7267	16	74050	74000	19.19		青　海
12743	89	275488	273823	92.80		宁　夏
65831	134	469218	445625	160.75	46	新　疆

1-2-15 城市集中供热（2009 年）

地区名称 Name of Regions		蒸汽 Steam 供热能力（吨/小时） Heating Capacity (ton/hour)	热电厂供热 Heating by Co-Generation	锅炉房供热 Heating by Boilers	供热总量（万吉焦） Total Heat Supplied (10,000 gcal)	热电厂供热 Heating by Co-Generation	锅炉房供热 Heating by Boilers	管道长度（公里） Length of Pipelines (km)	供热能力（兆瓦） Heating Capacity (mega watts)
全　　国	**National Total**	**93193**	**72726**	**15254**	**63137**	**49865**	**8247**	**14317**	**286106**
北　　京	Beijing	200	200		325	325		46	32674
天　　津	Tianjin	3579	2730	849	1721	1292	429	532	16158
河　　北	Hebei	10979	6074	1565	7228	3096	1077	1262	22247
山　　西	Shanxi	2215	914	1206	1091	508	583	193	12999
内 蒙 古	Inner Mongolia	214	92	122	92	33	59	20	21364
辽　　宁	Liaoning	12013	10136	1867	6479	5168	1312	2294	51183
吉　　林	Jilin	2882	2089	508	2151	1960	190	472	26147
黑 龙 江	Heilongjiang	4199	3370	809	1995	1593	389	431	30420
江　　苏	Jiangsu	4330	3990		3285	3001		688	55
浙　　江	Zhejiang	4795	4177	40	5303	5003	30	977	
安　　徽	Anhui	3487	3379		2201	2081		409	176
山　　东	Shandong	27609	23871	3558	17473	14788	1606	4454	22661
河　　南	Henan	5632	4654	978	3084	2699	316	1185	3905
湖　　北	Hubei	1404	820	394	702	664	38	138	78
四　　川	Sichuan	60	60		98	98		42	
陕　　西	Shaanxi	3305	1710	1542	2142	1291	718	571	12543
甘　　肃	Gansu	4511	3200	1311	6158	5101	1057	429	9225
青　　海	Qinghai								369
宁　　夏	Ningxia	425	40	371	465	57	406	29	5595
新　　疆	Xinjiang	1354	1220	134	1144	1107	37	145	18307

1-2-15 Urban Central Heating (2009)

热电厂供热 Heating by Co-Generation	锅炉房供热 Heating by Boilers	热水 Hot Water 供热总量（万吉焦） Total Heat Supplied (10,000gcal)	热电厂供热 Heating by Co-Generation	锅炉房供热 Heating by Boilers	管道长度（公里） Length of Pipelines (km)	供热面积（万平方米） Heated Area (10,000 m²)	住宅 Housing	地区名称 Name of Regions
109023	**168264**	**200051**	**60436**	**135357**	**110490**	**379574.1**	**275623.1**	**全　国**
5420	27254	36015	4228	31787	12156	44239.6	27694.3	北　京
3361	12797	9151	1460	7691	11958	20614.0	15650.9	天　津
10968	7631	11094	5264	4601	7543	30554.3	21939.7	河　北
7212	5699	8697	4995	3734	4634	25512.5	19183.5	山　西
12173	8455	15417	7205	8138	4273	20769.4	15873.7	内蒙古
14704	36280	35643	7804	27739	18129	68464.3	52962.1	辽　宁
8618	17529	13751	4550	9201	8143	28570.7	21726.1	吉　林
13896	15440	23379	10774	11423	12713	34941.7	24274.0	黑龙江
55		15	15		15	1706.8	738.0	江　苏
						3680.0	74.0	浙　江
40	136	43	8	35	15	2061.2	706.2	安　徽
12831	8046	14352	8442	5399	17705	46770.6	36288.1	山　东
2975	812	2210	1426	505	2255	9282.5	7017.0	河　南
	78	16		16	10	908.0	774.0	湖　北
						14.0	5.0	四　川
9903	2620	2632	303	2178	514	8719.0	6772.1	陕　西
509	7666	5745	855	4890	2981	9601.8	6798.7	甘　肃
	291	634			105	196.1	136.6	青　海
2157	3424	5499	1330	4089	1875	5895.1	4818.8	宁　夏
4201	14106	15758	1777	13931	5466	17072.5	12190.3	新　疆

1-2-16 城市轨道交通（建成）（2009 年）

地区名称	线路条数（条） Number of Lines（unit）					线路长度（公里） Length of Lines（kilometer）							
	合计	地铁	轻轨	有轨	磁浮	合计	地铁	轻轨	有轨	磁浮	按敷设方式 By Ways of Laying		
											地面线	地下线	高架线
Name of Regions	Total	Subway	Light Rail	Cable Car	Maglev	Total	Subway	Light Rail	Cable Car	Maglev	Surface Lines	Underg-round Lines	Elevated Lines
全　国	**33**	**23**	**8**	**1**	**1**	**839**	**624**	**177**	**7. 8**	**29. 9**	**132. 18**	**397. 95**	**308. 75**
北　京	9	9				228	228				46. 52	133. 66	48
天　津	3	1	1	1		79. 94	26. 73	45. 41	7. 8		15. 09	15. 93	48. 92
辽　宁	4		4			86. 77		86. 77			54. 51		32. 26
吉　林	1		1			17. 3		17. 3			1. 1	1. 2	15
上　海	9	8			1	287. 63	257. 73			29. 9	14. 96	142. 88	129. 79
江　苏	1	1				21. 72	21. 72					14. 46	7. 26
湖　北	1		1			10. 23		10. 23					10. 23
广　东	4	4				89. 69	89. 69					87. 39	2. 3
重　庆	1		1			17. 42		17. 42				2. 43	14. 99

1-2-16 Urban Rail Transit System (Completed) (2009)

车站数（个） Number of Stations (unit)				换乘站数（个）	配置车辆数（辆） Number of Vehicles in Service (unit)					地区名称
合计	地面站	地下站	高架站		合计	地铁	轻轨	有轨	磁浮	
Total	Surface Lines	Underground Lines	Elevated Lines	Number of Transfer Stations (unit)	Total	Subway	Light Rail	Cable Car	Maglev	Name of Regions
558	**98**	**302**	**158**	**116**	**4801**	**4359**	**404**	**24**	**14**	**全　国**
147	21	108	18	40	2014	2014				北　京
49	15	13	21	4	256	116	116	24		天　津
59	45		14		110		110			辽　宁
16	5	1	10		42		42			吉　林
181	12	106	63	47	1593	1579			14	上　海
16		11	5	6	20	20				江　苏
10			10	2	48		48			湖　北
62		60	2	12	630	630				广　东
18		3	15	5	88		88			重　庆

1-2-17 城市轨道交通（在建）（2009 年）

地区名称 Name of Regions	线路条数（条） Number of Lines（unit）					线路长度（公里） Length of Lines（kilometer）						
	合计 Total	地铁 Subway	轻轨 Light Rail	有轨 Cable Car	磁浮 Maglev	合计 Total	地铁 Subway	轻轨 Light Rail	有轨 Cable Car	磁浮 Maglev	按敷设方式 By Ways of Laying	
											地面线 Surface Lines	地下线 Underground Lines
全　国	**81**	**71**	**9**	**1**		**1991.36**	**1715.33**	**235.65**	**40.38**		**112.96**	**1446.28**
北　京	11	11				304.41	304.41				24.10	227.21
天　津	3	3				59.16	59.16				1.63	50.66
辽　宁	6	5		1		157.90	117.52		40.38		2.18	123.11
吉　林	1		1			16.30		16.30				3.30
黑龙江	2	2				17.53	17.53					17.53
上　海	9	9				301.47	301.47					210.38
江　苏	6	4	2			144.54	92.24	52.30			26.53	75.57
浙　江	3	3				99.15	99.15				0.20	76.12
安　徽	1		1			24.75		24.75				24.75
福　建	1	1				29.20	29.20					29.20
江　西	1	1				28.74	28.74					28.74
山　东	1	1				25.00	25.00					25.00
河　南	1	1				25.20	25.20					25.20
湖　北	3	2	1			62.91	44.46	18.45				44.46
湖　南	1	1				21.93	21.93					21.93
广　东	21	20	1			407.74	354.84	52.90			55.93	275.96
广　西	1		1			32.00		32.00			1.00	25.00
重　庆	4	2	2			99.33	60.38	38.95			1.39	43.11
四　川	2	2				40.50	40.50					40.50
云　南	1	1				41.90	41.90					26.85
陕　西	2	2				51.70	51.70					51.70

1-2-17 Urban Rail Transit System (Under Construction) (2009)

	车站数（个） Number of Stations (unit)				换乘站数（个）	配置车辆数(辆) Number of Vehicles in Service (unit)					地区名称
高架线 Elevated Lines	合计 Total	地面站 Surface Lines	地下站 Underground Lines	高架站 Elevated Lines	Number of Transfer Stations (unit)	合计 Total	地铁 Subway	轻轨 Light Rail	有轨 Cable Car	磁浮 Maglev	Name of Regions
432.12	**1342**	**26**	**1110**	**206**	**306**	**7827**	**7207**	**610**	**10**		**全　国**
53.10	199	14	160	25	47	2371	2371				北　京
6.87	47	3	40	4	10	336	336				天　津
32.61	99		92	7	5	370	360		10		辽　宁
13.00	15		3	12	2	42		42			吉　林
	18		18		5	102	102				黑龙江
91.09	169	2	142	25	51	240	240				上　海
42.44	111	1	85	25	23	408	196	212			江　苏
22.83	62		54	8	5	132	132				浙　江
	22		22		5	26		26			安　徽
	24		24		7	168	168				福　建
	24		24		5	162	162				江　西
	22		22								山　东
	20		20		6	150	150				河　南
18.45	51		36	15	16	354	270	84			湖　北
	19		19		6	96	96				湖　南
75.85	240	1	194	45	55	1808	1802	6			广　东
6.00	25		21	4	6						广　西
54.83	68	4	37	27	23	540	300	240			重　庆
	36	1	35		14						四　川
15.05	31		22	9	5	240	240				云　南
	40		40		10	282	282				陕　西

1-2-18 城市道路和桥梁（2009 年）

1-2-18 Urban Roads and Bridges (2009)

地区名称 Name of Regions		道路长度（公里） Length of Roads (km)	道路面积（万平方米） Surface Area of Roads (10,000 m^2)	人行道面积 Surface Area of Sidewalks	桥梁数（座） Number of Bridges (unit)	立交桥 Inters-ection	道路照明灯盏数（盏） Number of Road Lamps (unit)	安装路灯道路长度（公里） Length of The Road with Street Lamp (km)	防洪堤长度（公里） Length of Flood Control Dikes (km)	百年一遇 Length of Dikes to Withsland The Biggest Floods Every A Century	五十年一遇 Length of Dikes to Withsland The Biggest Floods Every 50 Years
全　国	**National Total**	**269141**	**481947**	**105885**	**51068**	**3480**	**16942776**	**194916**	**34698**	**6163**	**10680**
北　京	Beijing	6247	9179	1594	1765	393	293455	7054	973	98	227
天　津	Tianjin	5482	8357	1907	460	64	186059	2571	1994	118	362
河　北	Hebei	10395	23399	5534	1436	188	559463	7925	872	145	213
山　西	Shanxi	5652	9605	2384	433	94	360118	3581	720	186	202
内蒙古	Inner Mongolia	5611	10789	2692	305	52	540543	2803	661	97	122
辽　宁	Liaoning	12866	21857	5143	1462	237	1337401	9241	1178	264	495
吉　林	Jilin	7000	11174	2414	593	117	405115	4527	865	248	187
黑龙江	Heilongjiang	9866	12720	2799	717	152	533627	5488	802	175	252
上　海	Shanghai	4401	8609	2282	1973	46	401767	4401	1124	822	302
江　苏	Jiangsu	30003	50075	7240	12296	250	1981785	22050	8137	1060	2151
浙　江	Zhejiang	14773	28244	6010	7611	155	996628	13444	1810	436	1022
安　徽	Anhui	9718	17974	3893	1088	129	498317	6334	1127	138	463
福　建	Fujian	6380	11959	2361	1207	63	403589	4374	457	178	70
江　西	Jiangxi	5313	9362	2130	562	57	460550	3621	434	14	242
山　东	Shandong	30793	55756	10980	4251	235	1280664	19971	2321	410	772
河　南	Henan	9018	20535	5345	1011	105	703664	7320	810	200	185
湖　北	Hubei	13583	23298	5594	1593	74	452660	9228	2344	272	695
湖　南	Hunan	8197	14967	3640	565	70	422791	5887	1043	191	271
广　东	Guangdong	31348	54810	12136	6199	375	1617792	24446	2638	488	1032
广　西	Guangxi	5976	11007	2106	567	73	450148	4193	329	5	144
海　南	Hainan	1391	2816	707	140	7	124780	1099	74	6	3
重　庆	Chongqing	4882	8953	2715	918	123	480080	3309	424	49	57
四　川	Sichuan	9084	17293	4190	1555	164	663422	7959	1342	225	413
贵　州	Guizhou	2226	3356	999	358	28	205159	1233	170	17	86
云　南	Yunnan	3471	6595	1690	487	38	252943	2738	644	34	247
西　藏	Tibet	321	619	237	29	1	23651	204	37	8	29
陕　西	Shaanxi	4604	9995	3165	537	100	495251	3069	331	61	85
甘　肃	Gansu	3302	6018	1446	357	30	175185	2099	595	168	248
青　海	Qinghai	690	1286	365	67	4	67450	539	41	28	9
宁　夏	Ningxia	1610	3627	834	155	23	209338	844	140	4	24
新　疆	Xinjiang	4940	7715	1353	371	33	359381	3364	261	18	70

1-2-19 城市排水和污水处理（2009 年）

地区名称 Name of Regions		污水排放量（万立方米） Annual Quantity of Wastewater Discharged (10,000 m^3)	排水管道长度（公里） Length of Drainage Piplines (km)	污水管道 Sewers	污水处理厂 Wastewater Treatment Plant 座数（座） Number of Wastewater Treatment Plant (unit)	二、三级处理 Secondary and Tertiary Treatment	处理能力（万立方米/日） Treatment Capacity (10,000 m^3/day)	二、三级处理 Secondary and Tertiary Treatment	处理量（万立方米） Quantity of Wastewater Treated (10,000 m^3)	二、三级处理 Secondary and Tertiary Treated
全　国	**National Total**	**3712129**	**343892**	**121063**	**1214**	**1098**	**9052.2**	**8068.3**	**2442445**	**2181203**
北　京	Beijing	136511	9344	4495	34	34	356.0	356.0	106272	106272
天　津	Tianjin	68325	14531	7094	23	23	197.7	197.7	51233	51233
河　北	Hebei	127979	13120	4262	63	59	453.1	426.8	106974	99979
山　西	Shanxi	58290	4864	1779	32	29	153.7	130.7	38530	33768
内蒙古	Inner Mongolia	42444	6681	4947	26	23	136.7	123.2	31922	28723
辽　宁	Liaoning	236611	13350	2540	46	41	444.8	412.6	133962	124385
吉　林	Jilin	70180	7297	2479	20	16	193.1	172.5	43990	40430
黑龙江	Heilongjiang	114627	7445	1904	20	19	174.7	149.7	35679	33795
上　海	Shanghai	231088	10213	4482	43	40	654.0	479.7	205607	157789
江　苏	Jiangsu	325535	42826	18351	155	132	827.1	602.8	213319	146240
浙　江	Zhejiang	207498	24456	11047	57	54	527.8	519.3	153809	150886
安　徽	Anhui	117004	11333	3932	36	28	268.8	225.3	73006	63418
福　建	Fujian	100675	8565	3628	37	35	246.5	226.1	64736	57954
江　西	Jiangxi	69113	6563	2088	29	29	192.6	192.6	46439	46439
山　东	Shandong	229929	38656	14584	111	93	679.9	560.3	193738	161881
河　南	Henan	141895	13896	4832	55	48	432.3	376.3	116208	101921
湖　北	Hubei	164412	14885	2875	47	42	366.3	324.3	104617	93002
湖　南	Hunan	152604	7810	2437	42	42	317.2	317.2	62356	62356
广　东	Guangdong	497575	38346	4616	115	107	1016.8	945.0	305646	285637
广　西	Guangxi	109946	5650	1056	22	22	186.5	186.5	40174	40174
海　南	Hainan	21338	2286	611	5	5	61.0	61.0	11622	11622
重　庆	Chongqing	61830	6651	2491	27	25	184.3	176.3	54427	52774
四　川	Sichuan	139196	12883	4479	52	49	313.0	301.0	85160	82404
贵　州	Guizhou	30921	3135	1148	17	15	79.5	71.5	17381	15376
云　南	Yunnan	47720	4049	1762	23	23	115.0	115.0	35932	35932
西　藏	Tibet	6403	343							
陕　西	Shaanxi	66881	4894	2195	19	14	149.8	114.5	37665	28575
甘　肃	Gansu	43064	3053	1406	18	16	100.9	94.4	23905	21762
青　海	Qinghai	10872	907	513	3	3	17.8	17.8	5046	5046
宁　夏	Ningxia	37306	1779	909	10	9	54.5	50.5	12158	11758
新　疆	Xinjiang	44357	4081	2121	27	23	150.8	141.7	30932	29672

1-2-19 Urban Drainage and Wastewater Treatment（2009）

		其他污水处理设施 Other Wastewater Treatment Facilities		污水处理总量（万立方米）	再生水 Recycled Water			地区名称
干污泥产生量（吨） Quantity of Dry Sludge Produced (ton)	干污泥处置量（吨） Quantity of Dry Sludge Treated (ton)	处理能力（万立方米/日） Treatment Capacity (10,000 m^3/day)	处理量（万立方米） Quantity of Wastewater Treated (10,000 m^3)	Total Quantity of Wastewater Treated (10,000 m^3)	生产能力（万立方米/日） Recycled Water Production Capacity (10,000 m^3/day)	利用量（万立方米） Annual Quantity of Wastewater Recycled and Reused (10,000 m^3)	管道长度（公里） Length of Piplines (km)	Name of Regions
8926100	**8734903**	**3131.7**	**351377**	**2793457**	**1153.1**	**239951**	**2250**	**全　国**
225117	225117	20.7	3332	109604	320.0	64999	705	北　京
311346	311336	14.9	3500	54733	19.0	626	536	天　津
507810	488573	14.6	1168	108142	65.0	12073	75	河　北
174200	173345	20.5	5326	43856	21.9	7260	167	山　西
65479	65389			31922	29.8	1871	131	内蒙古
445838	433028	69.8	8471	142433	86.9	11292	52	辽　宁
147955	147066	7.3	1344	45334	3.2	1168		吉　林
211837	139083	126.5	28015	63694	4.2	766	17	黑龙江
645260	645260			205607				上　海
1343524	1342626	584.1	64807	278126	185.6	79678	15	江　苏
766073	763000	79.0	9872	163681	33.9	2123	19	浙　江
267338	253996	219.3	24390	97396	19.5	4054	25	安　徽
173486	173486	75.3	16119	80855	2.4	85	67	福　建
84242	84242	31.3	5329	51768				江　西
867740	862861	87.8	8760	202498	118.9	12764	196	山　东
553588	525556	16.0	2836	119044	30.0	3940	31	河　南
256163	254147	128.7	19166	123783	42.6	15199	6	湖　北
172995	172995	201.7	27986	90342				湖　南
744270	743474	268.0	50481	355762	10.0	3917		广　东
119241	116592	1019.0	40570	80744				广　西
23976	23976	5.0	845	12467				海　南
79719	79719	1.8	209	54636	17.1	314	19	重　庆
242691	241999	39.4	8749	93909	0.1	53	5	四　川
53453	53453			17381	28.0	6907		贵　州
55252	55239	32.4	4790	40722	7.9	901	5	云　南
								西　藏
172774	168317	22.0	6735	44400	24.0	1145	38	陕　西
68520	66034	14.1	2476	26381	16.1	2005	6	甘　肃
4136	4136			5046	0.3	10	3	青　海
76799	76799	15.5	3597	15755	14.0	996	38	宁　夏
65278	44059	17.0	2504	33436	52.7	5805	94	新　疆

1-2-20 城市园林绿化（2009 年）

1-2-20 Urban Landscaping（2009）

地区名称 Name of Regions		绿化覆盖面积（公顷）Green Coverage Area (hectare)	建成区 Built District	园林绿地面积（公顷）Area of Parks and Green Space (hectare)	建成区 Built District	公园绿地面积（公顷）Area of Public Recreational Green Space (hectare)	公园个数（个）Number of Parks (unit)	公园面积（公顷）Park Area (hectare)
全　国	**National Total**	**2303324**	**1494486**	**1993168**	**1338133**	**401584**	**9050**	**235825**
北　京	Beijing	64373	64373	61695	61695	18070	212	9858
天　津	Tianjin	20835	20089	17369	17369	5219	68	1504
河　北	Hebei	74906	63134	60923	53132	17095	338	9441
山　西	Shanxi	32181	30027	27973	26852	7872	171	4954
内蒙古	Inner Mongolia	38999	31648	29585	29080	9233	121	7143
辽　宁	Liaoning	94909	77844	84145	71356	20501	294	10263
吉　林	Jilin	40725	39116	34755	34031	10038	116	4136
黑龙江	Heilongjiang	74233	52652	64234	45954	14180	262	8009
上　海	Shanghai	126519	38051	116929	37660	15406	147	1687
江　苏	Jiangsu	244277	127930	214989	116616	32403	590	13740
浙　江	Zhejiang	85854	77665	74362	70391	18969	893	13727
安　徽	Anhui	80251	51192	67269	46332	12338	219	7664
福　建	Fujian	50590	36478	41330	32951	9986	349	7999
江　西	Jiangxi	43879	38008	37596	35255	8884	209	5270
山　东	Shandong	168408	138923	146993	123118	40167	575	20426
河　南	Henan	73257	69426	62947	59369	17154	248	8627
湖　北	Hubei	77158	61092	54884	52308	16131	251	7352
湖　南	Hunan	51489	45318	42940	40668	10077	171	6135
广　东	Guangdong	463426	180684	401604	161958	53246	2294	50618
广　西	Guangxi	62604	29670	57812	25990	7560	137	5423
海　南	Hainan	50785	8996	48947	7811	2112	48	1629
重　庆	Chongqing	35722	30143	32451	27742	10294	138	3746
四　川	Sichuan	73826	54950	66817	49158	14262	287	7038
贵　州	Guizhou	33739	12631	27771	10885	3272	55	2940
云　南	Yunnan	25586	24189	22372	21057	5860	424	5443
西　藏	Tibet	2667	2408	2174	2172	354	39	575
陕　西	Shaanxi	30486	26575	23426	22025	7256	113	2560
甘　肃	Gansu	19288	16515	14702	14065	4257	81	2394
青　海	Qinghai	3324	3261	3290	3227	912	20	474
宁　夏	Ningxia	16411	12443	14525	11699	3275	51	1904
新　疆	Xinjiang	42617	29055	36359	26207	5201	129	3146

1-2-21 国家级风景名胜区（2009 年）

风景名胜区名称 Name of Scenic Spots	风景名胜区面积（平方公里） Area of Scenic Spots（km^2）	供游览面积 Tourism-Only Area	游人量（万人次） Number of Visits（10,000 person-times）	境外游人 Visits by Foreign Tourists	景区资金收入合计（万元） Total Revenues of Scenic Spots（10,000 RMB）	国家拨款 Financial Allocation from Central Government
北京	**267**	**43**	**1171**	**121**	**62689**	
十三陵	127	2	469	58	28043	
石花洞	85	40	13		637	
八达岭	55	1	689	63	34009	
天津	**106**	**10**	**68**	**7**	**4945**	**1175**
盘山	106	10	68	7	4945	1175
河北	**3856**	**2508**	**2172**	**42**	**125206**	**1373**
苍岩山	63	30	60	1	884	228
嶂石岩	120	40	9		196	10
西柏坡—天桂山	256	205	300		76400	
秦皇岛北戴河	366	160	1200	28	35100	
崆山白云洞	161	23	51	1	491	
野三坡	496	250	202	2	5635	1135
承德避暑山庄外八庙	2394	1800	350	10	6500	
山西	**994**	**197**	**445**	**181**	**21455**	**1240**
恒山	148	43	84	12	2800	
五老峰	300	30	8		369	
五台山	376	53	296	168	16036	
黄河壶口瀑布	100	21	51		1940	1240
北武当山	70	50	6	1	310	
内蒙古	**1234**	**242**	**110**		**31**	**31**
扎兰屯	1234	242	110		31	31
辽宁	**1865**	**1256**	**2372**	**34**	**105024**	**710**
大连海滨—旅顺口	283	78	725	8	12589	
金石滩	110	62	653	8	64200	
鞍山千山	125	84	104	5	4048	
本溪水洞	45	19	47	2	3096	
鸭绿江	824	824	180	8	4697	710
青山沟	150	82	10		391	
凤凰山	217	60	39		704	
医巫闾山	64	13	162	3	15030	
兴城海滨	47	34	452		269	
吉林	**817**	**168**	**173**	**4**	**12544**	**120**
"八大部"—净月潭	96	96	81	3	5026	
松花湖	550	50	80		7320	120
防川	139	7	8	1	148	
仙景台	32	15	4		50	
黑龙江	**2786**	**1234**	**138**	**11**	**17383**	**2289**
镜泊湖	1726	514	83	8	14183	789
五大连池	1060	720	55	3	3200	1500

1-2-21 State-Level Scenic Spots and Historic Sites across the Country（2009）

经营收入 Operational Income（10,000 RMB）	门票 Ticket Fees	景区资金支出合计（万元） Total Expenditure of Scenic Spots（10,000 RMB）	经营支出 Operational Expenditure	固定资产投资完成额 Completed Investment in Fixed Assets	维护支出 Maintenance Expenditure	风景名胜区名称 Name of Scenic Spots
52648	**39465**	**63382**	**15568**	**36209**	**2029**	**北京**
28043	16883	22088		22088	1699	十三陵
637	637	1214	351	826	37	石花洞
23968	21945	40080	15217	13295	293	八达岭
3770	**1363**	**4968**	**1175**	**3793**	**106**	**天津**
3770	1363	4968	1175	3793	106	盘山
123831	**38872**	**88880**	**42557**	**43691**	**25373**	**河北**
656	626	866	300	566	200	苍岩山
184	180	262	73	158	31	嶂石岩
76400	3200	67000	37920	29080	20200	西柏坡—天桂山
35100	24500	8300	3800	4500	2800	秦皇岛北戴河
491	491	372	230	142	142	崆山白云洞
4500	3525	5580	134	2845	500	野三坡
6500	6350	6500	100	6400	1500	承德避暑山庄外八庙
17155	**13498**	**22422**	**1582**	**19052**	**2107**	**山西**
2800		2800		2800	400	恒山
369	180	490	170	320	25	五老峰
13086	12468	18012	512	15712	1512	五台山
700	700	870	800	70	70	黄河壶口瀑布
200	150	250	100	150	100	北武当山
		65	**42**	**23**	**20**	**内蒙古**
		65	42	23	20	扎兰屯
97456	**44407**	**32854**	**10723**	**19428**	**3716**	**辽宁**
12589	6200	11450	5260	6190	460	大连海滨—旅顺口
64200	25229					金石滩
3970	2622	3164	630	2534	287	鞍山千山
3096	3096	3413	105	2991	377	本溪水洞
3987	2587	2700	1000	1700	115	鸭绿江
391	355	378	28	330	20	青山沟
704	575	1030	400	630	17	凤凰山
8250	3520	10450	3300	4800	2380	医巫闾山
269	223	269		253	60	兴城海滨
12424	**1823**	**3063**	**218**	**2844**	**218**	**吉林**
5026	1484	2742	76	2666	125	“八大部”—净月潭
7200	150	100		100	40	松花湖
148	148	171	132	38	33	防川
50	41	50	10	40	20	仙景台
13030	**2968**	**18124**	**2286**	**11924**	**4174**	**黑龙江**
11730	1668	15124	186	11074	3864	镜泊湖
1300	1300	3000	2100	850	310	五大连池

1-2-21 续 1

风景名胜区名称 Name of Scenic Spots	风景名胜区面积（平方公里） Area of Scenic Spots (km^2)	供游览面积 Tourism-Only Area	游人量（万人次） Number of Visits (10,000 person-times)	境外游人 Visits by Foreign Tourists	景区资金收入合计（万元） Total Revenues of Scenic Spots (10,000 RMB)	国家拨款 Financial Allocation from Central Government
江苏	**1135**	**259**	**6024**	**164**	**176778**	**7963**
南京钟山	31	16	772		33408	2718
太湖	905	91	3956	147	112986	3906
云台山	170	148	435	16	8853	373
蜀岗瘦西湖	12	2	400	1	17630	80
三山	17	2	461		3901	886
浙江	**4179**	**1763**	**7146**	**245**	**519418**	**77205**
富春江—新安江	1364	202	1191	13	346795	3157
杭州西湖	59	38	2794	190	97386	59716
雪窦山	380	85	488	16	11561	
楠溪江	671	671	181	1	2332	1219
百丈漈—飞云湖	137	15	151	5	1392	772
雁荡山	449	291	352	2	7420	2089
莫干山	43	10	17	1	2041	
天姥山	143	31	169	1	4254	
浣江—五泄	74	45	150	1	4592	50
双龙	80	60	64	3	2824	560
方岩	152	88	71	3	2245	450
江郎山	67	17	14	1	3491	2600
普陀山	41	27	378	5	20835	3518
嵊泗列岛	37	3	159	1	1400	
天台山	132	95	573	1	4042	30
仙居	158	15	201		1343	145
方山—长屿硐天	26	26	122		1853	399
仙都	166	44	71	1	3612	2500
安徽	**1105**	**637**	**799**	**50**	**542921**	**7289**
采石	64	40	59		3087	2331
天柱山	102	102	30	3	72000	2750
花亭湖	258	169	24		6800	1000
花山谜窟—渐江	81	7	30	2	1148	
黄山	161	60	236	24	142953	929
齐云山	110	60	20	2	733	47
琅琊山	115	37	47	1	3600	162
九华山	120	120	310	12	310000	
太极洞	94	42	43	6	2600	70
福建	**1297**	**453**	**2278**	**87**	**96142**	**17392**
鼓山	50	20	295	38	687	590
十八重溪	51	17	3		153	80
青云山	52	15	68	1	3620	
海坛	71	22	23		320	230
鼓浪屿—万石山	209	13	1217	12	61948	10852
玉华洞	45	9	123	3	6150	
泰宁	140	64	68	6	5833	2980
桃源洞—鳞隐石林	29	29	16	2	1011	302
清源山	62	25	29	2	1005	205
武夷山	79	79	292	16	6998	214

经营收入 Operational Income (10, 000 RMB)	门票 Ticket Fees	景区资金支出合计(万元) Total Expenditure of Scenic Spots (10, 000 RMB)	经营支出 Operational Expenditure	固定资产投资完成额 Completed Investment in Fixed Assets	维护支出 Maintenance Expenditure	风景名胜区名称 Name of Scenic Spots
160485	**103646**	**163091**	**51965**	**95027**	**19497**	**江苏**
25900	22933	34591	3236	25732	4557	南京钟山
105841	57395	89130	31190	48083	9761	太湖
8419	8024	9119	2228	6272	1362	云台山
17550	13100	26350	15150	11200	1200	蜀岗瘦西湖
2775	2194	3901	161	3740	2617	三山
413020	**107847**	**427782**	**84769**	**296331**	**39029**	**浙江**
317157	34321	257947	19300	193027	5470	富春江—新安江
37670	24608	88460	26000	62460	22552	杭州西湖
11561	10373	22621	13486	9135	163	雪窦山
1113	1113	1849	949	900	900	楠溪江
620	563	1776	1340	436	107	百丈漈—飞云湖
5249	5161	6623	250	6061	726	雁荡山
2041	872	3548	1500	2048	250	莫干山
4254	4254	1280	850	430	220	天姥山
2500	2042	9090	7750	1190	150	浣江—五泄
2264	2188	3900	1647	2253	1400	双龙
1795	1046	2095	945	1150	630	方岩
744	727	2882	2181	701	269	江郎山
17316	12508	18600	4675	13925	5601	普陀山
960	490	1110	650	360	100	嵊泗列岛
4012	4012	379		379	44	天台山
1198	1065	1372	268	604	330	仙居
1454	1421	1359	678	681	62	方山—长屿硐天
1112	1083	2891	2300	591	55	仙都
531877	**49532**	**360559**	**311375**	**51672**	**95869**	**安徽**
726	696	3499	2217	1282	290	采石
66050	3200	72800	32300	38500	2000	天柱山
5320	480	7000	5300	1200	500	花亭湖
1148	963	1648	151	1497	189	花山谜窟—渐江
142024	40534	114012	114012	4988	91080	黄山
671	549	1100	445	655	110	齐云山
3438	1110	3200	650	2550	840	琅琊山
310000		155000	155000			九华山
2500	2000	2300	1300	1000	860	太极洞
78676	**40119**	**72232**	**31385**	**38862**	**13076**	**福建**
97	75	699	153	546	150	鼓山
73	43	117	80	37	4	十八重溪
3620	1480	1310		1200	130	青云山
90	90	467	228	187	52	海坛
51096	15160	37814	13264	24550	4302	鼓浪屿—万石山
6150	6150	6200	5000	1200	1000	玉华洞
2853	2853	2383	1303	1080	1080	泰宁
709	709	874	439	435	100	桃源洞—鳞隐石林
800	699	1043				清源山
6784	6736	5531	313	5218	5218	武夷山

风景名胜区名称 Name of Scenic Spots	风景名胜区面积（平方公里） Area of Scenic Spots (km^2)	供游览面积 Tourism-Only Area	游人量（万人次） Number of Visits (10,000 person-times)	境外游人 Visits by Foreign Tourists	景区资金收入合计（万元） Total Revenues of Scenic Spots (10,000 RMB)	国家拨款 Financial Allocation from Central Government
冠豸山	123	46	19	1	1359	
鸳鸯溪	66	22	65	1	4500	1600
太姥山	320	92	60	5	2558	339
江西	**2875**	**1530**	**1642**	**36**	**229714**	**6365**
梅岭—滕王阁	154	34	100		3088	
高岭—瑶里	109	80	131	1	5554	
云居山—柘林湖	680	544	170	2	23845	1360
庐山	330	37	270	7	113000	
仙女湖	198	180	55	1	16532	500
龙虎山	220	130	210	8	13065	2705
三百山	138	35	14		689	
武功山	445	181	10	1	700	
井冈山	333	199	406	5	28000	
龟峰	39	39	49		1941	500
三清山	229	71	227	11	23300	1300
山东	**1195**	**469**	**2225**	**79**	**106754**	**5214**
青岛崂山	10	10	430	12	150	150
青岛崂山	470	169	235	21	17408	
胶东半岛海滨	92	26	727	21	49343	—
博山	73	73	380	3	4360	650
青州	59	55	26	5	15000	
泰山	426	125	340	14	19482	4394
河南	**1402**	**1003**	**2340**	**46**	**109934**	**1489**
嵩山	152	38	670	19	24600	
洛阳龙门	9	3	183	7	15730	320
石人山	268	268	50		1210	
林虑山	310	100	168	4	2303	
云台山	55	45	326	11	23978	582
青天河	106	80	299	1	10520	
神农山	102	96	324	3	11800	300
桐柏山—淮源	108	81	60	1	480	
鸡公山	27	27	171		17193	287
王屋山	265	265	89		2120	
湖北	**1440**	**564**	**953**	**31**	**114781**	**58418**
武汉东湖	62	62	466	3	23701	17710
武当山	312	170	158	8	68000	40000
长江三峡（湖北段）	30	15	35	1	2843	
隆中	209	12	30	10	1412	243
大洪山	499	185	198	8	10775	265
九宫山	210	40	58		7050	200
陆水	118	80	8	1	1000	
湖南	**2485**	**1418**	**2559**	**76**	**273172**	**108830**
岳麓山	35	22	180	3	62500	60000
韶山	112	65	590	2	35120	3500
衡山	100	78	350	3	29642	5000
虎形山—花瑶	118	78	6		1500	520

经营收入 Operational Income (10,000 RMB)	门票 Ticket Fees	景区资金支出合计(万元) Total Expenditure of Scenic Spots (10,000 RMB)	经营支出 Operational Expenditure	固定资产投资完成额 Completed Investment in Fixed Assets	维护支出 Maintenance Expenditure	风景名胜区名称 Name of Scenic Spots
1335	1312	2352	880	1472	289	冠豸山
2850	2600	8700	7500	420	220	鸳鸯溪
2219	2212	4742	2225	2517	531	太姥山
197959	**63040**	**283757**	**131943**	**143496**	**13758**	**江西**
3088	3088	2222	556	1666	560	梅岭—滕王阁
5033	1878	5579	3000	2479	100	高岭—瑶里
20325	2160	23155	16040	4128	2987	云居山—柘林湖
95000	18000	113000		109795	3205	庐山
11507	4525	2600	350	1950	300	仙女湖
10360	7649	14302	5632	8670	880	龙虎山
505	184	5300	3700	1563	37	三百山
700	185	3178	3025	135	18	武功山
28000	9000	16000	8000	8000	4000	井冈山
1441	1291	3021	1640	910	471	龟峰
22000	15080	95400	90000	4200	1200	三清山
99448	**77943**	**88407**	**29638**	**55822**	**22180**	**山东**
		150		150	150	青岛崂山
15326	12918	14483	210	12672	884	青岛崂山
49343	45792	37119	17128	20269	1992	胶东半岛海滨
3700	1980	3850	1250	1100	850	博山
15000	3050	13450	9800	3650	850	青州
15088	13253	18270	1010	17260	17260	泰山
100673	**86001**	**78398**	**40883**	**35865**	**3049**	**河南**
24600	24600	12700	1700	11000		嵩山
15410	12811	12496	196	12300	1200	洛阳龙门
1210	660	7700	6600	318	318	石人山
2258	1966	3906	2770	783	189	林虑山
23396	13915	18398	11480	6918	726	云台山
10520	10520	5030	4235	789		青天河
11500	11500	547	37	501	16	神农山
480	480	370	290	80	60	桐柏山—淮源
9328	7578	15280	13575	1205	500	鸡公山
1971	1971	1971		1971	40	王屋山
49362	**18435**	**93401**	**38723**	**32552**	**17643**	**湖北**
5991	2908	21783	441	4916	2285	武汉东湖
26000	9131	40000	20000	15000	10000	武当山
2262	667	2302	556	1746	712	长江三峡
1169	1169	1396	26	1370	506	隆中
6160	3490	19320	15200	3620	1840	大洪山
6850	420	7600	2500	5100	1800	九宫山
930	650	1000		800	500	陆水
132297	**103266**	**319790**	**150483**	**118120**	**68415**	**湖南**
1000		62500	52500	5000	4500	岳麓山
20925	13205	28360	19850	8510	8000	韶山
24642	14250	25000	12000	8000	3000	衡山
350	200	2200	1320	650	500	虎形山—花瑶

1-2-21 续 3

风景名胜区名称 Name of Scenic Spots	风景名胜区面积(平方公里) Area of Scenic Spots (km^2)	供游览面积 Tourism-Only Area	游人量(万人次) Number of Visits (10,000 person-times)	境外游人 Visits by Foreign Tourists	景区资金收入合计(万元) Total Revenues of Scenic Spots (10,000 RMB)	国家拨款 Financial Allocation from Central Government
崀山	108	88	68	5	14600	8400
南山	199	85	20	1	2850	520
岳阳楼洞庭湖	332	72	85	5	5000	3230
福寿山—汨罗江	165	70	22	1	1140	540
桃花源	135	95	20	1	3050	620
武陵源	397	391	1100	52	100212	20000
苏仙岭—万华岩	46	32	20	1	2050	520
东江湖	280	80	30	1	6000	1500
万佛山—侗寨	168	89	20	1	2650	480
紫鹊界梯田—梅山龙宫	81	60	18		3058	2000
猛洞河	142	68	18		2000	1000
德夯	67	45	12		1800	1000
广东	**715**	**277**	**4537**	**67**	**79705**	**23122**
白云山	22	7	2058	22	18311	7184
丹霞山	292	60	203	2	5938	
梧桐山	32	11	1500		17127	13295
西樵山	14		66		2254	83
湖光岩	5	2	27	1	1600	730
肇庆星湖	20	13	233	31	6515	860
惠州西湖	22	16	255	2	1660	970
罗浮山	308	168	195	9	26300	
广西	**6465**	**2423**	**1932**	**131**	**31352**	**870**
桂林漓江	2064	2000	1860	129	29850	
桂平西山	1400	408	71	2	942	350
花山	3001	15	1		560	520
海南	**227**	**125**	**829**	**23**	**62321**	
三亚热带海滨	227	125	829	23	62321	
重庆	**2305**	**828**	**384**	**49**	**84001**	**4690**
重庆缙云山	170	7	16	1	508	
四面山	213	106	70	1	27850	3530
金佛山	441	220	69	1	34570	270
长江三峡	983	399	187	46	19087	890
芙蓉江	101	86	39		1900	
天坑地缝	397	10	3		86	
四川	**16997**	**4594**	**1557**	**60**	**454779**	**2575**
西岭雪山	483	115	18	2	5192	
青城山—都江堰	150	49	331		8472	
龙门山	81	35	9			
天台山	106	40	29		1610	500
剑门蜀道	616	292	157	0	3105	70
白龙湖	482	334	2		120	
峨眉山	138	43	587	17	388390	—
蜀南竹海	120	44	83	5	3543	307
石海洞乡	74	28	28		1715	
光雾山—诺水河	456	310	31		4500	1000
黄龙寺—九寨沟	2060	755	222	23	36571	610

经营收入 Operational Income (10,000 RMB)	门票 Ticket Fees	景区资金支出合计（万元） Total Expenditure of Scenic Spots (10,000 RMB)	经营支出 Operational Expenditure	固定资产投资完成额 Completed Investment in Fixed Assets	维护支出 Maintenance Expenditure	风景名胜区名称 Name of Scenic Spots
6200	1100	45000	30600	2000	600	崀山
350	201	3890	1420	1360	1200	南山
1770	1080	4050	2500	850	600	岳阳楼洞庭湖
420	180	1350	1070	280	200	福寿山—汨罗江
450	230	4010	1500	1800	1500	桃花源
69220	69220	120080	18400	80040	40025	武陵源
320	150	2150	800	250	190	苏仙岭—万华岩
4500	2200	8000	4000	3500	3200	东江湖
240	220	2500	1420	1080	1000	万佛山—侗寨
670	500	4000	1203	2500	2000	紫鹊界梯田—梅山龙宫
570	350	3500	1000	1200	1000	猛洞河
670	180	3200	900	1100	900	德夯
48089	**23070**	**84181**	**23297**	**59628**	**22156**	**广东**
11127	6298	18660	1846	16814	6817	白云山
3924	3336	7912	4187	3725	60	丹霞山
3832	3342	17242	10252	6990	6990	梧桐山
2171	2171	2236	83	2152	1653	西樵山
870	870	2150	74	1740	1740	湖光岩
5655	5432	6433	1036	5397	4017	肇庆星湖
690	405	1688	249	1290	569	惠州西湖
19820	1216	27860	5570	21520	310	罗浮山
30482	**4489**	**26275**	**2587**	**23688**	**20733**	**广西**
29850	3880	23420	820	22600	20090	桂林漓江
592	569	940	352	588	143	桂平西山
40	40	1915	1415	500	500	花山
52321	**46297**	**34710**	**3935**	**30775**	**3391**	**海南**
52321	46297	34710	3935	30775	3391	三亚热带海滨
78213	**21976**	**95148**	**36004**	**56536**	**4312**	**重庆**
508	243	605		500	260	重庆缙云山
23345	1978	23400	6100	16200	2500	四面山
34300	1930	58100	27600	30500	560	金佛山
18104	15869	11438	1324	8964	620	长江三峡
1870	1870	1540	980	307	307	芙蓉江
86	86	65	65		65	天坑地缝
450545	**310486**	**144998**	**25467**	**92483**	**42744**	**四川**
3578	1614	7288	3833	3455		西岭雪山
8472	8472	10142	653	9489	484	青城山—都江堰
		76				龙门山
1110	910	3867	3000	867	350	天台山
3035	495	3710	2662	1048	60	剑门蜀道
75	15	150	80	70	60	白龙湖
388390	256506	77910	7401	70408	39541	峨眉山
3236	3236	3578	3	3574	1941	蜀南竹海
1715	1620	1350	195	1155	65	石海洞乡
3500	510	3500	2500	900	100	光雾山—诺水河
35961	35961	29495	2395	330	130	黄龙寺—九寨沟

1-2-21 续 4

风景名胜区 名　　称 Name of Scenic Spots	风景名胜区面积（平方公里） Area of Scenic Spots (km^2)	供游览面积 Tourism-Only Area	游人量（万人次） Number of Visits (10,000 person-times)	境外游人 Visits by Foreign Tourists	景区资金收入合计（万元） Total Revenues of Scenic Spots (10,000 RMB)	国家拨款 Financial Allocation from Central Government
四姑娘山	560	60	2		128	
贡嘎山	11055	2354	54	13	1100	
邛海—螺髻山	616	135	4		333	88
贵州	**3370**	**1432**	**1043**	**20**	**41364**	**2089**
红枫湖	200	180	16		484	
赤水	630	328	93	4	8050	
龙宫	60	45	100	1	2218	150
黄果树	163	33	434		16790	250
紫云格凸河穿洞	57	11	32	2	521	470
石阡温泉群	54	21	10		1000	
九龙洞	56	14	5		349	259
马岭河峡谷	450	74	10	2	144	60
织金洞	307	2	38	1	1250	200
㵲阳河	625	425	140	1	1850	155
黎平侗乡	153	7	74	3	3830	50
荔波樟江	275	103	80	6	4350	450
瓮安江界河	35	24	2			
平塘	38	3	5		140	
都匀斗篷山—剑江	267	162	4		388	45
云南	**2670**	**1353**	**1584**	**109**	**107213**	**98**
昆明滇池	355	355	81	5	1957	
九乡	167	33	70	8	4598	
路南石林	350	16	286	14	34075	
腾冲热地火山	115	52	74	5	7404	30
丽江玉龙雪山	360	180	520	56	36800	
建水	36	2	27	1	1557	
阿庐	187	36	31	3	1370	
普者黑	145	145	103		1828	
西双版纳	25	18	291	7	14723	—
大理	191	114	87	2	2488	68
三江并流	67	2				
大理	11	11	3		13	
瑞丽江—大盈江	672	400	14	8	413	
西藏	**920**	**920**	**68**			
雅砻河	920	920	68			
陕西	**727**	**320**	**629**	**81**	**165206**	**1205**
临潼骊山	87	53	374	78	142746	
宝鸡天台山	134	40	1		240	200
合阳洽川	177	165	22		920	160
华山	148	49	126	1	13300	
黄河壶口瀑布	178	12	34	2	3045	845
黄帝陵	3	1	72		4955	
甘肃	**1099**	**250**	**137**	**14**	**31316**	**841**
麦积山	215	215	78	6	25830	330
崆峒山	84	20	26	4	2303	511
鸣沙山	800	15	33	4	3183	

经营收入 Operational Income (10, 000 RMB)	门票 Ticket Fees	景区资金支出合计(万元) Total Expenditure of Scenic Spots (10, 000 RMB)	经营支出 Operational Expenditure	固定资产投资完成额 Completed Investment in Fixed Assets	维护支出 Maintenance Expenditure	风景名胜区名称 Name of Scenic Spots
128	107	2565	2565			四姑娘山
1100	820	1000		1000		贡嘎山
245	220	367	180	187	13	邛海—螺髻山
35129	**21248**	**28752**	**14284**	**12751**	**5211**	**贵州**
484	484	558	16	542	380	红枫湖
6750	1300	4376	1241	2113	1022	赤水
2068	2068	2887	152	2633	102	龙宫
16540	13343	5987	3233	2754	388	黄果树
51	49	150	109	41	20	紫云格凸河穿洞
1000		6000	5000	1000	1000	石阡温泉群
90	90	341	191	37	37	九龙洞
84	84	127	87	33	15	马岭河峡谷
900	800	1500	250	1200	45	织金洞
1695	1694	1915	160	1755	1755	㵲阳河
3650	27	2786	2500	150	90	黎平侗乡
1600	1100	1280	960	180	70	荔波樟江
						瓮安江界河
140	140	465	282	183	183	平塘
77	69	380	103	130	104	都匀斗篷山—剑江
104698	**90104**	**79835**	**25286**	**29029**	**6431**	**云南**
1957	1329	1950		396	131	昆明滇池
4598	4402	6437	3185	3207	45	九乡
34075	34075	34670	3391	8779	3869	路南石林
5730	1661	6850	5485	1320	190	腾冲热地火山
36800	36000	2300	2000	300	300	丽江玉龙雪山
1557	994	1446	120	1326	74	建水
1370	1270	1464	12	1452	57	阿庐
1475	353	2860	1500	1160	200	普者黑
14723	9068	19949	9348	10601	1408	西双版纳
2413	952	1879	246	458	127	大理
		30		30	30	三江并流
13		13	5	8	6	大理
						瑞丽江—大盈江
		270		**270**	**270**	**西藏**
		270		270	270	雅砻河
162974	**63214**	**17755**	**5773**	**10729**	**3285**	**陕西**
142746	45623					临潼骊山
40	35	180	100	80	30	宝鸡天台山
760	410	4295	3950	312	165	合阳洽川
13300	11038	7360	1560	5800	440	华山
2200	2180	845	110	615	120	黄河壶口瀑布
3928	3928	5075	53	3922	2530	黄帝陵
7053	**6089**	**6524**	**2589**	**3708**	**410**	**甘肃**
2310	1700	2450	1920	503	160	麦积山
1560	1500	2830	650	1980	200	崆峒山
3183	2889	1244	19	1225	50	鸣沙山

风景名胜区名称 Name of Scenic Spots	风景名胜区面积（平方公里） Area of Scenic Spots (km^2)	供游览面积 Tourism-Only Area	游人量（万人次） Number of Visits (10,000 person-times)	境外游人 Visits by Foreign Tourists	景区资金收入合计（万元） Total Revenues of Scenic Spots (10,000 RMB)	国家拨款 Financial Allocation from Central Government
青海	**8977**	**4573**	**61**	**1**	**12182**	**6408**
青海湖	8977	4573	61	1	12182	6408
宁夏			**28**		**1134**	**491**
西夏王陵			28		1134	491
新疆	**7279**	**3242**	**176**	**2**	**6049**	**1332**
库木塔格沙漠	1880	250	7		652	532
天山天池	548	28	112	2	4513	800
赛里木湖	1301	1301	30		150	
博斯腾湖	3550	1663	27		734	

经营收入 Operational Income (10, 000 RMB)	门票 Ticket Fees	景区资金支出合计（万元） Total Expenditure of Scenic Spots (10, 000 RMB)	经营支出 Operational Expenditure	固定资产投资完成额 Completed Investment in Fixed Assets	维护支出 Maintenance Expenditure	风景名胜区名称 Name of Scenic Spots
5774	**4931**	**9931**	**5151**	**4780**	**337**	**青海**
5774	4931	9931	5151	4780	337	青海湖
643	**643**	**1260**	**720**	**540**		**宁夏**
643	643	1260	720	540		西夏王陵
4023	**4017**	**4236**	**3480**	**547**	**227**	**新疆**
120	114	443	330	113	104	库木塔格沙漠
3713	3713	2730	2730			天山天池
100	100	150		21	18	赛里木湖
90	90	913	420	413	105	博斯腾湖

1-2-22 城市市容环境卫生（2009年）

地区名称 Name of Regions		道路清扫保洁面积（万平方米） Surface Area of Roads Cleaned and Maintained (10,000 m²)	机械化 Mechanization	清运量（万吨） Collected and Transported (10,000 tons)	密闭车（箱）清运量 Quantity of Garbage Transported by Air-tight Vehicle (10,000 tons)	生活垃圾处理量（万吨） Volume of Domestic Garbage Treated (10,000 tons)	无害化处理厂（场）数（座） Number of Harmless Treatment Plants/Grounds (unit)	卫生填埋 Sanitary Landfill	堆肥 Compost	焚烧 Incineration	无害化处理能力（吨/日） Harmless Treatment Capacity (ton/day)	卫生填埋 Sanitary Landfill
						生活垃圾						
全　国	**National Total**	**447265**	**141524**	**15733.68**	**12922.61**	**14007.36**	**567**	**447**	**16**	**93**	**356130**	**273498**
北　京	Beijing	12835	6637	656.12	656.12	644.41	19	16	2	1	13680	12280
天　津	Tianjin	6915	3462	188.35	188.35	177.63	7	5		2	7600	5800
河　北	Hebei	19338	5103	678.05	572.04	615.19	23	18	3	1	12242	10042
山　西	Shanxi	9859	3648	374.57	239.30	241.17	15	12		3	13022	10922
内蒙古	Inner Mongolia	10157	1617	366.52	334.52	309.34	17	16	1		8726	7926
辽　宁	Liaoning	27546	6070	813.29	513.30	768.72	13	11	1	1	11695	10695
吉　林	Jilin	12367	2035	521.30	357.33	474.65	9	7		2	6326	4806
黑龙江	Heilongjiang	13812	1755	912.39	381.04	327.48	18	16		2	10048	9548
上　海	Shanghai	15313	8902	710.00	710.00	575.53	12	4	1	3	10345	5750
江　苏	Jiangsu	36160	13169	957.31	910.28	952.44	41	27		14	34570	20502
浙　江	Zhejiang	26651	9634	925.62	852.50	916.66	52	31		21	31173	15408
安　徽	Anhui	14579	3768	432.78	306.04	413.36	14	13		1	8054	7004
福　建	Fujian	9908	3236	392.40	326.01	391.30	21	15	1	5	10398	6432
江　西	Jiangxi	8308	1654	280.78	230.61	280.78	13	13			5930	5930
山　东	Shandong	44895	14795	958.36	882.80	909.81	54	45	1	6	32810	24520
河　南	Henan	20197	4054	679.46	594.57	562.24	38	33	3	2	19171	17038
湖　北	Hubei	16080	5498	680.62	509.50	657.94	19	17	1		12013	11493
湖　南	Hunan	11628	5555	511.94	446.80	472.89	15	15			9312	9312
广　东	Guangdong	60765	20197	1960.63	1702.60	1796.99	37	19		17	36087	22702
广　西	Guangxi	9675	2653	240.16	217.31	216.63	17	14	1	2	7482	6262
海　南	Hainan	3629	492	88.74	31.99	88.74	3	2		1	1720	1600
重　庆	Chongqing	6548	2606	224.30	190.74	220.83	13	12		1	6265	5265
四　川	Sichuan	12048	5255	590.08	482.09	540.31	31	25		5	15571	12871
贵　州	Guizhou	3007	805	209.07	143.75	201.22	11	11			5175	5175
云　南	Yunnan	6956	1937	282.11	260.04	253.47	15	12		2	6088	4688
西　藏	Tibet	613	22	22.91	22.80	20.00						
陕　西	Shaanxi	9570	2933	356.23	320.91	302.19	11	10		1	9172	8672
甘　肃	Gansu	6016	1065	263.59	191.88	258.37	11	11			2950	2950
青　海	Qinghai	1807	184	87.35	58.30	69.68	3	3			1950	1950
宁　夏	Ningxia	3067	554	70.42	61.99	67.65	2	2			1195	1195
新　疆	Xinjiang	7016	2229	298.23	227.10	279.74	13	12	1		5360	4760

1-2-22 Urban Environmental Sanitation（2009）

Domestic Garbage						粪便 Excrement		公厕数（座）		市容环卫专用车辆设备总数（台）	地区名称
堆肥 Compost	焚烧 Incineration	无害化处理量（万吨） Volume of Harmlessly Treated Garbage (10,000 tons)	卫生填埋 Sanitary Landfill	堆肥 Compost	焚烧 Incineration	清运量（万吨） Quantity of Excrement Transported (10,000 tons)	无害化处理量（万吨） Quantity of Excrement Treated (10,000 tons)	Number of Latrines (unit)	三类以上 Grade Ⅲ and Above	Number of Vehicles and Equipment Designated for Municipal Environmental Sanitation (unit)	Name of Regions
6979	**71253**	**11232.29**	**8898.61**	**178.83**	**2021.96**	**2140.96**	**846.13**	**118525**	**77649**	**83756**	**全　国**
800	600	644.41	548.08	27.60	68.73	211.24	175.69	6022	6022	6881	北　京
	1800	177.63	126.43		51.20	29.60		1411	806	1985	天　津
1400	400	400.03	348.63	33.03	14.07	173.99	98.13	5407	2554	3109	河　北
	2100	235.57	202.37		33.20	75.88	0.60	3191	967	3464	山　西
800		263.92	240.00	23.92		125.69	71.68	4114	1098	1379	内蒙古
600	400	486.95	450.45	21.90	14.60	129.17	38.21	6948	1337	4457	辽　宁
	1520	200.15	165.55		34.60	117.07	51.10	5519	1476	2378	吉　林
	500	272.47	256.73		15.74	179.91	32.61	10364	1939	3504	黑龙江
500	2575	559.30	380.69	15.19	106.10	221.00		5633	6015	5549	上　海
	14068	870.92	479.59		387.09	116.14	95.93	9654	7791	6923	江　苏
	15765	903.38	498.52		404.86	84.36	41.65	7802	6451	4138	浙　江
	1050	263.62	230.42		33.20	55.69	5.61	2918	2392	1327	安　徽
116	3850	363.10	228.86	5.31	128.93	24.75	10.42	1753	1373	1987	福　建
		236.99	236.99			55.35	2.82	1946	1359	838	江　西
660	6700	867.66	721.94	4.05	110.57	94.72	69.72	5377	4178	5280	山　东
983	1150	511.85	459.47	20.66	31.72	50.39	17.87	6993	5484	2856	河　南
120		378.79	362.57	3.57		23.07	0.91	4062	3118	2925	湖　北
		340.95	340.95			5.37	0.04	2894	2196	1803	湖　南
	13035	1283.94	860.54		411.37	125.08	30.92	8922	7156	8305	广　东
400	820	207.30	186.05	8.33	12.92	24.04	7.38	1493	1403	1606	广　西
	120	57.66	53.64		4.02	8.58		309	143	1390	海　南
	1000	215.05	172.57		42.48	75.02	7.68	2196	1640	1838	重　庆
	2000	492.73	420.46		72.27	43.46	20.75	4395	3699	2864	四　川
		170.82	170.82			6.96	4.10	1187	965	699	贵　州
	1300	228.16	174.63		42.28	31.25	19.78	1463	1278	1538	云　南
						0.83		216	162	88	西　藏
	500	246.38	244.37		2.01	20.51	10.03	2270	2108	1631	陕　西
		85.33	85.33			23.41	19.62	1159	806	906	甘　肃
		56.87	56.87			1.25		540	201	304	青　海
		29.55	29.55			2.38	10.08	465	369	430	宁　夏
600		180.81	165.54	15.27		4.80	2.80	1902	1163	1374	新　疆

二、县城部分

Statistics for County Seats

2009 年县城建设统计概述

概况　2009 年末，全国有县城 1636 个，据其中 1617 个县、13 个特殊区域及 144 个新疆生产建设兵团师团部驻地统计汇总，县城人口 1.23 亿人，暂住人口 1120 万人，建成区面积 1.56 万平方公里。

县城市政公用设施固定资产投资　2009 年，县城市政公用设施固定资产完成投资 1681.4 亿元。其中：道路桥梁、排水、园林绿化分别占县城市政公用设施固定资产投资的 41.06%、18.18% 和 13.25%。

全国县城市政公用设施投资新增固定资产 1372.3 亿元，固定资产投资交付使用率 75.7%。主要新增生产能力（或效益）是：供水日综合生产能力 143 万立方米，天然气储气能力 200 万立方米，集中供热蒸汽能力 1024 吨/小时，热水能力 6527 兆瓦，道路长度 4947 公里，排水管道长度 7606 公里，污水处理厂日处理能力 468 万立方米，生活垃圾无害化日处理能力 1.2 万吨。

县城供水和节水　2009 年，县城全年供水总量 85.6 亿立方米，其中生产运营用水 24.6 亿立方米，公共服务用水 9.7 亿立方米，居民家庭用水 38.5 亿立方米。用水人口 1.12 亿人，用水普及率 83.72%。人均日生活用水量 118.6 升。2009 年，县城节约用水 2.3 亿立方米，节水措施总投资 2.01 亿元。

县城燃气和集中供热　2009 年，人工煤气供应总量 1.8 亿立方米，天然气供气总量 32.2 亿立方米，液化石油气供气总量 212.6 万吨。用气人口 8248 万人，燃气普及率 61.7%。2009 年末，蒸气供热能力 1.7 万吨/小时，热水供热能力 6.2 万兆瓦，集中供热面积 4.8 亿平方米。

县城道路桥梁　2009 年末，县城道路长度 9.5 万公里，道路面积 16.0 亿平方米，其中人行道面积 4.0 亿平方米，人均城市道路面积 11.95 平方米。

县城排水与污水处理　2009 年末，全国县城共有污水处理厂 664 座，污水厂日处理能力 1411.7 万立方米，排水管道长度 9.6 万公里。县城全年污水处理总量 27.4 亿立方米，污水处理率 41.64%，其中污水处理厂集中处理率 35.11%。

县城园林绿化　2009 年末，县城建成区绿化覆盖面积 36.5 万公顷，建成区绿化覆盖率 23.48%；建成区园林绿地面积 28.6 万公顷，建成区绿地率 18.37%；公园绿地面积 9.2 万公顷，人均公园绿地面积 6.89 平方米。

县城市容环境卫生　2009 年末，全国县城道路清扫保洁面积 12.4 亿平方米，其中机械清扫面积 1.7 亿平方米，机械清扫率 13.7%。全年清运生活垃圾、粪便 0.88 亿吨。

Overview

General situation

There were 1636 counties across the country at the end of 2009. Based on 1617 counties statistics, 13 special regions and 144 Xinjiang Production and Construction Corps stations with a total population of 123 million and temporary residents of 11. 20 million. Built-up areas in county seats accounted for 15. 6 thousand square kilometers.

The fixed assets investment in municipal utilities

In 2009, The fixed assets investment in the county seat municipal utilities reached 168. 14 billion. Among this fixed assets investment in the municipal utilities, the investment in roads and bridges, drainage, greening and landscaping accounted for 41. 06%, 18. 18%, 13. 25% of the total fixed assets investment in municipal utilities respectively.

The newly increased fixed assets in the municipal utilities amounted to 137. 23 billion. The fixed assets delivery rate reached 75. 7%. The newly added production capacity or benefits of major utilities included: daily overall water production capacity was 1. 43 million m^3, natural gas storage capacity was 2 million m^3, the supply capacity of central heating from steam and hot water was 1. 024 thousand tons per hour and 6. 527 thousand megawatts respectively, the length of County Seat roads totaled 4. 947 thousand kilometers, the drainage pipelines reached 7. 606 thousand kilometers, daily wastewater treatment capacity was 4. 68 million m^3, and daily County Seat domestic garbage treatment capacity was 12 thousand tons.

County Seat water supply and water conservation

In 2009, the total quantity of County Seat water supplied was 8. 56 billion m^3. The total quantity of water used for industrial production and operation was 2. 46 billion m^3. The quantity of water used for public service was 0. 97 billion m^3. The quantity of domestic water use came to 3. 85 billion m^3. County Seat water coverage rate was 83. 72%, supplying a total population of 112 million. Daily per capita water consumption was 118. 6 liter. 0. 23 billion cubic meters of county seat water was saved in the year with total investment in water saving measures reaching RMB 201 million yuan.

County Seat gas and centralized heating

In 2009, the total quantity of man-made coal gas supply was 0. 18 billion m^3, natural gas supply was 3. 22 billion m^3, and LPG supply was 2. 126 million tons. County Seat population supplied with gas was 82. 48 million with coverage rate registering 61. 7%. By the end of 2009, the supply capacity of heating from steam and hot water reached 17 thousand tons per hour and 62 thousand megawatts respectively. The centrally heated area extended to reach 0. 48 billion square meters.

County Seat roads and bridge

At the end of 2009, the country claimed a total length of County Seat road of 95 thousand kilometers whose surface area was 1. 60 billion square meters with per capita area 11. 95 square meters.

County Seat drainage and wastewater treatment

At the end of 2009, there were a total of 664 wastewater treatment plants in cities with daily treatment capacity of 14. 117 million cubic meters. The length of drainage pipelines reached 96 thousand kilometers. The total quantity of county seat wastewater treated within the year was 2. 74 billion cubic meters with treatment rate of 41. 64% and central treatment rate of 35. 11% .

County Seat greening and landscaping

By the end of 2009, the area in built-up district covered by greenery totaled 365 thousand hectare. The coverage rate increased to 23. 48% . The total green space in built-up areas amounted to 286 thousand hectares with coverage rate of 18. 37% . The country claimed 92 thousand hectares of public green space with public green space per capita was 6. 89 square meters

The County Seat environmental sanitation

By the end of 2009, the total surface area of road cleaned and maintained was 1. 24 billion square meters, of which mechanically cleaned area was 170 million square meters with a mechanical cleaning rate of 13. 7% . The total amount of domestic garbage and night soil cleared and transported throughout the year was 88 million tons.

2-1-1 全国历年县城市政公用设施水平

2-1-1 Level of Service Facilities of National County Seat in Past Years

指标 Item / 年份 Year	用水普及率（%） Water Coverage Rate (%)	燃气普及率（%） Gas Coverage Rate (%)	每万人拥有公共交通车辆（标台） Motor Vehicle for Public Fransport Per 10,000 Persons (standard unit)	人均道路面积（平方米） Road Surface Area Per Capita (m^2)	污水处理率（%） Wastewater Treatment Rate (%)	园林绿化 人均公园绿地面积（平方米） Public Recreational Green Space Per Capita (m^2)	园林绿化 建成区绿地率（%） Green Space Rate of Built District (%)	园林绿化 建成区绿化覆盖率（%） Green Coverage Rate of Built District (%)	每万人拥有公厕（座） Number of Public Lavatories per 10,000 Persons (unit)
2000	84.83	54.41	2.64	11.20	7.55	5.71	6.51	10.86	2.21
2001	76.45	44.55	1.89	8.51	8.24	3.88	9.08	13.24	3.54
2002	80.53	49.69	2.51	9.37	11.02	4.32	9.78	14.12	3.53
2003	81.57	53.28	2.52	9.82	9.88	4.83	10.79	15.27	3.59
2004	82.26	56.87	2.77	10.30	11.23	5.29	11.65	16.42	3.54
2005	83.18	57.8	2.86	10.80	14.23	5.67	12.26	16.99	3.46
2006	76.43	52.45	2.59	10.30	13.63	4.98	14.01	18.7	2.91
2007	81.15	57.33	3.07	10.70	23.38	5.63	15.41	20.20	2.90
2008	81.59	59.11	3.04	11.21	31.58	6.12	16.90	21.52	2.90
2009	83.72	61.66		11.95	41.64	6.89	18.37	23.48	2.96

注：1. 自2006年起，人均和普及率指标按县城人口和县城暂住人口合计为分母计算，以公安部门的户籍统计和暂住人口统计为准。

2. "人均公园绿地面积"指标2005年及以前年份为"人均公共绿地面积"。

Note：1. Since 2006, figure in tems of per capita and coverage rate have been calculated based on denominater which combines both permanent and temporary residents in county seat areas. And the population should come from statistics of police.

2. Since 2006, Public Green Space Per Capita is changed to be Public Recreational Green Space Per Capita.

2-1-2 全国历年县城数量及人口、面积情况

2-1-2 National Changes in Number of Counties, Population and Area in Past Years

面积计量单位：平方公里　Area Measurement Unit：Square Meter

人口计量单位：万人　Population Measurement Unit：10, 000 persons

指标 Item / 年份 Year	县及其他个数 Number of Counties	县城人口 Couty Seat Population	县城暂住人口 Couty Seat Temporary Population	县城面积 Couty Seat Area	建成区面积 Area of Built District	城市建设用地面积 Area of Urban Construction Land
2000	1674	14157		53197	13135	8788
2001	1660	9012		57651	10427	9157
2002	1649	8874		56138	10496	9455
2003	1642	9235		53197	11115	10180
2004	1636	9641		53649	11774	11106
2005	1636	10030		63382	12383	12383
2006	1635	10963	934	76508	13229	13456
2007	1635	11581	1011	93887	14260	14680
2008	1635	11947	1079	130813	14776	15534
2009	1636	11947	1079	130813	14776	15534

2-1-3 全国历年县城维护建设资金收入

2-1-3 National Revenue of County Seat Maintenance and Construction Fund in Past Years

计量单位：万元 Measurement Unit：10,000RMB

指标 Item / 年份 Year	合计 Total	城市维护建设税 Urban Maintenance and Construction Tax	城镇公用事业附加 Extra-Charges for Municipal Utilities	中央财政拨款 Central Financial Allocation	地方财政拨款 Local Financial Allocation	水资源费 Water Resource Fee	国内贷款 Domestic Loan	利用外资 Foreign Investment	企事业单位自筹资金 Self-Raised Funds by Enterprises and Institutions	其他收入 Other Revenues
2000	1475288	218874	45849	83404	209840	5421	177939	52215	243841	437904
2001	2339413	284380	47428	68460	378484	7807	261940	65162	535359	690393
2002	3165232	319198	49195	163717	552206	9087	374804	76792	775543	844690
2003	4703331	418992	52225	249529	829818	14283	603166	131672	1261785	1141861
2004	5178923	482254	58156	159856	1080049	13112	645288	134733	1203808	1401667
2005	6043627	562226	66971	173570	1405247	16618	698906	158159	1440598	1521332
2006	5280388	624690	87843	281139	121727	30201				4134788
2007	7218834	827944	115565	255958	2022760	55081				3941526
2008	9736493	1109612	217957	647527	2927932	59435				4774030
2009	13820241	1272267	165937	1125862	5319207	88990				5847978

注：自2006年起，县城维护建设资金收入仅包含财政性资金，不含社会融资。地方财政拨款中包括省、市财政专项拨款和市级以下财政资金；其他收入中包括市政公用设施配套费、市政公用设施有偿使用费、土地出让转让金、资产置换收入及其他财政性资金。

Note：Since 2006，national revenue of county seats' maintenance and construction fund includes the fund fiscal budget，not including social funds. Local Financail Allocation include province and city special finacial allocation，and Other Revenues include fee for expansion of municipal utilites capacity，fee for use of municaipal utilities，land drainage facilities，water resource fee，property displace fee and so on.

2-1-4　全国历年县城维护建设资金支出

指标 Item / 年份 Year	支出合计 Total	按用途分 By Purpose					
		固定资产投资支出 Expenditure From Investment in Fixed Assets	维护支出 Maintenance Expenditure	其他支出 Other Expenditures	供水 Water Supply	燃气 Gas Supply	集中供热 Central Heating
2000	1543701	1224032	280838	38831	159991	17394	44294
2001	2336929	1746365	333699	256865	203748	42053	81911
2002	3196841	2529827	389298	277716	237120	82809	100698
2003	4661734	3907547	459527	294660	350503	120290	176962
2004	5077874	4221092	559888	296894	418492	132216	226354
2005	5927238	4831130	659689	436419	486596	187305	270791
2006	4971017	3660147	858483	452387	335755	84706	138289
2007	6806308	4796581	1207586	802141	356545	91517	227936
2008	9192126	6722788	1434309	1020577	429065	161977	322488
2009	13182941	10266437	1773499	1322453	581938	195643	471494

2-1-4 National Expenditure of County Seat Maintenance and Construction Fund in Past Years

计量单位：万元 Measurement Unit：10, 000RMB

按行业分 By Indurstry

轨道交通 Public Transportation	道路桥梁 Road and Bridge	排水 Sewerage	防洪 Flood Control	园林绿化 Landscaping	市容环境卫生 Environmental Sanitation	其他 Other
21325		113500		81017	69388	226679
56570	900589	170371	84847	167091	105395	524354
69067	1267934	256982	107759	213189	129337	731946
92844	2040028	401354	149805	293000	208242	828706
110896	2068361	447482	164216	386914	206046	916897
136966	2390132	545025	192193	419119	239892	1059219
93385	2192650	533822	144505	434397	284086	729422
164390	2897997	781286	191378	605518	398862	1090879
232359	3904437	1098048	183828	964899	524292	1370733
2125	5120827	2278356	299657	1375296	1009819	1847786

2-1-5 按行业分全国历年县城市政公用设施建设固定资产投资

2-1-5 National Fixed Assets Investment of County Seat Sevice Facilities by Industry in Past Years

计量单位：亿元 Measurement Unit：100 millionRMB

指标 Item 年份 Year	本年固定资产投资总额 Completed Investment of this Year	供水 Water Supply	燃气 Gas Supply	集中供热 Central Heating	公共交通 Public Transportation	道路桥梁 Road and Bridge	排水 Sewerage	污水处理及其再生利用 Wastewater Treatment and Reuse	防洪 Flood Control	园林绿化 Landscaping	市容环境卫生 Environmental Sanitation	垃圾处理 Garbage Treatment	其他 Other
2000													
2001	337. 4	23. 6	6. 2	8. 3	10. 0	117. 2	20. 4	5. 3	11. 8	18. 2	6. 9	1. 6	114. 9
2002	412. 2	28. 1	10. 5	13. 2	10. 6	152. 9	33. 0	12. 9	13. 7	22. 0	10. 6	3. 9	117. 7
2003	555. 7	38. 8	13. 9	18. 5	11. 8	228. 3	44. 6	16. 1	17. 5	30. 5	14. 9	7. 0	136. 6
2004	656. 8	44. 4	15. 1	24. 3	12. 3	246. 7	52. 5	17. 2	19. 1	41. 0	14. 7	4. 5	186. 7
2005	719. 1	53. 4	21. 9	29. 8	14. 1	285. 1	63. 5	24. 6	20. 4	45. 0	17. 0	5. 4	169. 8
2006	730. 5	44. 3	24. 1	28. 9	10. 3	319. 1	72. 1	37. 0	11. 6	46. 2	42. 2	7. 6	132. 4
2007	812. 0	42. 3	26. 9	42. 4	17. 7	358. 1	107. 1	67. 2	17. 5	76. 0	29. 2	16. 4	94. 9
2008	1146. 1	48. 2	35. 7	58. 5	18. 3	532. 1	141. 2	80. 8	26. 4	174. 1	37. 2	23. 2	74. 4
2009	1681. 4	78. 2	37. 0	72. 9		690. 3	305. 7	225. 7	42. 1	222. 8	94. 7	62. 9	137. 6

2-1-6 按资金来源分全国历年县城市政公用设施建设固定资产投资

2-1-6 National Fixed Assets Investment of County Seat Service Facilities by Capital Source in Past Years

计量单位：亿元 Measurement Unit：100 million RMB

指标 Item / 年份 Year	本年资金来源合计 Completed Investment of this Year	上年末结余资金 The Balance of the Previous Year	本年资金来源 Sources of Fund							
			小计 Subtotal	中央财政拨款 Financial Allocation of the Central Government	地方财政拨款 Financial Allocation of Local Governments	国内贷款 Domestic Loan	债券 Securities	利用外资 Foreign Investment	自筹资金 Self-Raised Funds	其他资金 Other Funds
2000										
2001	306.4	7.6	298.8	13.7	47.4	33.2	1.5	23.4	116.1	63.5
2002	377.1	4.2	372.9	19.7	74.2	46.3	1.2	12.6	149.5	69.4
2003	518.1	6.8	511.3	30.2	101.6	69.0	1.6	25.1	202.2	81.7
2004	619.2	7.3	611.9	20.6	133.4	84.1	2.2	38.7	222.1	110.7
2005	682.8	9.5	673.3	25.1	170.1	76.9	2.2	39.9	247.3	111.9
2006	755.2	16.9	738.3	54.8	255.4	89.6	1.5	26.2	234.2	76.6
2007	833.0	13.1	819.8	34.5	346.7	88.1	2.2	26.3	240.3	81.8
2008	1126.7	16.3	1110.4	52.5	520.4	107.6	1.4	28.0	297.0	103.5
2009	1682.9	20.8	1662.1	107.0	662.0	298.6	11.7	32.9	385.5	164.4

2-1-7 全国历年县城供水情况
2-1-7 National County Seat Water Supply in Past Years

指标 Item / 年份 Year	综合生产能力（万立方米/日）Integrated Production Capacity (10,000m³/day)	供水管道长度（公里）Length of Water Supply Pipelines (km)	供水总量（万立方米）Total Quantity of Water Supply (10,000m³)	生活用量 Residential Use	用水人口（万人）Population with Access to Water Supply (10,000 persons)	人均日生活用水量（升）Daily Water Consumption Per Capita (liter)	用水普及率（%）Water Coverage Rate (%)
2000	3662	70046	593588	310331	6931.2	122.7	84.83
2001	3754	77316	577948	327081	6889.2	130.1	76.45
2002	3705	78315	567915	338689	7145.7	129.9	80.53
2003	3400	87359	606189	363311	7532.9	132.1	81.57
2004	3680	92867	653814	395181	7931.1	136.5	82.26
2005	3862	98980	676548	409045	8342.2	134.3	83.18
2006	4207	113553	746892	407389	9093.4	122.7	76.43
2007	5744	131541	794495	448943	10218.7	120.4	81.15
2008	5976	142507	826300	459866	10628.4	119.4	81.59
2009	4775	148578	856291	484644	11200.7	118.6	83.72

2-1-8 全国历年县城节约用水情况

2-1-8 National County Seat Water Conservation in Past Years

指标 Item / 年份 Year	计划用水量（万立方米） Planned Quantity of Water Use (10,000m^3)	新水取用量（万立方米） Fresh Water Used (10,000m^3)	工业用水重复利用量（万立方米） Quantity of Industrial Water Recycled (10,000m^3)	节约用水量（万立方米） Water Saved (10,000m^3)
2000	115591	109069	95763	20322
2001	161795	133634	24206	28161
2002	110702	91610	26321	19092
2003	120551	94938	24815	25613
2004	123176	98004	25790	25163
2005	155933	118727	32852	37206
2006		122700	32523	21546
2007		127318	99648	22675
2008		122275	53278	20480
2009		139735	130864	23135

2-1-9 全国历年县城燃气情况

2-1-9 National County Seat Gas in Past Years

指标 Item / 年份 Year	人工煤气 Man-Made Coal Gas 供气总量（亿立方米）Total Gas Supplied (100 million m^3)	家庭用量 Domestic Consumption	用气人口（万人）Population with Access to Gas (10,000 persons)	管道长度（公里）Length of Gas Supply Pipeline (km)	天然气 Natural Gas 供气总量（亿立方米）Total Gas Supplied (100 million m^3)	家庭用量 Domestic Consumption	用气人口（万人）Population with Access to Gas (10,000 persons)	管道长度（公里）Length of Gas Supply Pipeline (km)	液化石油气 LPG 供气总量（吨）Total Gas Supplied (ton)	家庭用量 Domestic Consumption	用气人口（万人）Population with Access to Gas (10,000 persons)	管道长度（公里）Length of Gas Supply Pipeline (km)	燃气普及率（%）Gas Coverage Rate (%)
2000	1. 72	1. 63	73. 10	615	3. 31	2. 25	237	5268	110. 84	98. 23	2723	96	54. 41
2001	2. 14	1. 85	89. 85	424	4. 37	2. 71	274	6400	127. 55	109. 90	3653	674	44. 55
2002	1. 19	1. 13	68. 30	493	6. 36	3. 30	316	7398	142. 42	124. 23	4025	760	49. 69
2003	0. 73	0. 60	51. 33	519	7. 67	4. 16	361	8397	174. 45	140. 17	4508	1033	53. 28
2004	1. 80	1. 51	81. 91	551	10. 97	5. 43	437	9881	188. 94	156. 37	4961	1172	56. 87
2005	3. 04	2. 01	127. 35	830	18. 12	5. 83	519	12602	185. 9	147. 1	5151	1203	57. 80
2006	1. 26	0. 49	54. 58	745	16. 47	7. 11	780	17487	195. 04	147. 07	5405	1728	52. 45
2007	1. 44	0. 51	58. 52	1158	24. 45	7. 01	943	21882	203. 22	158. 6	6217	2355	57. 33
2008	2. 68	1. 84	72. 22	1426	23. 26	9. 00	1123	27110	202. 14	160. 6	6504	2899	59. 11
2009	1. 78	0. 97	69. 12	1459	32. 16	13. 79	1404	34214	212. 58	171	6776	3136	61. 66

2-1-10 全国历年县城集中供热情况

2-1-10 National County Seat Centralized Heating in Past Years

指标 Item / 年份 Year	供热能力 Heating Capacity		供热总量 Total Heat Supplied		管道长度（公里）Length of Pipelines (km)		集中供热面积（亿平方米）
	蒸汽（吨/小时）Steam (ton/hour)	热水（兆瓦）Hot Water (mega watts)	蒸汽（万吉焦）Steam (10,000 gigajoules)	热水（万吉焦）Hot Water (10,000 gigajoules)	蒸汽 Steam	热水 Hot Water	Heated Area (100 million m²)
2000	4418	11548	1409	9076	1144	4187	0.67
2001	3647	11180	1872	20568	658	4478	0.92
2002	4848	14103	2627	27245	881	4778	1.45
2003	5283	19446	2871	22286	904	6136	1.73
2004	5524	20891	3194	21847	991	7094	1.72
2005	8837	20835	8781	18736	1176	8048	2.06
2006	9193	26917	8520	23535	1367	9450	2.37
2007	13461	35794	15780	39071	1564	12795	3.17
2008	12370	44082	14708	75161	1612	14799	3.74
2009	16675	62330	12519	56013	1874	18899	4.81

注：2000 年蒸汽供热总量计量单位为万吨。

Note: Heating capacity through steam in 2000 is measured with the unit of 10,000 tons.

2-1-11 全国历年县城道路和桥梁情况

2-1-11 National County Seat Roads and Bridges in Past Years

指标 Item / 年份 Year	道路长度（万公里）Length of Roads (10,000 km)	道路面积（亿平方米）Surface Area of Roads (100 million m^2)	防洪堤长度（万公里）Length of Flood Control Dikes (10,000 km)	人均城市道路面积（平方米）Urban Road Surface Area Per Capita (m^2)
2000	5.04	6.24	0.93	11.20
2001	5.10	7.67	0.90	8.51
2002	5.32	8.31	0.96	9.37
2003	5.77	9.06	0.93	9.82
2004	6.24	9.92	1.00	10.30
2005	6.68	10.83	0.98	10.80
2006	7.36	12.26	1.32	10.30
2007	8.38	13.44	1.17	10.70
2008	8.88	14.6	1.33	11.21
2009	9.5	15.98	1.19	11.95

2-1-12 全国历年县城排水和污水处理情况

2-1-12 National County Seat Drainage and Wastewater Treatment in Past Years

指标 Item / 年份 Year	排水管道长度（万公里） Length of Drainage Pipelines (10,000 km)	污水年排放量（亿立方米） Annual Quantity of Wastewater Discharged (100million m^3)	污水处理厂		污水年处理总量（亿立方米） Annual Treatment Capacity (100million m^3)	污水处理率（%） Wastewater Treatment Rate (%)
			座数（座） Number of Wastewater Treatment Plant (unit)	处理能力（万立方米/日） Treatment Capacity (10,000m^3/day)		
2000	4.00	43.20	54	55	3.26	7.55
2001	4.40	40.14	54	455	3.31	8.24
2002	4.44	43.58	97	310	3.18	11.02
2003	5.32	41.87	93	426	4.14	9.88
2004	6.01	46.33	117	273	5.20	11.23
2005	6.04	47.40	158	357	6.75	14.23
2006	6.86	54.63	204	496	6.00	13.63
2007	7.68	60.10	322	725	14.10	23.38
2008	8.39	62.29	427	961	19.70	31.58
2009	9.63	65.70	664	1412	27.36	41.64

2-1-13 全国历年县城园林绿化情况

2-1-13 National County Seat Landscaping in Past Years

计量单位：公顷 Measurement Unit：Hectare

指标 Item / 年份 Year	建成区绿化覆盖面积 Built District Green Coverage Area	建成区园林绿地面积 Built District Area of Parks and Green Space	公园绿地面积 Area of Public Recreational Green Space	公园面积 Park Area	人均公园绿地面积（平方米）Public Recreational Green Space Per Capita (m^2)	建成区园林绿地率（%）Green Space Rate of Built District (%)	建成区绿化覆盖率（%）Green Coverage Rate of Built District (%)
2000	142667	85452	31807	15736	5.71	6.51	10.86
2001	138338	94803	35082	69829	3.88	9.08	13.24
2002	148214	102684	38378	73612	4.32	9.78	14.12
2003	169737	119884	44628	28930	4.83	10.79	15.27
2004	193274	137170	50997	33678	5.29	11.65	16.42
2005	210393	151859	56869	32830	5.67	12.26	16.99
2006	247318	185389	59244	39422	4.98	14.01	18.70
2007	288085	219780	70849	54488	5.63	15.41	20.20
2008	317981	249748	79773	51510	6.12	16.90	21.52
2009	365354	285850	92236	56015	6.89	18.37	23.48

注：1. 自2006年起，“公共绿地”统计为“公园绿地”。
2. 自2006年起，“人均公共绿地面积”统计为以城区人口和城区暂住人口合计为分母计算的“人均公园绿地面积”。

Note：1. Since 2006，Public Green Space is changed to Public Recreatinal Green Space.
2. Since 2006，Public recreational green space per capita has been calculated based on denominator which combines both permanent and temporary resiclents in urban areas.

2-1-14 全国历年县城市容环境卫生情况

2-1-14 National County Seat Environmental Sanitation in Past Years

指标 Item / 年份 Year	生活垃圾清运量（万吨） Quantity of Domestic Garbage Collected and Transported (10,000tons)	垃圾无害化处理厂（场）座数（座） Number of Harmless Treatment Plants/Grounds (unit)	无害化处理能力（吨/日） Harmless Treatment Capacity (ton/day)	垃圾无害化处理量（万吨） Quantity of Harmlessly Treated Garbage (10,000tons)	粪便清运量（万吨） Volume of Soil Collected and Transported (10,000tons)	公厕数量（座） Number of Latrine (unit)	市容环卫专用车辆设备总数（台） Number of Vehicles and Equipment Designated for Municipal Environmental Sanitation (unit)	每万人拥有公厕（座） Number of Latrine per 10,000 Population (unit)
2000	5560	358	18493	782.52	1301	31309	13118	2.21
2001	7851	489	29300	1551.88	1709	31893	13472	3.54
2002	6503	460	31582	1056.61	1659	31282	13817	3.53
2003	7819	380	29546	1159.35	1699	33139	15114	3.59
2004	8182	295	26032	865.13	1256	34104	16144	3.54
2005	9535	203	23049	688.78	1312	34753	17697	3.46
2006	6266	124	15245	414.30	710	34563	17367	2.91
2007	7110	137	18785	496.56	2507	36542	19220	2.90
2008	6794	211	34983	838.69	1151	37718	20947	2.90
2009	8085	286	45430	1220.15	759	39618	22905	2.96

2-2-1 全国县城市政公用设施水平（2009 年）

地区名称	Name of Regions	人口密度（人/平方公里） Population Density (person/square kilometer)	人均日生活用水量（升） Daily Water Consumption Per Capita (liter)	用水普及率（%） Water Coverage Rate (%)	燃气普及率（%） Gas Coverage Rate (%)	建成区供水管道密度（公里/平方公里） Density of Water Supply Pipelines in Built District (kilometer/square kilometer)	人均道路面积（平方米） Road Surface Area Per Capita (m^2)
全　国	**National Total**	**865**	**118.55**	**83.72**	**61.66**	**9.55**	**11.95**
天　津	Tianjin	1771	72.85	100.00	100.00	18.31	19.45
河　北	Hebei	1718	100.05	89.37	56.71	8.90	15.54
山　西	Shanxi	2026	82.22	88.37	46.28	11.43	11.40
内蒙古	Inner Mongolia	1214	62.84	76.47	43.67	9.77	12.14
辽　宁	Liaoning	1814	106.81	78.46	62.50	12.88	9.52
吉　林	Jilin	2801	103.85	71.98	57.79	11.41	7.76
黑龙江	Heilongjiang	2665	74.28	73.27	53.19	8.30	11.07
江　苏	Jiangsu	1766	118.75	96.89	93.30	13.10	16.05
浙　江	Zhejiang	880	147.34	98.72	96.06	20.13	16.59
安　徽	Anhui	2006	114.81	75.84	62.17	8.85	11.36
福　建	Fujian	2122	139.50	95.18	90.96	14.71	10.16
江　西	Jiangxi	4821	129.45	89.49	75.50	9.13	12.06
山　东	Shandong	1134	119.66	93.50	82.55	6.14	16.88
河　南	Henan	2261	131.74	65.71	29.69	5.36	11.14
湖　北	Hubei	2423	131.30	90.60	78.44	7.55	12.14
湖　南	Hunan	3641	158.30	85.26	65.23	9.38	11.46
广　东	Guangdong	1220	149.57	84.12	83.20	11.67	12.13
广　西	Guangxi	475	166.02	83.77	69.44	9.63	9.81
海　南	Hainan	3056	174.23	82.30	74.88	6.46	13.40
重　庆	Chongqing	1646	103.46	81.51	78.95	12.64	7.84
四　川	Sichuan	966	144.37	77.91	58.42	10.16	8.30
贵　州	Guizhou	1903	94.34	77.64	37.49	7.10	5.73
云　南	Yunnan	3501	115.37	87.55	42.47	11.30	10.64
西　藏	Tibet	11	169.15	58.11	32.47	3.85	8.95
陕　西	Shaanxi	2428	70.87	84.53	56.55	6.43	9.67
甘　肃	Gansu	3810	68.67	82.80	37.07	8.44	10.32
青　海	Qinghai	1754	108.69	92.12	18.07	9.03	10.60
宁　夏	Ningxia	3025	89.02	85.42	64.77	11.19	16.52
新　疆	Xinjiang	2697	97.82	89.11	69.20	8.95	15.76
新疆兵团	Xinjiang Bingtuan	2210	109.18	86.72	27.54	15.57	26.86

2-2-1 Level of National County Seat Service Facilities (2009)

建成区排水管道密度（公里/平方公里）Density of Sewers in Built District (kilometer/square kilometer)	污水处理率（%）Wastewater Treatment Rate (%)	污水处理厂集中处理率 Centralized Treatment Rate of Wastewater Treatment Plants	人均公园绿地面积（平方米）Public Recreational Green Space Per Capita (m^2)	建成区绿化覆盖率（%）Green Space Rate of Built District (%)	建成区绿地率（%）Green Coverage Rate of Built District (%)	生活垃圾处理率（%）Domestic Garbage Treatment Rate (%)	生活垃圾无害化处理率（%）Domestic Garbage Harmless Treatment Rate (%)	地区名称 Name of Regions
6.19	**41.64**	**35.11**	**6.89**	**23.48**	**18.37**	**45.86**	**15.09**	**全　国**
6.76	29.01	29.01	11.87	41.99	36.92	62.81	62.81	天　津
6.04	35.87	28.60	5.13	19.42	12.82	7.32	1.09	河　北
6.02	50.31	45.73	7.53	29.28	19.31	4.38	4.38	山　西
3.78	37.55	30.59	6.69	17.09	11.86	29.12	4.38	内蒙古
4.86	17.52	12.60	7.15	15.77	13.92	51.85	4.57	辽　宁
4.66	7.88	7.88	7.45	24.50	16.81	74.77		吉　林
3.34	1.15		8.05	14.92	10.71	3.73	3.73	黑龙江
9.14	66.63	48.10	8.63	37.45	34.46	93.81	21.89	江　苏
12.05	69.46	66.31	10.21	33.03	29.65	95.08	87.16	浙　江
6.72	56.85	39.79	5.70	22.99	16.31	76.08	11.19	安　徽
7.46	50.12	39.23	8.26	32.75	28.25	92.73	54.03	福　建
7.70	16.01	12.93	12.55	38.48	34.09	98.98	19.87	江　西
6.55	82.42	80.30	10.46	32.51	26.68	84.15	30.01	山　东
5.49	72.18	72.00	4.21	11.94	8.47	72.29	57.43	河　南
6.32	29.26	8.51	6.03	23.36	16.85	70.58	13.08	湖　北
7.08	13.90	13.47	6.18	24.73	20.52	56.38	6.02	湖　南
6.08	32.45	25.57	7.88	29.75	23.70	18.62	0.90	广　东
5.99	17.91	5.00	5.82	20.79	16.79	25.83	5.31	广　西
4.68	35.08	35.05	8.55	30.00	23.19	98.61		海　南
9.78	64.77	62.99	8.58	31.21	27.07	85.20	79.04	重　庆
6.44	23.48	19.57	5.21	19.66	16.71	39.98	22.97	四　川
4.52	7.64	7.64	2.91	16.32	10.02	38.63		贵　州
7.25	25.68	18.11	6.20	21.98	17.21	67.16	27.73	云　南
2.78	7.39		6.55	8.55	4.87	9.11		西　藏
5.61	21.28	17.83	4.55	19.81	12.70	25.93	7.09	陕　西
4.53	9.14	8.92	4.27	15.18	10.31	86.52	4.67	甘　肃
3.21			4.19	13.25	9.02	81.77	8.83	青　海
8.00	40.42	10.62	14.30	32.41	25.96	16.24		宁　夏
4.35	56.21	37.58	9.25	28.75	24.27	62.34		新　疆
4.11	29.76		5.61	16.49	9.60			新疆兵团

2-2-2 全国县城人口和建设用地（2009 年）

地区名称 Name of Regions		县面积 County Area	县人口 County Permanent Population	县暂住人口 County Temporary Population	县城面积 County Seat Area	县城人口 County Seat Permanent Population	县城暂住人口 County Seat Temparory Population	建成区面积 Area of Built District	小计 Subtotal	居住用地 Residential Land
全　国	**National Total**	**7454234**	**68994**	**2267**	**154603.08**	**12258.63**	**1119.72**	**15557.51**	**15671.29**	**5559.25**
天　津	Tianjin	4361	177	4	220.23	35.86	3.14	58.89	58.89	25.03
河　北	Hebei	149448	4330	157	5431.27	851.03	82.19	1156.60	1144.88	429.98
山　西	Shanxi	127184	2018	79	2636.35	493.96	40.26	576.17	579.53	241.95
内蒙古	Inner Mongolia	1050276	1519	73	3583.02	391.23	43.58	769.91	782.61	314.10
辽　宁	Liaoning	83782	1051	19	1190.72	208.60	7.36	269.11	306.57	118.45
吉　林	Jilin	93373	827	9	697.35	189.69	5.64	189.93	178.63	72.33
黑龙江	Heilongjiang	253340	1502	26	1342.61	344.20	13.58	537.19	511.76	244.87
江　苏	Jiangsu	40960	2377	58	2785.92	476.30	15.64	579.38	598.13	184.23
浙　江	Zhejiang	51496	1610	270	4841.97	347.51	78.44	499.03	523.24	159.82
安　徽	Anhui	101771	4468	103	3616.79	675.11	50.46	742.06	754.33	255.76
福　建	Fujian	80087	1740	66	1606.94	311.60	29.44	335.34	358.88	118.74
江　西	Jiangxi	134735	3056	73	1406.72	634.31	43.86	725.51	793.15	254.24
山　东	Shandong	75609	4083	83	7919.82	838.20	60.13	1189.00	1150.73	341.74
河　南	Henan	124795	6803	173	4928.95	1015.68	98.93	1315.87	1187.38	412.02
湖　北	Hubei	99974	2189	61	1775.26	401.79	28.34	421.51	400.84	131.39
湖　南	Hunan	164925	4522	182	2112.92	678.07	91.34	790.11	824.90	276.86
广　东	Guangdong	85371	2487	116	4252.76	458.70	60.20	481.67	596.36	218.80
广　西	Guangxi	180855	3359	68	10890.76	485.38	31.99	541.57	494.85	194.65
海　南	Hainan	17191	331	10	204.63	56.79	5.75	82.70	96.05	28.41
重　庆	Chongqing	56788	1733	47	1888.84	281.37	29.53	243.55	216.80	74.22
四　川	Sichuan	435769	5641	97	9770.58	891.46	52.37	864.10	854.64	272.31
贵　州	Guizhou	153713	3095	104	2400.12	412.37	44.28	423.25	503.30	192.39
云　南	Yunnan	339226	3396	96	1571.00	498.12	51.95	616.81	632.67	234.17
西　藏	Tibet	1140475	268	25	72356.24	62.60	17.96	150.42	121.31	46.29
陕　西	Shaanxi	174877	2453	106	2150.09	464.31	57.81	611.82	545.61	189.23
甘　肃	Gansu	364079	1812	59	716.07	248.72	24.11	329.07	300.30	104.99
青　海	Qinghai	313689	423	14	500.60	80.46	7.37	171.27	154.64	54.91
宁　夏	Ningxia	39451	314	13	238.83	62.26	9.98	83.41	126.25	32.47
新　疆	Xinjiang	1456019	1209	52	1047.69	263.63	18.90	477.34	514.68	187.39
新疆兵团	Xinjiang Bingtuan	60617	204	24	518.03	99.32	15.19	324.92	359.38	147.51

2-2-2 County Seat Population and Construction Land (2009)

面积计量单位：平方公里　Measurement Unit: Square Kilometer

县城建设用地面积 County Seat Construction Land Area								本年征用土地面积 Area of Land Requisition this Year		地区名称 Name of Regions
公共设施用地 Land for Public Facilities	工业用地 Industrial Land	仓储用地 Land for Storage	对外交通用地 Land for Transportation System	道路广场用地 Land for Roads and Plazas	市政公用设施用地 Land for Municipal Utilities	绿地 Greenland	特殊用地 Land for Special Purposes		耕地 Arable Land	
2052.11	**2547.38**	**509.28**	**634.27**	**1751.41**	**600.53**	**1724.63**	**292.43**	**566.05**	**228.42**	**全　国**
6.45	9.11	2.15	2.35	7.56	1.77	2.96	1.51	14.43	6.29	天　津
153.72	172.75	38.21	55.64	130.58	44.21	105.71	14.08	40.93	9.60	河　北
85.26	58.40	13.24	19.89	61.25	17.95	73.19	8.40	6.79	2.92	山　西
98.19	103.23	23.55	28.57	93.89	25.37	82.08	13.63	21.72	6.35	内蒙古
26.77	74.94	10.19	7.42	31.29	7.98	25.23	4.30	6.23	1.72	辽　宁
18.59	32.05	9.71	4.48	16.71	5.19	16.90	2.67	5.50	0.49	吉　林
58.49	59.43	29.15	20.21	45.87	12.79	33.87	7.08	1.45	0.98	黑龙江
77.79	129.42	15.39	20.68	69.18	22.47	69.28	9.69	29.27	15.79	江　苏
56.57	141.47	7.78	14.28	53.68	15.74	70.13	3.77	35.80	19.21	浙　江
90.57	148.89	27.83	29.00	86.30	27.06	81.56	7.36	50.91	17.85	安　徽
40.31	72.87	9.51	13.16	38.52	12.08	47.22	6.47	24.58	12.41	福　建
102.82	148.34	22.18	30.49	86.16	30.39	109.23	9.30	37.95	11.95	江　西
152.08	270.42	31.91	40.49	128.51	33.19	140.75	11.64	27.91	6.50	山　东
155.50	184.30	45.89	66.19	141.40	49.12	110.38	22.58	22.78	12.47	河　南
50.28	68.06	15.01	18.44	44.95	18.45	46.47	7.79	10.67	3.83	湖　北
114.19	117.58	28.77	34.37	98.44	40.64	95.59	18.46	43.08	12.38	湖　南
70.94	92.00	16.42	26.58	59.62	31.33	63.96	16.71	7.37	0.68	广　东
61.97	79.44	16.68	20.21	50.46	14.38	49.47	7.59	17.27	6.02	广　西
9.89	18.82	6.79	3.63	9.93	4.33	13.17	1.08	1.37	0.06	海　南
27.38	35.46	4.66	10.78	28.65	9.55	22.42	3.68	16.97	8.79	重　庆
118.47	154.90	27.63	35.63	106.86	32.47	93.21	13.16	38.29	17.52	四　川
67.92	69.80	14.76	20.64	48.17	19.74	62.31	7.57	13.18	8.09	贵　州
113.08	51.73	17.63	22.42	80.51	25.53	69.49	18.11	39.22	25.63	云　南
22.56	3.40	2.63	5.52	16.06	10.28	9.26	5.31	5.83	0.70	西　藏
78.50	75.00	17.52	23.24	62.90	24.35	65.07	9.80	25.04	11.88	陕　西
49.69	29.91	11.42	11.59	36.87	13.67	35.86	6.30	4.77	2.15	甘　肃
25.16	16.41	6.45	8.03	13.79	8.32	16.37	5.20	2.51	0.63	青　海
16.77	12.06	1.53	2.14	14.12	6.03	16.07	25.06	4.50	2.02	宁　夏
59.63	75.37	13.67	20.38	53.61	21.03	68.94	14.66	2.16	0.53	新　疆
42.57	41.82	21.02	17.82	35.57	15.12	28.48	9.47	7.57	2.98	新疆兵团

2-2-3 全国县城维护建设资金（财政性资金）收入（2009 年）

地区名称 Name of Cities		合计 Total	中央财政拨款 Financial Allocation From Central Government Budget	省级财政拨款 Financial Allocation From Provincial Government Budget	合计 Total	县财政专项拨款 Special Financial Allocation From County Government Budget	城市维护建设税 Urban Maintenance and Construction Tax	城镇公用事业附加 Extra-Charges for Municipal Utilities	市政公用设施配套费 Fee for Expansion of Municipal Utilities Capacity
全国	**National Total**	**13820241**	**1125862**	**621425**	**11101204**	**3726032**	**1272267**	**165937**	**554417**
天津	Tianjin	111415			95841	14434	11458		4930
河北	Hebei	1276267	75733	70135	905971	368650	86357	32059	34717
山西	Shanxi	340852	14433	12513	279861	152251	54292	6143	15286
内蒙古	Inner Mongolia	757960	21842	15493	671401	244269	56268	2695	17429
辽宁	Liaoning	230842	5140	44156	171331	42551	24240	2365	10490
吉林	Jilin	102661	15983	7622	78433	44985	13239	532	2900
黑龙江	Heilongjiang	217477	24415	10828	173805	79557	26207	991	2809
江苏	Jiangsu	686579	13878	13178	649248	59740	79483	15717	34387
浙江	Zhejiang	848847	13243	9582	793272	252965	95150	9482	35349
安徽	Anhui	934066	68640	45966	798102	253587	81877	13518	55503
福建	Fujian	387000	34936	9938	329215	111243	24792	5141	13566
江西	Jiangxi	1284603	34499	48975	1029239	318551	68066	4159	17034
山东	Shandong	1002063	31859	13406	925292	91608	111695	16987	57433
河南	Henan	528320	17441	9864	495278	149192	56899	7275	23277
湖北	Hubei	213856	40184	3068	159109	30082	29758	2240	8096
湖南	Hunan	731810	57295	38027	573572	113088	60970	7580	20147
广东	Guangdong	220429	7063	13929	189112	45589	29501	4752	18912
广西	Guangxi	439659	69431	24353	335845	180997	36082	1307	19412
海南	Hainan	171383	20072	4321	137866	48241	11539	175	2845
重庆	Chongqing	291954	24091	28734	237367	48938	26634	10819	49949
四川	Sichuan	693042	128004	27113	445782	186498	61612	4649	44933
贵州	Guizhou	249875	54759	21668	166784	79258	26721	3222	4876
云南	Yunnan	458544	75967	47625	324007	147604	67151	1692	14566
西藏	Tibet	92479	41684	6491	8679	2877	1720	336	165
陕西	Shaanxi	710606	44669	28900	576238	389437	43732	5775	23598
甘肃	Gansu	251154	58421	18652	166909	104994	13972	1004	7285
青海	Qinghai	109495	52266	6772	50457	37411	4984	415	1642
宁夏	Ningxia	164833	17525	21750	118555	51001	9058	2122	2663
新疆	Xinjiang	234808	28491	16290	183994	72931	56348	2509	8217
新疆兵团	Xinjiang Bingtuan	77362	33898	2076	30639	3503	2462	276	2001

2-2-3 Revenue of County Seat Maintenance and Construction Fund (Fiscal Budget) (2009)

计量单位：万元 Measurement Unit: 10, 000 RMB

县财政资金 County Financial Fund									县级以下财政资金	地区名称
市政公用设施有偿使用费	过桥过路费	污水处理费	垃圾处理费	排水设施有偿使用费	土地出让转让收入	水资源费	资产置换收入	其他收入		
Fee for Use of Municipal Utilities	Tolls on Roads and Bridges	Wastewater Treatment Fee	Garbage Treatment Fee	Fee for Use of Drainage Facilities	Land Transfer Revenue	Water Resource Fee	Property Replace-ment Revenue	Other Revenues	Others	Name of Cities
393683	**24340**	**201001**	**71269**	**97188**	**4014788**	**88990**	**79680**	**805410**	**971750**	**全国**
					64240	390		389	15574	天津
19477	2918	8219	2138	4023	224776	11853	4030	124052	224428	河北
8330	350	4520	334	2238	29500	1109	927	12023	34045	山西
24129		4785	2380	6336	297743	1071	3457	24340	49224	内蒙古
3837		605	1301	192	74883	1075	300	11590	10215	辽宁
1040	300	3500	160	1087	12807	353		2577	623	吉林
3655		168	210	2336	40413	1128	198	18847	8429	黑龙江
19667		11401	5547	75	407629	7189	5360	20076	10275	江苏
80403	3059	71282	4367	906	275957	8873	3372	31721	32750	浙江
11665	50	5850	3837	17012	356907	2510	640	21895	21358	安徽
25035	76	10809	5117	7953	123511	1768	532	23627	12911	福建
12388	8940	1377	2064	35945	451858	13098	5236	138849	171890	江西
34717	1880	15767	5563	3389	511636	7074	25630	68512	31506	山东
24244	20	13676	6426	329	220586	3770	238	9797	5737	河南
9182	750	4722	2307	234	43767	1089		34895	11495	湖北
19151	1053	9111	5649	1354	224719	7348	8544	112025	62916	湖南
6631	1121	3173	1769	405	60615	1367	60	21685	10325	广东
22554		17406	4358		61131	2671	339	11352	10030	广西
425		91	259	70	74459	47		135	9124	海南
7659	50	3015	2679	1084	89580	1782	1619	387	1762	重庆
14234	1055	2741	5703	1486	120459	1035	829	11533	92143	四川
7450	108	1335	2364	1955	22259	418	2594	19986	6664	贵州
6133	506	2742	1659	297	73841	5920	4367	2733	10945	云南
222	12	1	19	3	1557	3	177	1622	35625	西藏
13552	1628	1459	1759	7633	50831	1658	4331	43324	60799	陕西
2974	290	881	1247	231	19863	491	676	15650	7172	甘肃
985	160	347	170		4151	858		11		青海
1071		55	129	15	46524	502	3200	2414	7003	宁夏
10093		1112	1173	486	20098	696	2685	10417	6033	新疆
2780	14	851	581	114	8488	1844	339	8946	10749	新疆兵团

2-2-4 全国县城维护建设资金（财政性资金）支出(2009 年)

地区名称 Name of Regions		合计 Total	按用途分 By Purpose				供水 Water Supply	燃气 Gas Supply	集中供热 Central Heating
			固定资产投资支出 Expenditure From Investment in Fixed Assets	维护支出 Maintenance Expenditure	其他支出 Other Expenditures	偿还贷款 Payment for Loans			
全　　国	**National Total**	**13182941**	**10266437**	**1773499**	**1322453**	**136024**	**581938**	**195643**	**471494**
天　　津	Tianjin	45062	35571	9301	190				
河　　北	Hebei	1246804	988261	136560	124538	18648	44723	24413	71059
山　　西	Shanxi	401140	405413	57940	46236	2302	7155	4175	44877
内 蒙 古	Inner Mongolia	852459	649014	95125	108320	3637	42314	32711	161753
辽　　宁	Liaoning	175685	126606	29679	19400	20	10931	300	13716
吉　　林	Jilin	96824	54321	13590	28913	121	5262	1995	8302
黑 龙 江	Heilongjiang	206638	161447	35000	11788		15450		28291
江　　苏	Jiangsu	663488	500306	78873	84309	4000	24443	3631	200
浙　　江	Zhejiang	816760	553760	151795	111205	24251	59518	8023	
安　　徽	Anhui	787131	654129	54102	78900	3401	24353	10496	
福　　建	Fujian	332981	248662	33438	50881	21897	20856	222	
江　　西	Jiangxi	1235016	1066636	125481	108512	8899	39692	4822	
山　　东	Shandong	971466	735086	120170	115021	3262	35228	12567	23621
河　　南	Henan	502309	390687	92396	19226	2792	38324	7731	402
湖　　北	Hubei	243138	199878	22066	21194	2040	16475	7797	
湖　　南	Hunan	762801	582129	111893	68779	7374	32442	14193	
广　　东	Guangdong	154256	92663	41852	21719	200	9727	411	
广　　西	Guangxi	409351	334456	62554	12341	534	16346	85	
海　　南	Hainan	137805	119246	11923	6636		7145	115	
重　　庆	Chongqing	290952	210728	55070	25154	17009	684		
四　　川	Sichuan	591572	456150	106921	28501	735	31393	11473	19
贵　　州	Guizhou	230339	191034	28610	10695	2461	12185	413	
云　　南	Yunnan	367806	223872	59029	84905	3092	17323	444	
西　　藏	Tibet	65238	28848	32107	4283	3	860		
陕　　西	Shaanxi	788501	624453	95713	68335	7166	16133	27777	22587
甘　　肃	Gansu	249113	212414	24384	12315	395	9863	1944	22826
青　　海	Qinghai	109470	101818	7041	611	47	5494	5886	10569
宁　　夏	Ningxia	132488	83322	36711	12455	149	10082	744	13392
新　　疆	Xinjiang	239011	182236	35079	21696	399	20995	11641	31510
新疆兵团	Xinjiang Bingtuan	77337	53291	9096	15395	1190	6542	1634	18370

2-2-4 Expenditure of County Seat Maintenance and Construction Fund (Fiscal Budget) (2009)

计量单位：万元 Measurement Unit: 10, 000 RMB

按行业分 By Industry										地区名称
轨道交通 Public Transportation	道路桥梁 Road and Bridge	排水 Sewerage	污水处理 Wastewater Treatment and Reuse	再生水利用 Wastewater Recycled and Reused	防洪 Flood Control	园林绿化 Landscaping	市容环境卫生 Environmental Sanitation	垃圾处理 Domestic Garbage Treatment	其他 Other Industry	Name of Regions
2125	**5120827**	**2278356**	**1291907**	**30214**	**299657**	**1375296**	**1009819**	**471779**	**1847786**	**全　国**
	4403	4241				31835	4583			天　津
	404836	262599	140621	3191	23500	156326	80849	32891	178499	河　北
	90846	42071	31553	250	13558	71731	41146	21736	85581	山　西
	314321	75558	43563	580	7683	63143	41272	20015	113704	内蒙古
	51537	40647	20573		2301	14694	19983	10068	21576	辽　宁
	24259	13965	8214	18	1121	8223	9541	5040	24156	吉　林
	56915	58086	29846		124	16628	20704	6622	10440	黑龙江
	314509	65703	10767	480	13129	126048	31551	10912	84274	江　苏
	288376	104903	56835	476	25506	76596	54050	15757	199788	浙　江
	403706	133404	65445	1835	12492	49387	51484	17896	101809	安　徽
	117210	101244	86676		3200	23097	35038	29563	32114	福　建
	509077	282686	162794	1606	19853	148499	45069	22291	185318	江　西
	411536	125337	45443	4727	9742	174057	50423	28132	128955	山　东
	215587	74079	40585	120	7329	76169	67796	28986	14892	河　南
	92456	62037	41041		3973	12579	17479	6464	30342	湖　北
2125	362338	179346	131329	6775	12389	41570	51073	22149	67325	湖　南
	44869	43276	22064	367	10226	11683	12623	2535	21441	广　东
	139320	125862	101833	180	7833	19480	70959	44444	29466	广　西
	45941	37690	16855	2939	18216	3854	8563	6530	16281	海　南
	171855	13561	3949		16393	41114	26792	5511	20553	重　庆
	281982	87330	39608	3859	21463	63505	61213	23017	33194	四　川
	68786	83295	58568		2306	7764	40351	21270	15239	贵　州
	119900	40406	28498	508	2255	18974	40197	20356	128307	云　南
	5421	1765			2906	915	2767	408	50604	西　藏
	330115	118506	63777	406	56570	45997	68667	39224	102149	陕　西
	100150	33167	17652	1800	1394	18055	23177	14534	38537	甘　肃
	47674	25978	9144		401	7781	5680	2299	7	青　海
	43016	15312	8255		128	15393	7289	4136	27132	宁　夏
	51240	22656	5987		1915	27884	17084	8255	54086	新　疆
	8646	3646	432	97	1751	2315	2416	738	32017	新疆兵团

2-2-5 按行业分全国县城市政公用设施建设固定资产投资（2009 年）

地区名称	Name of Regions	本年完成投资 Completed Investment of this Year	供水 Water Supply	燃气 Gas Supply	集中供热 Central Heating	道路桥梁 Road and Bridge	排水 Sewerage
全　国	**National Total**	**16813525**	**782421**	**370312**	**728509**	**6903188**	**3057402**
天　津	Tianjin	42876				6343	9803
河　北	Hebei	1965573	53932	66561	136713	734723	436129
山　西	Shanxi	550744	8079	16944	90421	138234	71654
内蒙古	Inner Mongolia	1328719	37084	19319	183288	494416	118023
辽　宁	Liaoning	599443	140350	4556	49342	154828	75282
吉　林	Jilin	83746	5454	3567	8578	34066	16347
黑龙江	Heilongjiang	189660	18752	1300	50649	43624	49961
江　苏	Jiangsu	874382	42823	16996	1085	460449	71630
浙　江	Zhejiang	697769	73211	13175	13095	336379	71443
安　徽	Anhui	788790	24575	32634		450338	136283
福　建	Fujian	394130	22667	4547		165493	125513
江　西	Jiangxi	1392573	32508	31444		559274	346308
山　东	Shandong	1011840	34658	31042	49485	368752	149585
河　南	Henan	419756	38491	10969	150	196791	70753
湖　北	Hubei	339528	26968	14220		139537	91881
湖　南	Hunan	1134213	34912	20193		345086	450957
广　东	Guangdong	159417	12844			42676	55931
广　西	Guangxi	492037	20801	955		196414	158862
海　南	Hainan	110493	2100	100		49256	33770
重　庆	Chongqing	740352	23376	12991		439147	15176
四　川	Sichuan	946831	27659	13586		566969	115235
贵　州	Guizhou	226435	6673			80648	100830
云　南	Yunnan	857018	25121	2953	7000	364167	64189
西　藏	Tibet	29634	4156			11957	2931
陕　西	Shaanxi	681457	11297	32590	29680	242362	122756
甘　肃	Gansu	250035	12027	1600	29402	112999	27490
青　海	Qinghai	92841	4563	3726	9940	40037	23629
宁　夏	Ningxia	145537	10014		12534	54340	21289
新　疆	Xinjiang	235647	20052	14321	46232	69247	21407
新疆兵团	Xinjiang Bingtuan	32049	7274	23	10915	4636	2355

2-2-5 National Investment in Fixed Assets of County Seat Service Facilities by Industry (2009)

污水处理 Wastewater Treatment and Reuse	再生水利用 Wastewater Recycled and Reused	防洪 Flood Control	园林绿化 Landscaping	市容环境卫生 Environmental Sanitation	垃圾处理 Domestic Garbage Treatment	其他 Other	本年新增固定资产 Newly Added Fixed Assets of This Year	地区名称 Name of Regions
2226140	**30374**	**420573**	**2227846**	**946814**	**628785**	**1376460**	**12723312**	**全　国**
			26730				42876	天　津
292244	8070	32382	241363	183644	108212	80126	1537090	河　北
56136		15022	97173	47884	40924	65333	300166	山　西
65394	2405	3698	276182	45468	26852	151241	1039908	内蒙古
42528		123321	38721	13043	9585		582729	辽　宁
8920		108	5190	4661	3793	5775	70538	吉　林
31192			12993	5509	2257	6872	163072	黑龙江
48881		1261	193076	37955	5398	49107	677014	江　苏
30928	122	13985	108461	23992	15282	44028	447709	浙　江
89040	5588	16092	75222	32173	13970	21473	556311	安　徽
102503		9500	25701	32059	31297	8650	279797	福　建
286706		21799	202917	38424	17760	159899	1195255	江　西
73216	7359	4399	205211	39699	24114	129009	886170	山　东
26069	200	4300	68592	20644	11494	9066	378880	河　南
72137		4516	25447	11641	8920	25318	235180	湖　北
429829		20402	58707	51349	38083	152607	736400	湖　南
50345		16499	3141	5160	330	23166	81862	广　东
138529		7485	27392	70508	63777	9620	302157	广　西
20010		6000	2230	16735	11466	302	53597	海　南
771		42506	181262	10561	3576	15333	661165	重　庆
65100	6500	17687	120329	45612	29227	39754	613216	四　川
91725		145	8034	30105	25646		152458	贵　州
46453		7844	102279	73090	61794	210375	602793	云　南
311		310	110	5698	3898	4472	17429	西　藏
103252		49040	43242	56262	44581	94228	532954	陕　西
20119		1267	31898	22788	18829	10564	215291	甘　肃
17954		401	3476	6529	1515	540	64149	青　海
11872		265	18979	4233	1933	23883	85399	宁　夏
3959		259	22853	10542	3685	30734	182773	新　疆
17	130	80	935	846	587	4985	28974	新疆兵团

2-2-6 按资金来源分全国县城市政公用设施建设固定资产投资（2009 年）

地区名称 Name of Regions		合计 Total	上年末结余资金 The Balance of the Previous Year	小计 Subtotal	中央财政拨款 Financial Allocation of the Central Government	地方财政拨款 Financial Allocation of Local Governments	国内贷款 Domestic Loan
全　国	**National Total**	**16828887**	**207770**	**16621117**	**1070273**	**6620262**	**2985736**
天　津	Tianjin	42876		42876		17902	4300
河　北	Hebei	1965515	1484	1964031	76931	577879	538885
山　西	Shanxi	533636	3077	530559	18632	359042	21706
内蒙古	Inner Mongolia	1264264	18100	1246164	20793	460684	57113
辽　宁	Liaoning	603120	2680	600440	8807	110241	216300
吉　林	Jilin	84880	190	84690	7935	51736	15562
黑龙江	Heilongjiang	196600	1078	195522	23324	105621	12846
江　苏	Jiangsu	848585	5141	843444	5711	299361	78741
浙　江	Zhejiang	774227	16466	757761	22004	268484	223186
安　徽	Anhui	766733	3652	763081	56863	421886	59652
福　建	Fujian	405599	25399	380200	17234	185867	35536
江　西	Jiangxi	1408753	6585	1402168	43067	673807	278065
山　东	Shandong	985970	381	985589	29226	639097	32591
河　南	Henan	416936	906	416030	13704	304215	11086
湖　北	Hubei	350177	320	349857	33356	116704	37201
湖　南	Hunan	1115325	23351	1091974	84765	280523	395442
广　东	Guangdong	184557	9660	174897	7489	70956	5756
广　西	Guangxi	519943	834	519109	64679	229076	96436
海　南	Hainan	117534	1950	115584	26422	49016	38072
重　庆	Chongqing	680186	3368	676818	24244	186284	301424
四　川	Sichuan	933021	8160	924861	92565	363539	50919
贵　州	Guizhou	235056	8514	226542	62088	71194	49900
云　南	Yunnan	916971	36529	880442	86242	169702	318625
西　藏	Tibet	33466	1400	32066	23889	2905	
陕　西	Shaanxi	671370	21030	650340	40434	325406	37163
甘　肃	Gansu	252062	3970	248092	57999	126639	5668
青　海	Qinghai	112797		112797	52006	18538	28924
宁　夏	Ningxia	123434	1161	122273	19446	16406	17646
新　疆	Xinjiang	244324	1767	242557	35265	113054	16991
新疆兵团	Xinjiang Bingtuan	40970	617	40353	15153	4498	

2-2-6 National Investment in Fixed Assets of County Seat Service Facilities by Capital Resource (2009)

计量单位：万元　Measurement Unit：10,000RMB

本年资金来源 Fund Resources						各项应付款	地区名称
债券	利用外资		自筹资金		其他资金		
		外商直接投资		单位自有资金			
Securities	Foreign Investment	Foreign Direct Investment	Self-Raised Funds	Self-Owned Funds	Other Funds	Sum Payable This Year	Name of Regions
116976	**329034**	**171925**	**3855122**	**449809**	**1643714**	**1744162**	**全　国**
			20674	5100			天　津
5000	9215	3000	613561	35829	142560	29953	河　北
640	300		73640	8908	56599	22759	山　西
520	6651	5000	443048	30226	257355	23592	内蒙古
			59482	7122	205610	37913	辽　宁
1030	260		7627	900	540		吉　林
500	250	250	49846	8699	3135	14397	黑龙江
	6850	1850	397969	68892	54812	228477	江　苏
1000	373		211406	28126	31308	69127	浙　江
480	55745	36740	101856	7897	66599	93235	安　徽
26830	15313	5395	82937	12665	16483	213	福　建
14840	33174	21339	203901	7372	155314	294288	江　西
10327	28665	19835	151548	18718	94135	134007	山　东
	5855	3600	68455	10471	12715	17676	河　南
8227	4600	2450	81596	10610	68173	17772	湖　北
3550	90928	32075	196423	19376	40343	65888	湖　南
	14720		66303	4439	9673	35621	广　东
1900	1948	98	95113	16981	29957	8395	广　西
			2024		50	13281	海　南
	1791		137076	30287	25999	68389	重　庆
4160	8700	6500	313324	35061	91654	126346	四　川
	2018	598	24916	378	16426	20428	贵　州
31182	500		152412	31661	121779	218331	云　南
	20	20	713		4539	2287	西　藏
5490	34958	28575	110881	14518	96008	134158	陕　西
400	6200	4600	41433	8834	9753	17409	甘　肃
			13309		20		青　海
			61653	1120	7122	23834	宁　夏
900			54067	10047	22280	17156	新　疆
			17929	15572	2773	9230	新疆兵团

2-2-7 全国县城市政公用设施建设施工规模和新增生产能力（或效益）（2009年）

指标名称	Index	计量单位	Measurement Unit
1. 供水综合生产能力	1. Integrated Water Production Capacity	万立方米/日	10,000m^3/day
2. 供水管道长度	2. Length of Water Pipelines	公里	Kilometer
3. 人工煤气生产能力	3. Production Capacity of Man-made Coal Gas	万立方米/日	10,000m^3/day
4. 人工煤气储气能力	4. Storage Capacity of Man-made Coal Gas	万立方米	10,000m^3
5. 人工煤气供气管道长度	5. Length of Man-made Gas Pipelines	公里	Kilometer
6. 天然气储气能力	6. Storage Capacity of Natural Gas	万立方米	10,000m^3
7. 天然气供气管道长度	7. Length of Natural Gas Pipelines	公里	Kilometer
8. 液化石油气储气能力	8. LPG Storage Capacity	吨	Ton
9. 液化石油气供气管道长度	9. Length of LPG Pipelines	公里	Kilometer
10. 集中供热能力：蒸汽	10. Central Heating Capacity (Steam)	吨/小时	Ton/Hour
11. 集中供热能力：热水	11. Central Heating Capacity (Hot Water)	兆瓦	Mega Watts
12. 集中供热管道长度：蒸汽	12. Length of Central Heating Pipelines (Steam)	公里	Kilometer
13. 集中供热管道长度：热水	13. Length of Central Heating Pipelines (Hot Water)	公里	Kilometer
14. 轨道交通运营线路长度	14. Length of Operational Lines for Rail Transit	公里	Kilometer
15. 桥梁座数	15. Number of Bridges	座	Unit
16. 道路新建、扩建长度	16. Length of Extension of Roads and New Roads	公里	Kilometer
17. 道路新建、扩建面积	17. Surface Area of Extension of Roads and New Roads	万平方米	10,000m^2
18. 排水管道长度	18. Length of Sewerage Piplines	公里	Kilometer
19. 污水处理厂处理能力	19. Wastewater Treatment Capacity	万立方米/日	10,000m^3/day
20. 再生水管道长度	20. Length of Recycled Water Piplines	公里	Kilometer
21. 再生水生产能力	21. Recycled Water Production Capacity	万立方米/日	10,000m^3/day
22. COD 削减能力	22. COD Reduction Ability	万吨/年	10,000ton/year
23. 绿地面积	23. Area of Green Space	公顷	Hectare
24. 垃圾无害化处理能力	24. Garbage Treatment Capacity	吨/日	Ton/day

2-2-7 National County Seat Service Facilities Construction Scale and Newly Added Production Capacity (or Benefits) (2009)

建设规模 Construction Scale	本年施工规模 Construction Scale This Year	本年新开工 Construction Scale This Year	累计新增生产能力（或效益） Accumulated Newly Added Productivity (or Benefits)	本年新增 Newly Added This Year
269. 59	195. 18	156. 14	156. 62	142. 70
7328. 1	6527. 87	6023. 61	5659. 07	5403. 89
0. 66	1	1	1	1
5	3	3	3	3
206. 66	98. 66	72. 66	98. 66	49. 66
255. 55	228. 50	201. 50	227. 26	200. 26
4139. 57	3126. 58	2943. 73	2955. 31	2834. 16
2880. 9	2656	2364	1890	1890
601. 07	380. 76	268. 26	380. 76	263. 96
1171. 4	1171	1171	1071	1024
8796. 89	8068. 21	6979. 15	6700. 65	6526. 75
148. 15	111. 1	109. 1	108. 2	105. 1
2508. 83	2080. 14	1878. 05	1867. 31	1671. 65
511	483	413	388	367
10439. 73	6661. 31	6002. 35	5181. 23	4946. 78
12152. 33	10789. 45	9537. 64	8266. 06	7941. 19
10967. 18	9057. 52	12844. 85	8006. 80	7605. 75
870. 61	730. 23	594. 71	511. 58	467. 91
143. 47	114. 47	96. 47	76. 90	58. 90
16. 89	16. 89	15. 83	15. 89	14. 86
5. 96	4. 67	3. 76	4. 18	4. 13
29149. 18	26349. 72	18166. 36	17967. 00	17604. 32
34001. 50	26432. 6	19823. 60	13536. 50	12407. 50

2-2-8 县城供水（2009 年）

地区名称 Name of Regions		综合生产能力（万立方米/日）Integrated Production Capacity (10,000 m^3/day)	地下水 Underground Water	供水管道长度（公里）Length of Water Supply Pipelines (km)	供水总量（万立方米） 合计 Total	生产运营用水 The Quantity of Water for Production and Operation	公共服务用水 The Quantity of Water for Public Service	居民家庭用水 The Quantity of Water for Household Use
全　国	**National Total**	**4775.2**	**1887.6**	**148578**	**856291**	**246286**	**96551**	**384657**
天　津	Tianjin	9.0	8.0	1078	1722	167	222	815
河　北	Hebei	361.4	340.3	10295	55929	20901	6415	23917
山　西	Shanxi	121.9	100.5	6585	22551	5980	4223	9842
内蒙古	Inner Mongolia	80.5	69.2	7524	13280	3963	2398	5112
辽　宁	Liaoning	66.5	38.0	3467	11415	2075	2160	4416
吉　林	Jilin	47.1	17.6	2168	9816	2028	1026	4250
黑龙江	Heilongjiang	95.8	80.7	4460	15719	6723	1925	5149
江　苏	Jiangsu	168.3	55.9	7590	39110	12453	4337	15989
浙　江	Zhejiang	277.6	25.1	10044	58437	24497	5062	17451
安　徽	Anhui	213.1	69.8	6569	43174	12917	4334	18629
福　建	Fujian	168.5	18.0	4932	28562	8073	2128	14373
江　西	Jiangxi	256.6	25.4	6623	46944	10797	6580	22007
山　东	Shandong	339.7	232.2	7298	71933	29561	9234	27351
河　南	Henan	292.5	217.0	7056	68018	24442	8329	26735
湖　北	Hubei	181.8	11.3	3182	32659	9190	3180	15286
湖　南	Hunan	430.3	37.2	7412	62636	12386	5921	31240
广　东	Guangdong	205.7	9.3	5619	39318	8485	3814	19772
广　西	Guangxi	215.0	44.6	5213	42908	11438	2785	23448
海　南	Hainan	49.2	4.6	534	8758	4869	846	2427
重　庆	Chongqing	92.3	3.1	3078	15175	3065	1449	8064
四　川	Sichuan	291.8	41.1	8779	59499	12248	6637	31972
贵　州	Guizhou	108.4	21.8	3004	17680	2361	1577	10572
云　南	Yunnan	152.0	17.5	6970	30340	4829	3024	16924
西　藏	Tibet	25.5	7.7	579	4382	724	649	2113
陕　西	Shaanxi	111.0	65.8	3932	18640	4106	2718	8638
甘　肃	Gansu	76.1	59.1	2778	8732	1986	1107	4539
青　海	Qinghai	46.9	38.8	1546	4563	877	846	2351
宁　夏	Ningxia	20.1	15.8	933	3425	1022	513	1468
新　疆	Xinjiang	103.7	67.7	4271	15197	2970	2245	6733
新疆兵团	Xinjiang Bingtuan	167.0	144.9	5060	5772	1152	866	3075

2-2-8 County Seat Water Supply（2009）

Total Quantity of Water Supply（10,000m³） 消防及其他用水 The Quantity of Water for Fire Control and Other Purposes	免费供水量 The Quantitiy of Free Water Supply	生活用水量 Domestic Water Use	漏损水量 The Lossed Water	用水户数（户） Number of Households with Access to Water Supply（unit）	家庭用户 Household User	用水人口（万人） Population with Access to Water Supply（10,000persons）	地区名称 Name of Regions
38175	**20158**	**3436**	**70463**	**27242121**	**24404915**	**11200.71**	**全国**
	175		343	89392	84462	39	天津
2025	752	125	1919	2236621	1936653	834.06	河北
1161	362	102	983	984134	819223	472.08	山西
649	333	117	824	943178	823086	332.52	内蒙古
783	259	30	1722	574291	486940	169.44	辽宁
418	248	52	1845	511837	466865	140.59	吉林
513	334	34	1076	835504	765468	262.16	黑龙江
1761	1452	333	3119	1340678	1253209	476.63	江苏
2184	1359	99	7883	1124864	1012553	420.48	浙江
2085	598	97	4610	1446087	1328992	550.3	安徽
1129	228	26	2632	793731	735640	324.6	福建
3102	1364	89	3093	1457350	1302828	606.91	江西
2367	906	100	2514	1806804	1708931	839.9	山东
3197	1293	151	4022	1702233	1549106	732.38	河南
979	1002	210	3023	830117	782403	389.69	湖北
2495	3153	740	7441	1549422	1333033	655.99	湖南
2529	570	243	4147	950580	817697	436.48	广东
1104	637	28	3495	934845	882153	433.38	广西
106	37		473	90845	86347	51.47	海南
670	160	56	1766	640935	579495	253.41	重庆
2585	747	141	5311	2107358	1871117	735.36	四川
977	540	60	1654	629733	550795	354.56	贵州
1157	1255	332	3152	1137667	991616	481.58	云南
154	423	128	320	112330	98003	46.81	西藏
1615	261	60	1301	750621	618620	441.35	陕西
551	247	16	302	448619	408499	225.9	甘肃
256	35	12	197	187782	179467	80.91	青海
137	54	24	231	112655	101122	61.71	宁夏
1139	1234	11	875	566914	500486	251.76	新疆
348	139	17	192	344994	330106	99.3	新疆兵团

2-2-9 县城供水（公共供水）（2009 年）

地区名称 Name of Regions		综合生产能力（万立方米/日） Integrated Production Capacity (10,000m³/day)	地下水 Underground Water	供水管道长度（公里） Length of Water Supply Pipelines (km)	供水总量（万立方米） 合计 Total	售水量 小计 Subtotal	生产运营用水 The Quantity of Water for Production and Operation	公共服务用水 The Quantity of Water for Public Service
全　国	**National Total**	**4033.1**	**1343.7**	**136630**	**699772**	**609151**	**153396**	**79846**
天　津	Tianjin	9.0	8.0	1078	1722	1204	167	222
河　北	Hebei	285.7	267.6	8857	40141	37471	12048	4755
山　西	Shanxi	86.5	68.3	5361	17178	15833	3257	2936
内蒙古	Inner Mongolia	67.8	56.5	7216	10513	9355	2264	1965
辽　宁	Liaoning	60.8	32.5	3271	10176	8195	1613	1875
吉　林	Jilin	34.6	9.3	1625	7167	5075	855	746
黑龙江	Heilongjiang	67.8	53.5	4321	9967	8556	1908	1433
江　苏	Jiangsu	137.5	28.0	7425	32732	28161	8182	3532
浙　江	Zhejiang	251.4	21.5	9794	50921	41678	17255	5041
安　徽	Anhui	174.9	42.8	6107	33867	28659	7312	3518
福　建	Fujian	155.4	7.0	4829	24945	22086	5128	2010
江　西	Jiangxi	241.2	15.9	6268	44402	39944	9460	6392
山　东	Shandong	225.1	125.7	6181	44026	40607	13709	5163
河　南	Henan	197.9	127.6	6104	43059	37744	10389	5137
湖　北	Hubei	173.8	8.2	3055	29665	25640	7074	3086
湖　南	Hunan	395.6	22.5	7020	58348	47754	10241	5400
广　东	Guangdong	188.4	4.9	5430	36980	32263	7712	3642
广　西	Guangxi	164.2	21.8	4555	33348	29215	5324	2682
海　南	Hainan	49.0	4.4	528	8701	8191	4869	846
重　庆	Chongqing	88.0	3.0	2988	13217	11291	1563	1363
四　川	Sichuan	253.5	33.4	7911	51628	45571	8042	6037
贵　州	Guizhou	102.8	18.9	2924	16878	14684	2165	1462
云　南	Yunnan	140.6	13.9	6621	28390	23984	4140	2901
西　藏	Tibet	23.2	7.1	475	4012	3270	656	619
陕　西	Shaanxi	81.9	41.8	3446	14279	12716	2395	2065
甘　肃	Gansu	70.3	56.6	2650	7975	7427	1495	1040
青　海	Qinghai	43.3	35.5	1512	4265	4034	733	837
宁　夏	Ningxia	17.3	13.0	924	2677	2392	361	486
新　疆	Xinjiang	89.7	57.2	3961	13647	11537	2247	1891
新疆兵团	Xinjiang Bingtuan	155.8	137.4	4193	4946	4615	832	764

2-2-9 County Seat Water Supply (Public Water Suppliers) (2009)

Total Quantity of Water Supply (10,000m³) 居民家庭用水 The Quantity of Water for Household Use	消防及其他用水 The Quantity of Water for Fire Control and Other Purposes	免费供水量 The Quantitiy of Free Water Supply	生活用水量 Domestic Water Use	漏损水量 The Lossed Water	用水户数(户) Number of Households with Access to Water Supply (unit)	家庭用户 Household User	用水人口(万人) Population with Access to Water Supply (10,000 persons)	地区名称 Name of Regions
344518	**31390**	**20158**	**3436**	**70463**	**24885749**	**22371816**	**10339.01**	**全　国**
815		175		343	89392	84462	39.00	天　津
19161	1508	752	125	1919	1883480	1642360	710.43	河　北
8713	927	362	102	983	864048	714597	424.09	山　西
4565	561	333	117	824	889895	790418	314.62	内蒙古
4026	680	259	30	1722	539952	455174	160.52	辽　宁
3174	300	248	52	1845	402405	364780	115.76	吉　林
4791	424	334	34	1076	797769	732427	250.69	黑龙江
15030	1418	1452	333	3119	1287460	1208224	451.14	江　苏
17266	2115	1359	99	7883	1110595	999001	417.11	浙　江
16474	1355	598	97	4610	1273198	1174082	492.12	安　徽
13861	1088	228	26	2632	771629	714665	316.62	福　建
21062	3030	1364	89	3093	1414513	1263886	586.38	江　西
20397	1338	906	100	2514	1496531	1440653	695.79	山　东
20200	2017	1293	151	4022	1406018	1300651	605.57	河　南
14574	906	1002	210	3023	810110	762692	377.20	湖　北
29692	2420	3153	740	7441	1474073	1267742	624.44	湖　南
18469	2440	570	243	4147	911756	780041	422.38	广　东
20301	908	637	28	3495	817367	770956	390.07	广　西
2370	106	37		473	90545	86047	51.26	海　南
7811	554	160	56	1766	619622	559308	246.54	重　庆
29627	1865	747	141	5311	1992896	1765625	709.38	四　川
10266	792	540	60	1654	618408	540470	350.00	贵　州
15901	1042	1255	332	3152	1077315	936302	459.58	云　南
1853	142	423	128	320	92415	83647	43.11	西　藏
7002	1254	261	60	1301	634712	528717	402.09	陕　西
4449	442	247	16	302	439342	400436	220.75	甘　肃
2208	255	35	12	197	178479	170552	78.75	青　海
1411	134	54	24	231	107902	96954	60.18	宁　夏
6320	1079	1234	11	875	509442	463674	236.11	新　疆
2727	292	139	17	192	284480	273273	87.33	新疆兵团

2-2-10 县城供水（自建设施供水）（2009 年）

地区名称 Name of Regions		综合生产能力（万立方米/日） Integrated Production Capacity (10,000m³/day)	地下水 Underground Water	供水管道长度（公里） Length of Water Supply Pipelines (km)	供水总量（万立方米） 合计 Total	生产运营用水 The Quantity of Water for Production and Operation
全　国	**National Total**	**742.2**	**543.8**	**11948**	**156519**	**92890**
河　北	Hebei	75.7	72.7	1438	15787	8854
山　西	Shanxi	35.3	32.2	1224	5373	2722
内蒙古	Inner Mongolia	12.7	12.7	308	2767	1700
辽　宁	Liaoning	5.7	5.5	196	1239	462
吉　林	Jilin	12.6	8.2	543	2648	1173
黑龙江	Heilongjiang	28.0	27.2	139	5752	4815
江　苏	Jiangsu	30.7	27.9	166	6378	4271
浙　江	Zhejiang	26.3	3.6	250	7516	7241
安　徽	Anhui	38.2	27.0	463	9306	5605
福　建	Fujian	13.1	11.0	104	3617	2945
江　西	Jiangxi	15.4	9.5	354	2542	1337
山　东	Shandong	114.6	106.5	1117	27907	15852
河　南	Henan	94.6	89.3	951	24960	14053
湖　北	Hubei	8.0	3.1	127	2994	2115
湖　南	Hunan	34.7	14.7	392	4288	2144
广　东	Guangdong	17.2	4.4	189	2337	774
广　西	Guangxi	50.9	22.8	658	9560	6114
海　南	Hainan	0.2	0.2	6	57	
重　庆	Chongqing	4.3	0.1	90	1958	1503
四　川	Sichuan	38.2	7.7	868	7871	4206
贵　州	Guizhou	5.6	2.8	80	802	196
云　南	Yunnan	11.4	3.7	350	1950	688
西　藏	Tibet	2.3	0.6	103	370	68
陕　西	Shaanxi	29.1	24.0	486	4361	1711
甘　肃	Gansu	5.8	2.5	128	756	492
青　海	Qinghai	3.5	3.2	34	298	145
宁　夏	Ningxia	2.8	2.8	9	748	661
新　疆	Xinjiang	14.0	10.5	310	1550	723
新疆兵团	Xinjiang Bingtuan	11.2	7.5	867	826	320

2-2-10 County Seat Water Supply (Suppliers with Self-Built Facilities) (2009)

Total Quantity of Water Supply (10, 000m³)			用水户数(户) Number of Households with Access to Water Supply (unit)		用水人口(万人) Population with Access to Water Supply (10, 000persons)	地区名称 Name of Regions
公共服务用水 The Quantity of Water for Public Service	居民家庭用水 The Quantity of Water for Household Use	消防及其他用水 The Quantity of Water for Fire Control and Other Purposes		家庭用户 Household User		
16705	**40139**	**6786**	**2356372**	**2033099**	**861.70**	**全　国**
1661	4756	517	353141	294293	123.63	河　北
1288	1129	234	120086	104626	47.99	山　西
433	546	89	53283	32668	17.90	内蒙古
285	389	103	34339	31766	8.92	辽　宁
280	1076	119	109432	102085	24.83	吉　林
492	357	89	37735	33041	11.47	黑龙江
805	959	343	53218	44985	25.49	江　苏
21	185	69	14269	13552	3.37	浙　江
816	2155	730	172889	154910	58.18	安　徽
118	512	42	22102	20975	7.98	福　建
187	945	72	42837	38942	20.53	江　西
4071	6954	1029	310273	268278	144.11	山　东
3192	6535	1180	296215	248455	126.81	河　南
94	712	73	20007	19711	12.49	湖　北
521	1548	74	75349	65291	31.55	湖　南
172	1303	89	38824	37656	14.10	广　东
103	3147	196	117478	111197	43.31	广　西
	57		300	300	0.21	海　南
86	253	117	21313	20187	6.87	重　庆
601	2345	720	114462	105492	25.98	四　川
115	306	185	11325	10325	4.56	贵　州
123	1023	116	60352	55314	22.00	云　南
30	260	11	19915	14356	3.70	西　藏
653	1636	361	115909	89903	39.26	陕　西
66	89	109	9277	8063	5.15	甘　肃
9	143	1	9303	8915	2.16	青　海
27	57	3	4753	4168	1.53	宁　夏
354	413	60	57472	36812	15.65	新　疆
102	348	56	60514	56833	11.97	新疆兵团

2-2-11 县城节约用水（2009 年）

地区名称	Name of Regions	实际用水量 Actual Quantity of Water Used 合计（万立方米） Total (10,000m³)	工业 Industry	新水取水量（万立方米） Fresh Water Used (10,000m³)	工业 Industry	重复利用量（万立方米） Water Reused (10,000m³)	工业 Industry
全　国	**National Total**	**277465**	**188973**	**139735**	**58109**	**137730**	**130864**
河　北	Hebei	97439	90082	13022	5870	84417	84212
山　西	Shanxi	15315	7880	11710	4914	3605	2966
内蒙古	Inner Mongolia	2192	863	2076	777	116	86
辽　宁	Liaoning	675	258	635	238	40	20
吉　林	Jilin	3468	1356	3057	1177	411	179
黑龙江	Heilongjiang	9627	3582	7991	3221	1636	361
江　苏	Jiangsu	28276	22810	13834	8749	14442	14061
浙　江	Zhejiang	4812	2144	3872	1641	940	503
安　徽	Anhui	1883	640	1870	632	13	8
福　建	Fujian	2849	660	2738	660	111	
山　东	Shandong	31577	24335	12720	6012	18857	18323
河　南	Henan	29828	15580	24483	11318	5345	4262
湖　北	Hubei	978	59	974	55	4	4
湖　南	Hunan	2408	375	2034	318	374	57
广　东	Guangdong	3242	541	3186	518	56	23
海　南	Hainan	8342	7365	6132	5185	2210	2180
重　庆	Chongqing	3179	1254	2648	869	531	385
四　川	Sichuan	9686	4857	7111	2794	2575	2063
贵　州	Guizhou	1310	101	1249	42	61	59
云　南	Yunnan	2823	290	2782	258	41	32
陕　西	Shaanxi	6467	992	5862	767	605	225
甘　肃	Gansu	1329	219	1286	194	43	25
宁　夏	Ningxia	530	530	220	220	310	310
新　疆	Xinjiang	4377	1003	4136	836	241	167
新疆兵团	Xinjiang Bingtuan	4853	1197	4107	844	746	353

2-2-11 County Seat Water Conservation (2009)

节约用水量（万立方米） Water Saved (10,000m³)	工业 Industry	重复利用率（%） Reuse Rate	工业用水重复利用率 Reuse Rate of Water for Industrial Purpose	再生水利用量（建筑中水） Volume of Recycled Water Used (Recycled Water Used in Buildings)	节水措施投资总额（万元） Total Investment in Water-Saving Measures (10,000 yuan)	地区名称 Name of Regions
23135	**16119**	**49.64**	**69.25**	**1451**	**20103**	**全国**
2210	2169	86.64	93.48	2	6	河北
1696	1110	23.54	37.64	374	1329	山西
82	77	5.29	9.97	1	220	内蒙古
123	86	5.93	7.75	10		辽宁
267	179	11.85	13.20	135	61	吉林
631	596	16.99	10.08		600	黑龙江
2557	1633	51.08	61.64	483	2465	江苏
678	385	19.53	23.46	3	65	浙江
6	3	0.69	1.25		2	安徽
152	77	3.90			7	福建
2267	1684	59.72	75.29	222	6266	山东
6117	4252	17.92	27.36	49	522	河南
4	1	0.41	6.78	1	1	湖北
52	52	15.53	15.20		37	湖南
499	176	1.73	4.25			广东
2208	2183	26.49	29.60			海南
887	639	16.70	30.70		3000	重庆
629	260	26.58	42.47	48	684	四川
819	60	4.66	58.42	1	90	贵州
95	39	1.45	11.03	6	165	云南
387	139	9.36	22.68	21	3358	陕西
88	57	3.24	11.42		18	甘肃
130	130	58.49	58.49	75	42	宁夏
87	25	5.51	16.65		197	新疆
464	107	15.37	29.49	20	968	新疆兵团

2-2-12 县城人工煤气（2009 年）

地区名称 Name of Regions		生产能力（万立方米/日） Production Capacity（10,000m³）	储气能力（万立方米） Gas Storage Capacity（10,000m³）	供气管道长度（公里） Length of Gas Supply Pipeline（km）	自制气量（万立方米） Self-Produced Ga（10,000m³）	外购气量（万立方米） Purchased Gas（10,000m³）
全　国	**National Total**	**214.8**	**196.6**	**1459**	**6920**	**15269**
河　北	Hebei		27.0	86		3595
山　西	Shanxi	186.9	76.0	859	6869	4535
内蒙古	Inner Mongolia			15		179
吉　林	Jilin	1.8	2.0	40	51	500
安　徽	Anhui					1265
江　西	Jiangxi	0.3	1.1	19		1
山　东	Shandong	20.0	2.0	121		1241
河　南	Henan			34		637
四　川	Sichuan	5.7	2.5	177		3000
云　南	Yunnan		65.0	90		154
陕　西	Shaanxi	0.1	0.3	18	0	2
甘　肃	Gansu		20.0			150
新疆兵团	Xinjiang Bingtuan		0.7			10.77

2-2-12 County Seat Man-Made Coal Gas (2009)

供气总量（万立方米）Total Gas Supplied (10,000m³)				用气户数（户）		用气人口（万人）	地区名称
合计 Total	销售气量 Quantity Sold	居民家庭 Households	燃气损失量 Loss Amount	Number of Household with Access to Gas (unit)	家庭用户 Household User	Population with Access to Gas (10,000 persons)	Name of Regions
17833	**16950**	**9705**	**883**	**209983**	**199321**	**69.12**	**全　国**
3611	3566	764	45	7652	7609	4.40	河　北
8781	8631	5084	150	117256	108693	35.29	山　西
151	151	102		11657	10778	3.10	内蒙古
44	44	34		6289	5423	2.00	吉　林
1265	1265	1265	—	12511	12511	4.20	安　徽
1	1	—	—	736	717	0.32	江　西
1241	1060	424	181	19130	19058	7.40	山　东
637	635	634	1	10300	10300	4.20	河　南
1900	1400	1200	500	15500	15480	5.00	四　川
39	39	39		4729	4729	1.48	云　南
2	2	2		1980	1780	0.71	陕　西
150	145	145	5	853	853	0.40	甘　肃
10.9	10.77	10.77	0.13	1390	1390	0.62	新疆兵团

2-2-13 县城天然气（2009 年）

地区名称	Name of Regions	储气能力（万立方米） Gas Storage Capacity (10,000m³)	供气管道长度（公里） Length of Gas Supply Pipeline (km)	外购气量（万立方米） Purchased Gas (10,000m³)	供气总量（万立方米） Total Gas Supplied (10,000m³) 合计 Total	销售气量 Quantity Sold	居民家庭 Households
全　国	**National Total**	**1568.3**	**34214**	**272845**	**321611**	**312606**	**137948**
河　北	Hebei	57.4	1559	6350	6403	6169	4130
山　西	Shanxi	42.8	1350	10666	18627	17747	10654
内蒙古	Inner Mongolia	9.3	356	9682	10001	9956	8621
辽　宁	Liaoning	3.8	376	713	709	646	639
吉　林	Jilin	4.0	179	1586	1585	1581	481
江　苏	Jiangsu	91.2	1304	2463	2594	2541	1173
浙　江	Zhejiang	35.4	786	4995	5175	5156	833
安　徽	Anhui	39.2	1188	2125	2537	2493	1490
福　建	Fujian	145.5	151	3882	5169	5152	21
江　西	Jiangxi	163.4	453	2811	2334	2321	1117
山　东	Shandong	197.4	3005	35692	36798	36460	7975
河　南	Henan	42.9	1172	4905	4887	4797	3256
湖　北	Hubei	15.5	1067	2114	2514	2432	1527
湖　南	Hunan	40.2	1031	8112	7783	7683	1634
广　东	Guangdong	36.3	117	577	618	608	63
广　西	Guangxi	18.0	35	2	10	9	9
海　南	Hainan	80.0	145	6800	6800	6800	
重　庆	Chongqing	25.9	5235	34244	51405	50509	28525
四　川	Sichuan	68.7	10724	99809	108910	103564	47345
云　南	Yunnan	28.1	75	533	2314	2218	2086
陕　西	Shaanxi	225.9	1677	11045	16497	16359	6932
甘　肃	Gansu	10.1	109	1029	1315	1309	354
青　海	Qinghai	16.7	207	6747	6715	6688	3704
宁　夏	Ningxia		287	2664	3051	2951	1106
新　疆	Xinjiang	170.2	1496	12816	16395	15999	3915
新疆兵团	Xinjiang Bingtuan	0.3	133	482	465	457	359

2-2-13 County Seat Natural Gas（2009）

燃气损失量 Loss Amount	用气户数（户） Number of Household with Access to Gas (unit)	家庭用户 Household User	用气人口（万人） Population with Access to Gas (10,000 persons)	天然气汽车加气站（座） Gas Stations for CNG-Fueled Motor Vehicles (unit)	地区名称 Name of Regions
9005	**4129420**	**3944767**	**1403.60**	**177**	**全　国**
234	190797	185865	65.40	3	河　北
880	124852	111798	50.77	5	山　西
45	32453	31403	12.15	6	内蒙古
64	64317	64296	19.43		辽　宁
4	31220	30297	13.82		吉　林
53	111307	108337	44.76		江　苏
19	84433	83958	35.29	1	浙　江
45	89899	87642	36.11	5	安　徽
17	5989	5779	1.85		福　建
13	36307	34241	13.44		江　西
338	413261	407293	153.73	21	山　东
90	125596	112435	49.96	6	河　南
81	73267	65681	37.91	2	湖　北
100	92896	86019	33.05	2	湖　南
10	15334	2983	3.55		广　东
1	3339	3276	3.01		广　西
	500		1.00		海　南
896	573253	559007	170.58	15	重　庆
5346	1576318	1504169	463.64	52	四　川
96	22890	21003	8.85	2	云　南
139	205930	193340	86.13	21	陕　西
5	15905	15145	3.92	2	甘　肃
27	13360	11804	4.40	3	青　海
100	31235	30653	8.75	4	宁　夏
396	169466	163224	75.35	25	新　疆
8	25296	25119	6.75	2	新疆兵团

2-2-14 县城液化石油气（2009 年）

地区名称 Name of Regions		储气能力（吨） Gas Storage Capacity (ton)	供气管道长度（公里） Length of Gas Supply Pipeline (km)	外购气量（吨） Purchased Gas (ton)	供气总量（吨） Total	销售气量 Quantity Sold	居民家庭 Households
全　国	**National Total**	**271486. 3**	**3136**	**1993804**	**2125781**	**2116266**	**1710340**
天　津	Tianjin	957. 6		26025	25822	25822	25822
河　北	Hebei	7940. 2	65	96195	96187	95833	82667
山　西	Shanxi	6070. 4	18	28401	28139	27680	23507
内蒙古	Inner Mongolia	3533. 5	26	20021	22153	20860	18533
辽　宁	Liaoning	6180. 0	58	30636	29200	29095	24310
吉　林	Jilin	2905. 0	32	37395	42828	42770	34778
黑龙江	Heilongjiang	6629. 0	1	35876	37929	37876	33084
江　苏	Jiangsu	17619. 3	337	171331	167687	166873	133918
浙　江	Zhejiang	17249. 2	1007	176958	174512	174212	135431
安　徽	Anhui	15995. 0	88	119123	130474	130169	113429
福　建	Fujian	10100. 3	208	126637	125868	125625	109343
江　西	Jiangxi	13743. 7	70	174785	179343	178255	156264
山　东	Shandong	32787. 4	172	127637	196922	196654	100657
河　南	Henan	11550. 5	1	91196	92286	91578	82276
湖　北	Hubei	9323. 4	67	56317	55950	55549	52082
湖　南	Hunan	16552. 6	177	107502	114231	113479	102469
广　东	Guangdong	25707. 4	132	198232	239107	238827	165936
广　西	Guangxi	8705. 9	2	113128	110973	110852	100068
海　南	Hainan	1493. 0	2	10550	11335	11180	9484
重　庆	Chongqing	3233. 0	4	27022	27022	27022	21923
四　川	Sichuan	4111. 2	537	29066	30058	29615	25260
贵　州	Guizhou	3333. 9	49	26153	29544	29404	25944
云　南	Yunnan	14392. 6	37	53259	50729	50335	40701
西　藏	Tibet	1444. 3	9	3749	4687	4634	3050
陕　西	Shaanxi	11396. 6	36	37258	32854	32602	28126
甘　肃	Gansu	3224. 4		15549	15952	15604	13514
青　海	Qinghai	165. 8		793	785	773	571
宁　夏	Ningxia	5006. 0	1	7073	7201	7190	6459
新　疆	Xinjiang	7931. 3	0	30361	30127	30025	26128
新疆兵团	Xinjiang Bingtuan	2204. 0	1	15580	15877	15871	14607

2-2-14 County Seat LPG Supply（2009）

燃气损失量 Loss Amount	用气户数（户） Number of Household with Access to Gas (unit)	家庭用户 Household User	用气人口（万人） Population with Access to Gas (10, 000persons)	液化石油气汽车加气站 LPG（座） Gas Stations for LPG-Fueled Motor Vehicles (unit)	地区名称 Name of Regions
9515	**18469768**	**17068203**	**6775.73**	**142**	**全国**
	319200	319200	39.00		天津
354	1183446	1146128	459.40		河北
459	374035	349961	161.18	7	山西
1292	509658	477868	174.61	1	内蒙古
105	438025	358332	115.55	21	辽宁
58	276474	253969	97.06	2	吉林
53	606158	552834	190.30	9	黑龙江
814	1176542	1122180	414.24	1	江苏
300	1404937	1014178	373.88	4	浙江
306	1220037	1152285	410.78	3	安徽
243	906196	872733	308.37	6	福建
1088	1212819	1164794	498.23		江西
267	1463570	1417753	580.41	13	山东
708	784893	758466	276.82	6	河南
401	759101	711915	299.48	1	湖北
752	1198189	1162648	468.86	11	湖南
280	899302	825831	428.15	14	广东
122	943999	839867	356.26		广西
155	103764	98745	45.83	2	海南
	326652	277263	74.87	1	重庆
443	254691	221362	82.72	3	四川
140	358202	329319	171.19		贵州
393	530000	482879	223.28	3	云南
53	44229	30011	26.16	11	西藏
252	493746	478325	208.43	1	陕西
349	209507	192088	96.83	1	甘肃
12	23834	23567	11.47		青海
10	93093	86917	38.04		宁夏
101	275206	267322	120.16	19	新疆
6	80263	79463	24.17	2	新疆兵团

2-2-15 县城集中供热（2009 年）

地区名称 Name of Regions		蒸汽 Steam							
		供热能力（吨/小时）Heating Capacity (ton/hour)	热电厂供热 Heating By Co-Generation	锅炉房供热 Heating By Boilers	供热总量（万吉焦）Total Heat Supplied (10,000 gcal)	热电厂供热 Heating By Co-Generation	锅炉房供热 Heating By Boilers	管道长度（公里）Length of Pipelines (km)	供热能力（兆瓦）Heating Capacity (mega watts)
全　国	**National Total**	**16675**	**11112**	**1383**	**12519**	**10910**	**824**	**1874**	**62330**
天　津	Tianjin	250	200	50	135	110	25	3	567
河　北	Hebei	2878	693	229	2092	1540	129	191	7119
山　西	Shanxi	1001	365	56	829	742	87	103	4097
内蒙古	Inner Mongolia	229	134	95	215	161	54	85	7250
辽　宁	Liaoning	1054	409	645	459	317	140	93	4113
吉　林	Jilin								3798
黑龙江	Heilongjiang	225	205	20	87	76	11	34	4138
江　苏	Jiangsu	533	533		794	794		56	3000
浙　江	Zhejiang	3202	2952	25	3371	3359	12	328	4
山　东	Shandong	6111	4765	62	4025	3469	196	798	15161
河　南	Henan	250	190	60	90	70	20	47	165
西　藏	Tibet								
陕　西	Shaanxi	196	56	5	19	16	3	24	770
甘　肃	Gansu	23		23	13		13	6	2684
青　海	Qinghai	35	10	25	3	3		14	757
宁　夏	Ningxia	46	46		48	48		6	1580
新　疆	Xinjiang	326	300	26	182	65	117	25	4637
新疆兵团	Xinjiang Bingtuan	316	254	62	157	140	17	61	2490

2-2-15 County Seat Central Heating (2009)

热水 Hot Water						供热面积（万平方米） Heated Area (10,000m²)		地区名称 Name of Regions
热电厂供热 Heating By Co-Generation	锅炉房供热 Heating By Boilers	供热总量（万吉焦） Total Heat Supplied (10,000gcal)	热电厂供热 Heating By Co-Generation	锅炉房供热 Heating By Boilers	管道长度（公里） Length of Pipelines (km)	Heated Area	住宅 Housing	
22802	**37280**	**56013**	**5612**	**48169**	**18899**	**48048.7**	**34335.3**	**全国**
	567	390		390	608	836.6	689.3	天津
365	5716	4463	372	3634	2466	7522.1	5163.2	河北
656	2892	17815	746	16491	2039	6708.9	4768.9	山西
1182	5834	6758	700	6058	2539	6260.6	4174.6	内蒙古
1486	2582	2024	293	1729	1683	3081.6	2256.3	辽宁
	3798	3333		3333	1615	3631.1	2481.9	吉林
1471	2667	3803	1586	1974	1465	4235.2	3068.7	黑龙江
3000		13	13		18	325.0	306.0	江苏
	4	13		13	6	298.8	52.7	浙江
14265	633	2628	1745	547	1478	5029.4	4179.1	山东
154	11	134	114	20	126	300.8	211.4	河南
		1			3	1.5	0.9	西藏
60	710	313	5	268	186	645.5	515.0	陕西
	2672	6315		6303	853	2383.5	1736.7	甘肃
103	595	712	31	285	245	331.1	202.8	青海
	1580	1245		1245	431	1147.9	854.7	宁夏
	4637	3926		3789	1634	3511.6	2380.5	新疆
60	2382	2127	7	2090	1504	1797.5	1292.6	新疆兵团

2-2-16　县城道路和桥梁(2009 年)

2-2-16　County Seat Roads and Bridges (2009)

地区名称 Name of Regions		道路长度（公里） Length of Roads (km)	道路面积（万平方米） Surface Area of Roads (10,000 m^2)	人行道面积 Surface Area of Sidewalks	桥梁数（座） Number of Bridges (unit)	立交桥 Intersection	道路照明灯盏数（盏） Number of Road Lamps (unit)	安装路灯道路长度（公里） Length of The Road with Street Lamp (km)	防洪堤长度（公里） Length of Flood Control Dikes (km)	百年一遇 Length of Dikes to withsland The Biggest Floods Every A Century	五十年一遇 Length of Dikes to withsland The Biggest Floods Every 50 Years
全　国	**National Total**	**94977**	**159827**	**40108**	**14693**	**466**	**4558911**	**56388**	**11877**	**1689**	**5189**
天　津	Tianjin	252	759	96	28	4	11662	164			
河　北	Hebei	7804	14502	3903	890	66	256518	4467	712	28	199
山　西	Shanxi	3109	6093	1641	343	34	163400	1729	295	53	146
内蒙古	Inner Mongolia	3188	5278	1472	264	16	220214	1856	477	173	256
辽　宁	Liaoning	1328	2057	514	228	6	109524	918	221	7	124
吉　林	Jilin	1059	1517	383	100	7	74903	591	146	31	90
黑龙江	Heilongjiang	3774	3960	766	263	14	148219	1464	424	108	206
江　苏	Jiangsu	4201	7896	1848	691	11	223077	3061	699	73	298
浙　江	Zhejiang	4659	7068	1722	1324	22	189206	3848	745	40	495
安　徽	Anhui	4213	8245	1918	725	16	187773	2432	622	61	194
福　建	Fujian	2414	3466	800	420	24	135626	1748	425	21	129
江　西	Jiangxi	4959	8181	2107	663	21	224458	3126	514	69	232
山　东	Shandong	7744	15163	3307	1417	51	307184	4672	364	75	139
河　南	Henan	6389	12418	3006	1411	21	290366	4215	790	139	292
湖　北	Hubei	2696	5222	1313	388	5	81215	1727	531	99	149
湖　南	Hunan	4763	8819	2294	500		169483	2589	723	118	356
广　东	Guangdong	3374	6294	1702	319	7	214315	1961	480	101	226
广　西	Guangxi	3277	5078	1235	660	8	259744	2071	229	12	73
海　南	Hainan	387	838	186	41		31296	318	59	4	11
重　庆	Chongqing	1453	2438	753	291	9	96087	1033	124	26	70
四　川	Sichuan	4867	7835	2363	770	17	399313	3454	619	86	270
贵　州	Guizhou	1708	2616	670	369	13	94421	1043	204	45	112
云　南	Yunnan	3662	5851	1369	541	15	219632	2399	556	74	174
西　藏	Tibet	617	721	150	91		19987	309	197	6	155
陕　西	Shaanxi	3233	5051	1591	645	55	147268	1852	593	112	299
甘　肃	Gansu	1687	2815	752	299	9	52872	852	328	15	160
青　海	Qinghai	770	931	264	146		27706	275	139	36	94
宁　夏	Ningxia	753	1193	317	58	10	31629	474	64		56
新　疆	Xinjiang	2819	4451	1111	393	5	154284	1259	235	20	119
新疆兵团	Xinjiang Bingtuan	3821	3076	555	415		17529	481	362	57	65

2-2-17 县城排水和污水处理（2009年）

地区名称 Name of Regions		污水排放量（万立方米） Annual Quantity of Wastewater Discharged (10,000 m^3)	排水管道长度（公里） Length of Drainage Piplines (km)	污水管道 Sewers	污水处理厂 Wastewater Treatment Plant 座数（座） Number of Wastewater Treatment Plant (unit)	二、三级处理 Secondary and Tertiary Treatment	处理能力（万立方米） Treatment Capacity (10,000 m^3/day)	二、三级处理 Secondary and Tertiary Treatment	处理量（万立方米/日） Quantity of Wastewater Treated (10,000 m^3)	二、三级处理 Secondary and Tertiary Treated
全　国	**National Total**	**657017**	**96265**	**29611**	**664**	**546**	**1411.7**	**1173.3**	**230683**	**188978**
天　津	Tianjin	2937	398	91	4	4	6.4	6.4	852	852
河　北	Hebei	42359	6985	1480	38	23	104.8	64.9	12113	8301
山　西	Shanxi	17827	3466	816	43	30	55.1	37.1	8152	5444
内蒙古	Inner Mongolia	9273	2910	2178	17	12	31.5	24.7	2837	2445
辽　宁	Liaoning	8817	1307	266	3	3	7.3	7.3	1111	1111
吉　林	Jilin	7433	886	70	4	3	6.7	3.7	586	406
黑龙江	Heilongjiang	11989	1794	393	1	1	2.0	2.0		
江　苏	Jiangsu	31087	5297	1306	24	20	61.2	53.2	14952	12967
浙　江	Zhejiang	42067	6011	3147	36	30	168.9	158.0	27896	24850
安　徽	Anhui	35116	4987	1336	34	27	79.6	65.0	13971	11140
福　建	Fujian	20762	2503	817	28	26	43.4	40.6	8144	7198
江　西	Jiangxi	36923	5587	988	71	71	84.5	84.5	4773	4773
山　东	Shandong	59994	7791	3110	63	45	199.5	143.8	48175	34650
河　南	Henan	54868	7225	2008	83	72	191.5	170.0	39504	35605
湖　北	Hubei	23061	2666	487	7	6	17.0	14.0	1962	1708
湖　南	Hunan	48119	5591	1440	44	41	98.0	90.0	6482	6216
广　东	Guangdong	26210	2929	413	15	13	27.4	22.9	6703	5245
广　西	Guangxi	33520	3242	405	10	10	22.9	22.9	1677	1677
海　南	Hainan	6277	387	141	2	1	10.0	3.0	2200	
重　庆	Chongqing	12065	2382	1231	24	19	50.2	40.5	7600	6204
四　川	Sichuan	45566	5568	1920	30	27	50.2	45.7	8917	8289
贵　州	Guizhou	12774	1912	569	7	5	7.0	6.1	976	847
云　南	Yunnan	21154	4473	1005	20	15	21.2	14.2	3830	3038
西　藏	Tibet	3259	418	30						
陕　西	Shaanxi	15436	3432	739	24	16	28.9	21.0	2753	2097
甘　肃	Gansu	6336	1492	552	4	4	4.0	4.0	565	565
青　海	Qinghai	3424	549	75						
宁　夏	Ningxia	4406	667	227	1	1	1.5	1.5	468	468
新　疆	Xinjiang	9271	2075	1523	27	21	31.0	26.3	3484	2882
新疆兵团	Xinjiang Bingtuan	4687	1335	848						

2-2-17 County Seat Drainage and Wastewater Treatment (2009)

		其他污水处理设施 Other Wastewater Treatment Facilities		污水处理总量（万立方米）	再生水 Recycled Water			地区名称
干污泥产生量（吨） Quantity of Dry Sludge Produced (ton)	干污泥处置量（吨） Quantity of Dry Sludge Treated (ton)	处理能力（万立方米/日） Treatment Capacity (10,000 m³/day)	处理量（万立方米） Quantity of Wastewater Treated (10,000m³)	Total Quantity of Wastewater Treated (10,000m³)	生产能力（万立方米/日） Recycled Water Production Capacity (10,000 m³/day)	利用量（万立方米） Annual Quantity of Wastewater Recycled and Reused (10,000m³)	管道长度（公里） Length of Piplines (km)	Name of Regions
600252	**593284**	**426.6**	**42912**	**273595**	**85.0**	**5693**	**279**	**全　国**
3560	3560			852				天　津
35997	35313	43.3	3082	15195	8.6	73	17	河　北
44575	44547	4.8	816	8968	9.1	1143	134	山　西
20905	20219	4.4	645	3482				内蒙古
1090	1090	6.0	434	1545				辽　宁
2931	2931			586				吉　林
		1.0	138	138				黑龙江
35876	35726	29.2	5762	20714	7.2	721	2	江　苏
87879	87455	5.6	1324	29220	4.6	829	48	浙　江
32932	32927	43.5	5991	19962	1.1		9	安　徽
6633	6633	10.0	2262	10406	1.3	277	22	福　建
5675	5675	5.6	1140	5913				江　西
115092	114719	21.9	1274	49449	26.3	1795	24	山　东
78707	76110	4.0	100	39604	13.3	75		河　南
3284	3284	24.6	4786	6748				湖　北
11543	11543	11.8	205	6687	2.7	36		湖　南
12841	12654	9.9	1802	8505	1.5	450		广　东
793	468	98.0	4328	6005				广　西
45956	45956	1.5	2	2202				海　南
15738	15577	4.0	214	7814	6.2	135	17	重　庆
20411	20065	18.6	1782	10699				四　川
1078	1078			976				贵　州
6529	6486	10.4	1603	5433	3.1	79	6	云　南
		0.9	241	241				西　藏
6387	5708	4.6	532	3285				陕　西
2009	1750	3.9	14	579				甘　肃
								青　海
560	560	9.8	1313	1781				宁　夏
1271	1250	37.4	1727	5211				新　疆
		11.9	1395	1395	0.3	80		新疆兵团

2-2-18 县城园林绿化（2009 年）

2-2-18 County Seat Landscaping (2009)

地区名称 Name of Regions		绿化覆盖面积（公顷）Green Coverage Area (hectare)	建成区 Built District	园林绿地面积（公顷）Area of Parks and Green Space (hectare)	建成区 Built District	公园绿地面积（公顷）Area of Public Recreational Green Space (hectare)	公园个数（个）Number of Parks (unit)	公园面积（公顷）Park Area (hectare)
全　国	**National Total**	**555324**	**365354**	**378033**	**285850**	**92236**	**3585**	**56015**
天　津	Tianjin	2473	2473	2174	2174	463	6	168
河　北	Hebei	33938	22461	17025	14832	4788	291	2225
山　西	Shanxi	19336	16869	12641	11128	4022	177	2498
内蒙古	Inner Mongolia	16950	13158	10148	9133	2908	126	1903
辽　宁	Liaoning	4767	4245	4105	3747	1545	56	1193
吉　林	Jilin	6713	4653	4572	3192	1456	33	996
黑龙江	Heilongjiang	9882	8017	6747	5751	2879	109	1877
江　苏	Jiangsu	35963	21695	27729	19967	4243	103	1421
浙　江	Zhejiang	22002	16485	19178	14798	4350	277	2443
安　徽	Anhui	32934	17063	22842	12106	4138	172	3227
福　建	Fujian	13124	10983	9715	9475	2817	185	2033
江　西	Jiangxi	39519	27919	27659	24736	8508	229	5758
山　东	Shandong	49240	38656	35952	31717	9396	153	4367
河　南	Henan	18518	15708	11948	11149	4688	158	2853
湖　北	Hubei	12842	9848	7786	7101	2595	96	1250
湖　南	Hunan	26331	19543	18627	16212	4756	134	2783
广　东	Guangdong	20368	14328	14431	11414	4089	157	3813
广　西	Guangxi	14909	11260	10658	9095	3010	132	1664
海　南	Hainan	6808	2481	2088	1918	535	17	264
重　庆	Chongqing	8518	7601	7504	6594	2666	69	880
四　川	Sichuan	18869	16987	15612	14443	4915	199	2420
贵　州	Guizhou	23961	6909	16010	4241	1330	73	1025
云　南	Yunnan	20654	13559	15366	10615	3413	228	3081
西　藏	Tibet	31538	1286	22402	732	528	16	716
陕　西	Shaanxi	27608	12119	9279	7771	2377	130	967
甘　肃	Gansu	7890	4995	4137	3394	1166	93	1566
青　海	Qinghai	3022	2269	1803	1545	368	29	206
宁　夏	Ningxia	3269	2703	2319	2165	1033	20	972
新　疆	Xinjiang	15545	13723	13251	11586	2612	90	1156
新疆兵团	Xinjiang Bingtuan	7833	5358	4325	3119	642	27	290

2-2-19 县城市容环境卫生（2009 年）

地区名称	Name of Regions	道路清扫保洁面积（万平方米） Surface Area of Roads Cleaned and Maintained (10,000 m^2)	机械化 Mechanization	清运量（万吨） Collected and Transported (10,000 tons)	密闭车（箱）清运量 Quantity of Garbage Transported by Air-tight Vehicle (10,000 tons)	生活垃圾					
						生活垃圾处理量（万吨） Volume of Domestic Garbage Treated (10,000 tons)	无害化处理厂（场）数（座） Number of Harmless Treatment Plants/Grounds (unit)	卫生填埋 Sanitary Landfill	堆肥 Compost	焚烧 Incineration	无害化处理能力（吨/日） Harmless Treatment Capacity (ton/day)	卫生填埋 Sanitary Landfill
全　　国	**National Total**	**124208**	**17423**	**8085.36**	**4172.17**	**3708.20**	**286**	**263**	**7**	**10**	**45430**	**40135**
天　　津	Tianjin	617	191	24.17	24.17	15.18	2	2			400	400
河　　北	Hebei	8696	1169	623.15	215.19	45.59	5	5			900	900
山　　西	Shanxi	5529	987	281.46	132.61	12.34	11	10	1		788	588
内 蒙 古	Inner Mongolia	4179	572	262.56	63.88	76.47	1	1			447	447
辽　　宁	Liaoning	2176	228	117.77	28.64	61.06	1	1			150	150
吉　　林	Jilin	2360	165	160.58	88.28	120.07						
黑 龙 江	Heilongjiang	2848	168	310.86	34.28	11.60	2	2			454	454
江　　苏	Jiangsu	5910	1991	176.54	119.01	165.62	4	4			1023	1023
浙　　江	Zhejiang	6241	1858	252.23	219.57	239.83	31	24	1	4	8065	5615
安　　徽	Anhui	6054	599	306.85	146.22	233.45	4	4			559	559
福　　建	Fujian	2466	317	144.39	112.18	133.90	30	27		2	4491	4086
江　　西	Jiangxi	6213	447	298.74	158.97	295.69	1	1			98	98
山　　东	Shandong	12536	2647	351.40	193.16	295.72	18	14	2	2	4095	3340
河　　南	Henan	9971	580	415.72	234.11	300.53	60	57	3		9450	9010
湖　　北	Hubei	3342	386	198.89	102.34	140.37	10	10			1028	1028
湖　　南	Hunan	6443	642	391.11	190.29	220.49	4	4			880	880
广　　东	Guangdong	4214	341	1615.65	1012.65	300.87	3	2		1	270	70
广　　西	Guangxi	3752	89	178.18	80.90	46.03	4	4			459	459
海　　南	Hainan	585	15	35.95	13.93	35.45						
重　　庆	Chongqing	1842	542	133.32	95.04	113.59	19	19			3477	3477
四　　川	Sichuan	6388	1480	378.33	252.96	151.24	24	22		1	2905	2440
贵　　州	Guizhou	2367	194	217.54	50.81	84.03						
云　　南	Yunnan	5765	196	279.74	183.98	187.87	24	22			2631	2251
西　　藏	Tibet	536	1	26.55	11.29	2.42						
陕　　西	Shaanxi	4670	781	394.95	239.63	102.43	22	22			2405	2405
甘　　肃	Gansu	1933	38	162.88	36.09	140.93	4	4			245	245
青　　海	Qinghai	711		44.38	19.58	36.29	2	2			210	210
宁　　夏	Ningxia	798	48	26.48	8.56	4.30						
新　　疆	Xinjiang	3861	677	216.31	90.61	134.84						
新疆兵团	Xinjiang Bingtuan	1205	74	58.68	13.24							

2-2-19 County Seat Environmental Sanitation (2009)

Domestic Garbage						粪便		公厕数（座）		市容环卫专用车辆设备总数（台）	地区名称
堆肥	焚烧	无害化处理量（万吨）	卫生填埋	堆肥	焚烧	清运量（万吨）	无害化处理量（万吨）		三类以上		
Compost	Incinera-tion	Volume of Harmlessly Treated Garbage (10,000 tons)	Sanitary Landfill	Compost	Incinera-tion	Quantity of Excrement Transp-orted (10,000 tons)	Quantity of Excrement Treated (10,000 tons)	Number of Latrines (unit)	Grade Ⅲ and Above	Number of Vehicles and Equipment Designated for Municipal Environ-mental Sanitation (unit)	Name of Regions
1295	**2905**	**1220.15**	**1046.20**	**27.29**	**100.12**	**758.83**	**244.88**	**39618**	**13635**	**22905**	**全　国**
		15.18	15.18			1.40		138	92	129	天　津
		6.81	6.81			100.66	5.39	2914	501	2165	河　北
200		12.34	11.85	0.49		30.29	1.20	910	211	1483	山　西
		11.50	11.50			73.67	28.48	5845	402	1443	内蒙古
		5.38	5.38			30.98	6.93	1718	133	440	辽　宁
						27.44	16.60	932	101	446	吉　林
		11.60	11.60			56.51	0.47	2781	265	1331	黑龙江
		38.64	28.29		10.35	43.45	24.84	1689	960	651	江　苏
300	1650	219.85	155.75	3.91	38.14	31.34	32.83	1267	1064	1082	浙　江
		34.33	30.91		3.42	33.58	13.04	1793	934	705	安　徽
	255	78.02	67.83		8.35	3.69	0.22	633	423	453	福　建
		59.35	59.35			7.91	4.31	1332	808	639	江　西
355	400	105.45	66.61	9.74	18.97	57.77	57.70	1197	713	1544	山　东
440		238.74	225.59	13.15		82.83	5.83	2667	1431	1579	河　南
		26.02	26.02			8.61	7.23	890	289	489	湖　北
		23.55	23.55			10.31	1.36	1247	614	903	湖　南
	200	14.58	8.44		6.14	9.66	5.76	533	242	870	广　东
		9.46	9.31		0.15	8.34	1.06	604	294	605	广　西
						2.21	0.72	77	5	106	海　南
		105.37	105.37			3.35	4.10	466	311	353	重　庆
	400	86.89	69.49		14.60	23.39	0.31	1661	842	1348	四　川
						7.29	1.30	929	393	616	贵　州
		77.56	67.84			24.71	10.29	1550	660	838	云　南
						0.17		399	39	123	西　藏
		28.01	28.01			32.37	6.12	1562	671	1140	陕　西
		7.60	7.60			16.15	4.29	1016	506	446	甘　肃
		3.92	3.92			0.22		210	24	141	青　海
						3.82		266	95	128	宁　夏
						7.15	4.50	1120	441	515	新　疆
						19.56		1272	171	194	新疆兵团

三、村镇部分

Statistics for Villages and Small Towns

2009年村镇建设统计概述

概况 2009年末，全国共有建制镇19322个，乡（苏木、民族乡、民族苏木）14848个。据16881个建制镇、13886个乡（苏木、民族乡、民族苏木）、667个镇乡级特殊区域和271.4万个自然村（其中村民委员会所在地56.75万个）统计汇总，村镇户籍总人口9.44亿。其中，建制镇建成区1.38亿，占村镇总人口的14.6%；乡建成区0.328亿，占村镇总人口的3.5%；镇乡级特殊区域建成区0.029亿，占村镇总人口的0.3%；村庄7.70亿，占村镇总人口的81.6%。

2009年末，全国建制镇建成区面积3.13万平方公里，平均每个镇建成区占地185公顷，人口密度5214人/平方公里（含暂住人口）；乡建成区0.76万平方公里，平均每个乡建成区占地55公顷，人口密度4661人/平方公里（含暂住人口）；镇乡级特殊区域建成区854平方公里，平均每个镇乡级特殊区域建成区占地128公顷，人口密度3796人/平方公里（含暂住人口）。

规划管理 2009年末，全国有总体规划的建制镇14387个，占所统计建制镇总数的85.2%，其中本年编制1946个；有总体规划的乡8048个，占所统计乡总数的58.0%，其中本年编制1171个；有总体规划的镇乡级特殊区域412个，占所统计镇乡级特殊区域总数的61.8%，其中本年编制59个；有规划的行政村260457个，占所统计行政村总数的45.9%，其中本年编制42393个。2009年全国村镇规划编制投入达30.66亿元。

建设投入 2009年，全国村镇建设总投入9615亿元。按地域分，建制镇建成区3619亿元，乡建成区471亿元，镇乡级特殊区域建成区125亿元，村庄5400亿元，分别占总投入的37.6%、4.9%、1.3%、56.2%。按用途分，房屋建设投入7831亿元，市政公用设施建设1784亿元，分别占总投入的81.4%和18.6%。

在房屋建设投入中，住宅建设投入5202亿元，公共建筑投入874亿元，生产性建筑投入1755亿元，分别占房屋建设投入的66.4%、11.2%、22.4%。

在市政公用设施建设投入中，供水242亿元、道路桥梁782亿元、排水198亿元、园林绿化131亿元、环境卫生113亿元，分别占市政公用设施建设总投入的13.6%、43.8%、11.1%、7.3%、6.3%。

房屋建设 2009年，全国村镇房屋竣工建筑面积9.73亿平方米，其中住宅6.76亿平方米，公共建筑0.93亿平方米，生产性建筑2.04亿平方米。2009年末，全国村镇实有房屋建筑面积347.8亿平方米，其中住宅291.4亿平方米，公共建筑23.9亿平方米，生产性建筑32.5亿平方米，分别占83.8%、6.9%、9.3%。

2009年末，全国村镇人均住宅建筑面积30.88平方米。其中，建制镇建成区人均住宅建筑面积32.11平方米，乡建成区人均住宅建筑面积28.79平方米，镇乡级特殊区域建成区人均住宅建筑面积27.47平方米，村庄人均住宅建筑面积30.76平方米。

公用设施建设 在建制镇、乡和镇乡级特殊区域建成区内，年末实有供水管道长度48.26万公里，排水管道长度12.32万公里，排水暗渠长度5.92万公里，铺装道路长度31.55万公里，铺装道路面积22.57亿平方米，公共厕所15.05万座。

2009年末，建制镇建成区用水普及率78.3%，人均日生活用水量98.9升，燃气普及率43.4%，人均道路面积11.2平方米，排水管道暗渠密度4.99公里/平方公里，人均公园绿地面积1.92平方米。乡建成区用水普及率63.5%，人均日生活用水量79.5升，燃气普及率18.3%，人均道路面积10.9平方米，排水管道暗渠密度3.01公里/平方公里，人均公园绿地面积0.84平方米。镇乡级特殊区域建成区用水普及率82.4%，人均日生活用水量80.8升，燃气普及率36.8%，人均道路面积14.0平方米，排水管道暗渠密度3.80公里/平方公里，人均公园绿地面积2.99平方米。

2009年末，全国49.9%的行政村有集中供水，4.9%的行政村对生活污水进行了处理，35.0%的行政村有生活垃圾收集点，17.7%的行政村对生活垃圾进行处理。

Overview

General Situation

By the end of 2009, there were a total of 19322 towns and 14848 townships. Based on the data collected from 16881 towns, 13886 township, 667 special district at township level, and 2714 million natural villages among which 567. 5 thousand villages accommodate villagers committees, rural population totaled 944 million. Among the total, 138 million people lived in the built area of towns, constituting 14. 6% ; 32. 8 million in the built area of townships, making up 3. 5% ; 2. 9 million in the built area of special district at township level, taking a share of 0. 3% ; and 770 million were village inhabitants, accounting for 81. 6% .

By the end of 2009, the total built area of towns covered 31. 3 thousand square kilometers with 185 hectares of built area per town on average and population density of 5214 people per square kilometer; the total built area of townships covered 7. 6 thousand square kilometers with 55 hectares per township on average and population density of 4661 people per square kilometer; and the total built area of special district at township level covered 854 square kilometers with 128 hectares per special district at township level on average and population density of 3796 people per square kilometer.

Planning and Administration

By the end of 2009, there were 14387 towns having master plans, accounting for 85. 2% of the total number of towns surveyed, and among them, 1946 towns had their plans completed or revised this year; there were 8048 townships having master plans, accounting for 58. 0% of the total number of townships surveyed, and among them, 1171 townships had their plans completed or revised this year; there were 412 special district at township level having master plans, accounting for 61. 8% of the total number of special districts at township level surveyed, and among them, 59 special district at township level had their plans completed or revised this year; there were 260457 administrative villages having development plans, accounting for 45. 9% of the total number of administrative villages surveyed, and among them, 42393 villages had their plans completed or revised this year. The total investment in the development of village and town plans across the country in 2009 reached 3. 066 billion yuan.

Construction Input

In 2009, the investment in the villages and towns development across the country totaled 961. 5 billion yuan. Divided by region, the investment in the built areas of towns, townships, special district at township level, and villages was 361. 9 billion yuan, 47. 1 billion yuan, 12. 5 billion yuan, and 540 billion yuan respectively, constituting 37. 6% , 4. 9% , 1. 3% , and 56. 2% of the total investment respectively. Broken down by purpose, the investment in the construction of buildings and public service facilities was 783. 1 billion yuan and 178. 4 billion yuan respectively, accounting for 81. 4% and 18. 6% of the total investment respectively.

With respect to building construction, the investment in housing, public buildings, and industrial buildings was 520. 2 billion yuan, 87. 4 billion yuan, and 175. 5 billion yuan respectively, making up 66. 4% , 11. 2% , and 22. 4% of the total investment in building construction respectively.

Regarding the development of public service facilities, the investment in water supply, roads & bridges, drainage, greening, and sanitation reached 24. 2 billion yuan, 78. 2 billion yuan, 19. 8 billion yuan, 13. 1 billion yuan, and 11. 3 billion yuan respectively, accounting for 13. 6% , 43. 8% , 11. 1% , 7. 3% , and 6. 3% of the total investment in the development of public service facilities respectively.

Building Construction

In 2009, the new building completion in the country's villages and towns covered a total of floor space of 973 million square meters, among which, the completed floor space of housing, public buildings, and industrial buildings amounted to 676 million, 93 million, and 204 million square meters respectively. By the end of 2009, the total floor space of the building stock in the country's villages and towns covered 34. 78 billion square meters, among which, housing, public building, and industrial buildings covered 29. 14 billion, 2. 39 billion, and 3. 25 billion square meters respectively, constituting 83. 8%, 6. 9%, and 9. 3% of the total floor space respectively.

By the end of 2009, the per capita housing floor space in villages and towns nationwide was 30. 88 square meter. This per capita figure in the built areas of towns, townships, special district at township level, and villages was 32. 11, 28. 79, 27. 47 and 30. 76 square meters respectively.

The Development of Public Service Facilities

By the end of 2009, within the boundary of the built areas of towns, townships, and special district at township level, there were water supply pipelines, drainage pipelines and drainage ducts of which the respective length was 482. 6 thousand kilometers, 123. 2 thousand kilometers, and 59. 2 thousand kilometers; there were paved roads extending 315. 5 thousand kilometers and covering an area of 2. 257 billion square meters; and there were 150. 5 thousand public latrines.

By the end of 2009, in the built areas of towns, the water coverage rate was 78. 3%, daily per capita domestic water consumption was 98. 9 liters, gas coverage rate was 43. 4%, per capita area of paved roads was 11. 2 square meters, drainage pipelines density was 4. 99 kilometers per square kilometers, and per capita area of public green space was 1. 92 square meters. In the built areas of townships, the water coverage rate was 63. 5%, daily per capita domestic water consumption was 79. 5 liters, gas coverage rate was 18. 3%, per capita area of paved roads was 10. 9 square meters, drainage pipelines density was 3. 01 kilometers per square kilometers, and per capita area of public green space was 0. 84 square meters. In the built areas of special district at township level, the water coverage rate was 82. 4%, daily per capita domestic water consumption was 80. 8 liters, gas coverage rate was 36. 58%, per capita area of paved roads was 14. 0 square meters, drainage pipelines density was 3. 80 kilometers per square kilometers, and per capita area of public green space was 2. 99 square meters.

By the end of 2009, 49. 9% of the administrative villages nationwide had access to central water supply, domestic wastewater had been treated in 4. 9% of the administrative villages, domestic garbage collection facilities had been set up in 35. 0% of the administrative villages, and domestic garbage had been treated in 17. 7% of the administrative villages.

3-1-1 建制镇及住宅基本情况

3-1-1 Summary of Towns and Residential Building

指标 Item / 年份 Year	建制镇个数（万个） Number of Towns (10,000 units)	建成区面积（万公顷） Surface Area of Build Districts (10,000 hectare)	人口（亿人） Population (100million persons)	非农人口 Nonagriculture Population	本年建设投入（亿元） Construction Input This Year (100million RMB)	住宅 Residential Building	公用设施 Public Facilities	本年住宅竣工建筑面积（亿平方米） Floor Space Completed of Residential Building This Year (10,000 m^2)	年末实有住宅建筑面积（亿平方米） Total Floor Space of Residential Buildings (year-end) (10,000 m^2)	居住人口（亿人） Resident Population (100million persons)	人均住宅建筑面积（平方米） Per Capita Floor Space (m^2)
1990	1.01	82.5	0.61	0.28	156	76	15	0.49	12.3	0.61	19.9
1991	1.03	87.0	0.66	0.30	192	84	19	0.54	12.9	0.65	19.8
1992	1.20	97.5	0.72	0.32	284	115	28	0.62	14.8	0.72	20.5
1993	1.29	111.9	0.79	0.34	458	189	56	0.80	15.8	0.78	20.2
1994	1.43	118.8	0.87	0.38	616	265	79	0.90	17.6	0.85	20.6
1995	1.50	138.6	0.93	0.42	721	305	104	1.00	18.9	0.91	20.7
1996	1.58	143.7	0.99	0.42	915	373	116	1.10	20.5	0.97	21.1
1997	1.65	155.3	1.04	0.44	821	382	122	1.06	21.8	1.01	21.5
1998	1.70	163.0	1.09	0.46	872	402	141	1.09	23.3	1.07	21.8
1999	1.73	167.5	1.16	0.49	980	464	160	1.20	24.8	1.13	22.0
2000	1.79	182.0	1.23	0.53	1123	530	185	1.41	27.0	1.19	22.6
2001	1.81	197.2	1.30	0.56	1278	575	220	1.47	28.6	1.26	22.7
2002	1.84	203.2	1.37	0.60	1520	655	265	1.69	30.7	1.32	23.2
2003											
2004	1.78	223.6	1.43	0.64	2373	903	437	1.82	33.7	1.40	24.1
2005	1.77	236.9	1.48	0.66	2644	1000	476	1.90	36.8	1.43	25.7
2006	1.77	312.0	1.40		3013	1139	580	2.04	39.1	1.40	27.9
2007	1.67	284.3	1.31		2950	1061	614	1.28	38.9		29.7
2008	1.70	301.6	1.38		3285	1211	726	1.33	41.5		30.1
2009	1.69	313.1	1.38		3619	1465	798	1.47	44.2		32.1

3-1-2 建制镇市政公用设施情况

3-1-2 Municipal Public Facilities of Towns

指标 Item / 年份 Year	年供水总量（亿立方米）Annual Supply of Water (10,000 m^3)	生活用水 Domestic Water Consumption	用水人口（亿人）Population with Access to Water (100million persons)	用水普及率（%）Water Coverage Rate (%)	人均日生活用水量（升）Per Capita Daily Water Consumption (liter)	道路长度（万公里）Length of Roads (10,000 km)	桥梁数（万座）Number of Bridges (10,000 units)	排水管道长度（万公里）Length of Drainage Piplines (10,000 km)	公园绿地面积（万公顷）Public Green Space (10,000 hectare)	人均公园绿地面积（平方米）Public Recreational Green Space Per Capita (m^2)	环卫专用车辆设备（万台）Number of Special Vehicles for Environmental Sanitation (10,000 units)	公共厕所（万座）Number of Latrines (10,000 units)
1990	24.4	10.0	0.37	60.1	74.3	7.7	2.4	2.7	0.85	1.4	0.5	4.9
1991	29.5	11.6	0.42	63.9	76.1	8.4	2.7	3.2	1.06	1.6	0.7	5.4
1992	35.0	13.6	0.48	65.8	78.1	9.6	3.1	4.0	1.22	1.7	0.8	6.1
1993	39.5	15.8	0.54	68.5	80.7	10.9	3.5	4.8	1.37	1.7	1.1	6.8
1994	47.1	17.7	0.62	71.5	78.3	12.6	3.9	5.5	1.74	2.2	1.2	7.6
1995	53.7	21.5	0.69	74.2	85.5	13.4	4.2	6.2	2.00	2.2	1.6	8.3
1996	62.2	24.7	0.74	75.0	91.7	15.5	4.8	7.5	2.27	2.3	1.7	8.7
1997	68.4	27.0	0.80	76.6	92.6	17.8	5.1	8.1	2.61	2.5	2.0	9.2
1998	72.8	30.0	0.86	79.1	95.1	18.7	5.4	8.8	2.99	2.7	2.3	9.7
1999	81.4	34.3	0.93	80.2	100.8	19.4	5.6	10.0	3.32	2.9	2.5	10.1
2000	87.7	37.1	0.99	80.7	102.7	21.0	6.1	11.1	3.71	3.0	2.9	10.3
2001	91.4	39.6	1.04	80.3	104.0	22.8	6.4	11.9	4.39	3.4	3.2	10.7
2002	97.3	42.3	1.10	80.4	105.4	24.3	6.8	13.0	4.84	3.5	3.3	11.2
2003												
2004	110.7	49.0	1.20	83.6	112.1	27.5	7.2	15.7	6.01	4.2	3.9	11.8
2005	136.5	54.2	1.25	84.7	118.4	30.1	7.7	17.1	6.81	4.6	4.2	12.4
2006	131.0	44.7	1.17	83.8	104.2	26.0	7.2	11.9	3.3	2.4	4.8	9.4
2007	112.0	42.1	1.19	76.6	97.1	21.6	8.3	8.8	2.72	1.8	5.0	9.0
2008	129.0	45.0	1.27	77.8	97.1	23.4	9.1	9.9	3.09	1.9	6.0	12.1
2009	114.6	46.1	1.28	78.3	98.9	24.5	9.9	10.7	3.14	1.9	6.6	11.6

注：1. 自 2006 年起，“公共绿地”统计为“公园绿地”。

2. 自 2006 年起，“人均公共绿地面积”统计为以城区人口和城区暂住人口合计为分母计算的“人均公园绿地面积”。

Note：1. Since 2006, Public Green Space is changed to Public Recreatinal Green Space.

2. Since 2006, Public recreational green space per capita has been calculated based on denominator which combines both permanent and temporary resiclents in urban areas.

3-1-3 乡及住宅基本情况

3-1-3 Summary of Townships and Residential Building

指标 Item / 年份 Year	乡个数（万个） Number of Townships (10,000 units)	建成区面积（万公顷） Surface Area of Build Districts (10,000 hectare)	人口（亿人） Population (100million persons)	非农人口 Nonagriculture Population	本年建设投入（亿元） Construction Input This Year (100million RMB)	住宅 Residential Building	公用设施 Public Facilities	本年住宅竣工建筑面积（亿平方米） Floor Space Completed of Residential Building This Year (10,000 m^2)	年末实有住宅建筑面积（亿平方米） Total Floor Space of Residential Buildings (year-end) (10,000m^2)	居住人口（亿人） Resident Population (100million persons)	人均住宅建筑面积（平方米） Per Capita Floor Space (m^2)
1990	4. 02	110. 1	0. 72	0. 17	121	61	7	0. 52	13. 8	0. 72	19. 1
1991	3. 90	109. 3	0. 70	0. 16	136	67	8	0. 53	13. 8	0. 70	19. 8
1992	3. 72	98. 1	0. 66	0. 15	168	76	10	0. 55	13. 4	0. 65	20. 6
1993	3. 64	99. 9	0. 65	0. 15	191	85	13	0. 49	13. 3	0. 64	20. 6
1994	3. 39	101. 2	0. 62	0. 14	234	113	16	0. 51	12. 8	0. 63	20. 3
1995	3. 42	103. 7	0. 63	0. 15	260	133	22	0. 57	12. 7	0. 62	20. 5
1996	3. 15	95. 2	0. 60	0. 14	296	151	26	0. 59	12. 2	0. 58	21. 0
1997	3. 03	95. 7	0. 60	0. 14	296	155	33	0. 56	12. 3	0. 59	21. 0
1998	2. 91	93. 7	0. 59	0. 15	316	175	37	0. 57	12. 3	0. 58	21. 4
1999	2. 87	92. 6	0. 59	0. 15	325	193	36	0. 66	12. 8	0. 58	22. 1
2000	2. 76	90. 7	0. 58	0. 14	300	175	35	0. 60	12. 6	0. 56	22. 6
2001	2. 35	79. 7	0. 53	0. 14	283	167	33	0. 55	12. 0	0. 52	23. 0
2002	2. 26	79. 1	0. 52	0. 14	325	188	39	0. 57	12. 0	0. 51	23. 6
2003											
2004	2. 18	78. 1	0. 53	0. 15	344	188	48	0. 56	12. 5	0. 50	24. 9
2005	2. 07	77. 8	0. 52	0. 14	377	186	55	0. 56	12. 8	0. 50	25. 5
2006	1. 46	92. 83	0. 35		355	145	66	0. 40	9. 1	0. 4	25. 9
2007	1. 42	75. 89	0. 34		352	147	75	0. 26	9. 1		27. 1
2008	1. 41	81. 15	0. 34		438	187	99	0. 28	9. 2		27. 2
2009	1. 39	75. 76	0. 33		471	212	101	0. 29	9. 4		28. 8

注：2006 年以后，统计范围由原来的集镇变为乡，数据和以往年度不可对比。

3-1-4 乡市政公用设施情况

3-1-4 Municipal Public Facilities of Townships

指标 Item / 年份 Year	年供水总量（亿立方米） Annual Supply of Water (10,000 m^3)	生活用水 Domestic Water Consumption	用水人口（亿人） Population with Access to Water (100million persons)	用水普及率（%） Water Coverage Rate (%)	人均日生活用水量（升） Per Capita Daily Water Consumption (liter)	道路长度（万公里） Length of Roads (10,000 km)	桥梁数（万座） Number of Bridges (10,000 units)	排水管道长度（万公里） Length of Drainage Piplines (10,000 km)	公园绿地面积（万公顷） Public Green Space (10,000 hectare)	人均公园绿地面积（平方米） Public Recreational Green Space Per Capita (m^2)	环卫专用车辆设备（万台） Number of Special Vehicles for Environmental Sanitation (10,000 units)	公共厕所（万座） Number of Latrines (10,000 units)
1990	10.8	5.0	0.26	35.7	53.4	15.2	3.3	2.3	0.64	0.88	0.16	5.33
1991	12.3	5.1	0.27	39.3	51.1	14.9	3.5	2.3	0.83	1.19	0.26	5.74
1992	12.7	5.2	0.28	42.6	50.6	14.2	3.7	2.5	0.87	1.32	0.31	5.89
1993	12.3	5.6	0.27	40.6	58.2	14.2	3.4	2.4	0.91	1.4	0.29	5.77
1994	12.8	6.0	0.30	47.8	55.5	14.0	3.3	2.6	1.11	1.76	0.42	6.18
1995	13.7	6.4	0.32	49.9	55.4	14.4	3.4	3.7	1.09	1.73	0.50	6.42
1996	13.9	6.6	0.29	49.0	61.1	14.4	3.4	3.2	1.08	1.79	0.50	6.12
1997	16.2	7.3	0.31	52.3	63.7	14.5	3.5	3.1	1.15	1.91	0.54	6.25
1998	17.2	7.9	0.33	55.5	66.4	14.3	3.5	3.2	1.31	2.22	0.62	6.21
1999	17.3	8.8	0.35	58.2	69.7	14.4	3.5	3.2	1.32	2.23	0.65	6.04
2000	16.8	8.8	0.35	60.1	69.2	13.7	3.4	3.3	1.35	2.33	0.68	5.86
2001	15.7	8.2	0.32	61.0	69.3	12.1	2.9	3.1	1.36	2.56	0.70	5.03
2002	16.4	8.4	0.32	62.1	71.9	12.1	2.9	3.6	1.31	2.54	0.75	5.05
2003												
2004	17.4	9.5	0.35	65.8	74.8	12.6	2.8	4.3	1.41	2.57	0.77	4.58
2005	17.5	9.6	0.35	67.2	75.6	12.4	2.9	4.3	1.37	2.65	0.80	4.57
2006	25.8	6.3	0.22	63.4	78.0	7.0	2.2	1.9	0.29	0.85	0.88	2.92
2007	11.9	6.0	0.21	59.1	76.1	6.2	2.7	1.1	0.24	0.66	1.04	2.76
2008	11.9	6.3	0.23	62.6	75.5	6.4	2.6	1.2	0.26	0.72	1.30	3.34
2009	11.4	6.5	0.22	63.5	79.5	6.3	2.8	1.4	0.30	0.84	1.34	2.96

注：1. 自2006年起，"公共绿地"统计为"公园绿地"。

2. 自2006年起，"人均公共绿地面积"统计为以城区人口和城区暂住人口合计为分母计算的"人均公园绿地面积"。

Note: 1. Since 2006, Public Green Space is changed to Public Recreatinal Green Space.

2. Since 2006, Public recreational green space per capita has been calculated based on denominator which combines both permanent and temporary resiclents in urban areas.

3-1-5 村庄基本情况

3-1-5 Summary of Villages

指标 Item / 年份 Year	村庄个数（万个） Number of Villages (unit)	村庄现状用地面积（万公顷） Area of Villages (10,000 hectare)	人口（亿人） Population (10,000 persons)	非农人口 Nonagriculture Population	本年建设投入（亿元） Construction Input This Year (100 million RMB)	住宅 Residential Building	公用设施 Public Facilities	本年住宅竣工建筑面积（亿平方米） Floor Space Completed of Residential Building This Year (10,000 m^2)	年末实有住宅建筑面积（亿平方米） Total Floor Space of Residential Buildings (year-end) (10,000 m^2)	居住人口（亿人） Resident Population (100 million persons)	人均住宅建筑面积（平方米） Per Capita Floor Space (m^2)	道路长度（万公里） Length of Roads (10,000 km)	桥梁数（万座） Number of Bridges (10,000 units)
1990	377.32	1140.1	7.92	0.16	662	545	33	4.82	159.3	7.84	20.3	262.1	
1991	376.22	1127.2	8.00	0.16	744	618	26	5.54	163.3	7.95	20.5	240.0	37.7
1992	375.45	1187.7	8.06	0.16	793	624	32	4.86	167.4	8.01	20.9	262.9	40.2
1993	372.05	1202.7	8.13	0.17	906	659	57	4.38	170.0	8.12	20.9	268.7	43.0
1994	371.29	1243.8	8.15	0.18	1175	885	65	4.49	169.1	7.90	21.4	263.2	43.0
1995	369.52	1277.1	8.29	0.20	1433	1089	104	4.95	177.7	8.06	22.0	275.0	44.7
1996	367.57	1336.1	8.18	0.19	1516	1176	106	4.96	182.4	8.13	22.4	279.3	44.1
1997	365.93	1366.4	8.18	0.20	1538	1175	136	4.66	185.9	8.12	22.9	283.2	44.7
1998	355.77	1372.6	8.15	0.21	1585	1220	139	4.73	189.2	8.07	23.5	290.3	43.4
1999	358.99	1346.3	8.13	0.22	1607	1245	152	4.62	192.8	8.04	24.0	287.3	45.7
2000	353.75	1355.3	8.12	0.24	1572	1203	139	4.47	195.2	8.02	24.3	287.0	46.3
2001	345.89	1396.1	8.06	0.25	1558	1145	160	4.28	199.1	7.97	25.0	283.6	46.7
2002	339.60	1388.8	8.08	0.26	2002	1288	368	4.39	202.5	7.94	25.5	287.3	47.1
2003													
2004	320.74	1362.7	7.95	0.32	2064	1243	342	4.22	205.0	7.75	26.5	285.1	57.8
2005	313.71	1404.2	7.87	0.31	2304	1374	380	4.42	208.0	7.72	26.9	304.0	58.0
2006	270.9		7.14		2723	1524	501	4.75	202.9	7.14	28.4	221.9	50.7
2007	264.7	1389.9	7.63		3544	1923	616	3.65	222.7		29.2		
2008	266.6	1311.7	7.72		4294	2558	793	4.10	227.2		29.4		
2009	271.4	1362.8	7.70		5400	3456	863	4.91	237.0		30.8		

3-2-1 建制镇市政公用设施水平（2009 年）

3-2-1 Level of Municipal Public Facilities of Built-up Area of Towns（2009）

地区名称 Name of Regions		人口密度（人/平方公里） Population Density (person/km^2)	人均日生活用水量（升） Per Capita Daily Water Consumption (liter)	用水普及率（%） Water Coverage Rate (%)	燃气普及率（%） Gas Coverage Rate (%)	人均道路面积（平方米） Road Surface Area Per Capita (m^2)	排水管道暗渠密度（公里/平方公里） Density of Drains (km/km^2)	人均公园绿地面积（平方米） Public Recreational Green Space Per Capita (m^2)	绿化覆盖率（%） Green Coverage Rate (%)	绿地率（%） Green Space Rate (%)
全　国	**National Total**	**5214**	**98.9**	**78.3**	**43.4**	**11.2**	**4.99**	**1.92**	**14.1**	**7.1**
北　京	Beijing	4315	101.0	95.8	65.5	13.0	5.00	5.06	20.1	10.4
天　津	Tianjin	4481	79.5	89.8	69.9	14.4	5.60	1.12	19.2	5.4
河　北	Hebei	4875	56.4	75.8	37.4	10.0	2.16	0.66	7.6	2.9
山　西	Shanxi	5136	73.8	85.8	9.7	13.1	3.89	1.09	22.3	8.5
内蒙古	Inner Mongolia	3605	54.7	64.3	15.5	5.8	1.12	1.30	8.1	3.8
辽　宁	Liaoning	4110	67.2	70.9	35.1	13.7	3.32	1.32	9.9	2.7
吉　林	Jilin	3878	72.6	71.5	19.7	9.2	1.47	0.66	5.0	1.8
黑龙江	Heilongjiang	3637	68.5	78.5	14.9	14.9	1.28	0.97	4.6	1.8
上　海	Shanghai	5813	164.7	97.6	91.3	11.3	6.25	2.79	19.3	12.2
江　苏	Jiangsu	5564	103.0	95.9	82.0	16.7	8.71	4.95	21.1	14.3
浙　江	Zhejiang	5757	139.1	64.9	52.1	12.3	6.80	2.50	13.1	8.0
安　徽	Anhui	5123	100.3	59.6	29.7	9.7	5.66	1.26	16.1	7.4
福　建	Fujian	6808	108.8	84.9	61.5	11.1	5.78	3.08	16.0	5.6
江　西	Jiangxi	5105	109.5	67.2	35.3	10.3	5.06	1.50	9.7	5.1
山　东	Shandong	4522	68.2	85.3	32.0	16.0	5.92	3.12	22.2	12.7
河　南	Henan	6125	73.4	69.0	4.2	8.5	3.87	1.76	23.1	3.9
湖　北	Hubei	5210	97.0	81.7	46.4	9.3	4.95	1.79	13.4	6.9
湖　南	Hunan	5313	100.8	65.6	31.2	8.4	4.11	1.24	13.2	7.5
广　东	Guangdong	5528	140.7	83.8	70.4	11.8	6.46	1.89	15.0	9.2
广　西	Guangxi	7197	103.5	85.0	69.1	10.4	7.04	0.54	8.2	3.6
海　南	Hainan	4255	91.4	86.0	69.4	13.8	4.89	2.43	22.1	15.0
重　庆	Chongqing	7199	97.6	91.3	49.3	7.4	5.82	0.63	10.0	4.6
四　川	Sichuan	5613	100.8	81.4	40.7	8.6	5.01	0.56	6.7	3.3
贵　州	Guizhou	5072	88.5	82.3	15.4	7.1	2.44	0.27	9.6	4.0
云　南	Yunnan	5488	90.4	84.2	19.2	9.2	4.56	1.05	5.1	3.3
陕　西	Shaanxi	5028	58.8	65.5	16.0	8.1	3.44	0.50	7.0	2.6
甘　肃	Gansu	4114	47.8	66.5	4.6	10.6	1.81	0.68	6.4	2.9
青　海	Qinghai	3908	91.6	66.0	13.1	10.9	2.16	1.25	13.7	9.1
宁　夏	Ningxia	4189	70.7	61.9	21.4	12.6	2.74	0.62	6.7	4.6
新　疆	Xinjiang	3066	80.7	81.1	14.6	15.9	1.69	2.81	13.2	9.2

3-2-2 建制镇基本情况（2009 年）

地区名称 Name of Regions		建制镇个数（个） Number of Towns (unit)	建成区面积（公顷） Surface Area of Built-up Districts (hectare)	建成区户籍人口（万人） Registered Permanent Population (10,000 persons)	建成区暂住人口（万人） Temporary Population (10,000 persons)	规划建设管理		
						设有村镇建设管理机构的个数（个） Number of Towns with Construction Management Institution (unit)	村镇建设管理人员（人） Number of Construction Management Personnel (person)	专职人员 Full-time Staff
全 国	**National Total**	**16881**	**3131291**	**13760.76**	**2564.70**	**14750**	**82468**	**46942**
北 京	Beijing	126	31919	79.44	58.29	119	1512	804
天 津	Tianjin	107	23525	76.61	28.81	100	695	513
河 北	Hebei	787	122971	532.33	67.18	536	2455	1433
山 西	Shanxi	470	49095	229.62	22.53	325	805	386
内 蒙 古	Inner Mongolia	408	97921	318.40	34.56	341	1409	821
辽 宁	Liaoning	536	87737	324.93	35.64	534	1803	1106
吉 林	Jilin	400	77008	274.32	24.35	384	1072	786
黑 龙 江	Heilongjiang	402	79140	273.58	14.25	392	886	565
上 海	Shanghai	98	81691	247.86	227.01	98	1081	675
江 苏	Jiangsu	844	250354	1135.05	257.81	844	7772	5126
浙 江	Zhejiang	682	196652	769.90	362.17	662	7087	2951
安 徽	Anhui	841	190010	878.68	94.72	669	2990	1911
福 建	Fujian	508	94101	512.22	128.43	489	1771	1190
江 西	Jiangxi	667	94635	442.09	41.07	659	2953	1430
山 东	Shandong	1038	269912	1087.81	132.66	1009	8151	5078
河 南	Henan	787	168319	918.15	112.86	787	6143	3305
湖 北	Hubei	729	174741	816.95	93.48	633	4383	2376
湖 南	Hunan	985	162312	773.09	89.35	859	4287	2620
广 东	Guangdong	1044	283638	1187.02	380.86	954	7740	4523
广 西	Guangxi	603	63682	427.18	31.12	550	2279	1632
海 南	Hainan	163	23898	90.77	10.91	136	753	323
重 庆	Chongqing	497	55733	347.93	53.31	474	2069	1354
四 川	Sichuan	1559	151600	725.98	125.01	1296	6129	2561
贵 州	Guizhou	614	76321	352.45	34.64	458	1092	760
云 南	Yunnan	468	53039	265.27	25.79	375	1694	927
陕 西	Shaanxi	809	79494	352.80	46.89	578	1797	899
甘 肃	Gansu	378	44954	169.75	15.20	248	924	502
青 海	Qinghai	101	9825	35.38	3.02	45	92	14
宁 夏	Ningxia	76	12786	49.57	3.99	63	237	133
新 疆	Xinjiang	154	24278	65.63	8.81	133	407	238

3-2-2 Summary of Towns (2009)

Planning and Administer			市政公用设施建设财政性资金收入（万元） Fiscal Revenue for Municipal Public Facilities Construction (10, 000RMB)					地区名称
有总体规划的建制镇个数（个） Number of Towns with Master Plans (unit)	本年编制 Compiled This Year	本年规划编制投入（万元） Input in Planning this Year (10, 000 RMB)	合计 Total	中央财政 Central Goverment Financial Allocation	省级财政 Province Goverment Financial Allocation	市（县）财政 City(County) Goverment Financial Allocation	本级财政 Local Financial Allocation	Name of Regions
14387	**1946**	**225702**	**8163608**	**589879**	**705711**	**2523738**	**4344279**	**全国**
114	17	7048	297701		56665	181351	59685	北京
84	13	5148	96392	5213	5716	19683	65780	天津
553	87	5388	114454	761	6812	30727	76153	河北
307	41	5102	49220	3281	5666	10006	30267	山西
295	31	2183	49970	3934	6095	16317	23623	内蒙古
483	51	2862	175256	13353	25116	38853	97933	辽宁
282	38	1647	73580	14489	17259	16305	25527	吉林
318	23	634	29368	1661	4757	15327	7623	黑龙江
82	11	4206	720497	4636	48498	205246	462117	上海
824	131	20686	1203718	58370	71221	180969	893157	江苏
638	73	19238	942773	28657	25545	276373	612197	浙江
760	132	11045	487514	41207	55018	122372	268917	安徽
476	61	6991	268664	32540	33165	120362	82597	福建
644	16	3479	170434	25310	14145	37171	93808	江西
990	189	18151	748716	23476	31022	199646	494572	山东
735	82	11759	178990	16247	18885	22843	121015	河南
674	104	18871	262743	13683	27049	128250	93760	湖北
793	71	6646	203805	25146	24228	68635	85796	湖南
848	48	22189	614822	7115	31337	163615	412755	广东
504	44	1245	68262	13099	6594	31918	16650	广西
114	3	961	61240	8850	15977	30868	5546	海南
464	115	5614	134507	10980	20264	52997	50265	重庆
1232	261	17755	695099	160895	42964	349460	141780	四川
440	27	3904	116050	24346	17035	42740	31929	贵州
397	57	5242	111715	15223	16628	39185	40680	云南
737	162	14378	147639	8318	44456	69694	25170	陕西
307	27	1947	72646	13022	16044	30772	12808	甘肃
83	2	299	15726	7801	2656	4317	953	青海
65	9	691	21396	2619	8142	5532	5103	宁夏
144	20	393	30714	5646	6752	12204	6111	新疆

3-2-3 建制镇供水（2009 年）

地区名称 Name of Regions		集中供水的建制镇个数（个）Number of Towns with Access to Piped Water (unit)	占全部建制镇的比例（%）Percentage of Total Rate (%)	公共供水 Public Water Supply			自备水源单位 Self-built Water Supply Facilities	
				设施个数（个）Number of Public Water Supply Facilities (unit)	水厂个数 Waterwork	综合生产能力（万立方米/日）Integrated Production Capacity (10,000 m^3/day)	个数（个）Number of Self-built Water Supply Facilities (unit)	综合生产能力（万立方米/日）Integrated Production Capacity (10,000 m^3/day)
全　国	**National Total**	**15460**	**91.6**	**24078**	**12644**	**4801.8**	**42648**	**1544.8**
北　京	Beijing	126	100.0	229	127	79.3	751	45.4
天　津	Tianjin	95	88.8	283	89	24.2	645	10.7
河　北	Hebei	648	82.3	1283	129	60.9	2519	59.2
山　西	Shanxi	466	99.2	651	135	39.3	1083	25.2
内蒙古	Inner Mongolia	348	85.3	587	174	40.3	527	16.7
辽　宁	Liaoning	445	83.0	796	386	62.3	1096	32.5
吉　林	Jilin	342	85.5	602	231	57.9	700	20.9
黑龙江	Heilongjiang	367	91.3	562	209	34.9	258	6.7
上　海	Shanghai	98	100.0	94	82	169.1	27	10.1
江　苏	Jiangsu	844	100.0	1798	1405	579.5	1164	58.3
浙　江	Zhejiang	673	98.7	1023	597	585.9	2503	85.1
安　徽	Anhui	652	77.5	1068	787	211.1	1358	36.7
福　建	Fujian	500	98.4	660	428	211.2	1538	40.5
江　西	Jiangxi	602	90.3	844	510	117.1	1698	20.8
山　东	Shandong	1003	96.6	2487	854	342.5	6081	208.0
河　南	Henan	767	97.5	1041	350	80.5	4580	70.2
湖　北	Hubei	698	95.8	950	726	328.9	1710	417.1
湖　南	Hunan	811	82.3	1085	699	252.1	2879	49.6
广　东	Guangdong	993	95.1	1329	927	850.2	1934	114.2
广　西	Guangxi	590	97.8	725	535	88.6	1158	32.0
海　南	Hainan	163	100.0	262	97	15.9	1157	7.9
重　庆	Chongqing	491	98.8	766	626	70.5	352	13.2
四　川	Sichuan	1446	92.8	1842	1388	213.3	2591	58.6
贵　州	Guizhou	581	94.6	840	340	67.5	1056	16.7
云　南	Yunnan	445	95.1	580	264	58.0	721	30.1
陕　西	Shaanxi	679	83.9	955	247	51.7	1826	37.5
甘　肃	Gansu	293	77.5	316	131	25.4	367	6.3
青　海	Qinghai	81	80.2	84	9	13.3	16	1.7
宁　夏	Ningxia	62	81.6	109	40	50.8	123	8.2
新　疆	Xinjiang	151	98.1	227	122	19.8	230	4.6

3-2-3 Water Supply of Towns (2009)

年供水总量（万立方米） Annual Supply of Water (10,000m³)	年生活用水量 Annual Domestic Water Consumption	年生产用水量 Annual Water Consumption for Production	供水管道长度（公里） Length of Water Supply Pipelines (km)	本年新增 Added This Year	用水人口（万人） Population with Access to Water (10,000persons)	地区名称 Name of Regions
1145794	**461352**	**591731**	**385643**	**28695**	**12779.0**	**全国**
13469	4861	7237	5281	244	131.9	北京
8947	2748	5396	4859	521	94.7	天津
24920	9346	14506	8460	615	454.2	河北
16401	5825	9349	4736	283	216.4	山西
10949	4529	6315	7779	424	226.8	内蒙古
14369	6269	7056	9354	1338	255.6	辽宁
13752	5661	7067	5480	272	213.5	吉林
8407	5650	2523	7115	172	226.0	黑龙江
120798	27862	83806	7971	328	463.5	上海
126286	50210	67737	45947	3071	1336.1	江苏
100935	37269	55515	24062	2166	734.1	浙江
38904	21245	14627	13873	2272	580.1	安徽
54921	21606	27939	12791	818	544.0	福建
22562	12967	8457	6280	799	324.5	江西
91937	25900	61221	50564	3579	1040.8	山东
37656	19055	16987	17000	1037	711.2	河南
55069	26316	24194	20503	1579	743.5	湖北
40016	20796	15763	9814	1015	565.5	湖南
191607	67459	100276	53188	2232	1313.7	广东
24421	14707	8587	8232	713	389.3	广西
3620	2916	676	3371	307	87.4	海南
17875	13049	4102	7882	840	366.3	重庆
41935	25487	13894	19502	1447	692.5	四川
17823	10289	5762	7375	641	318.6	贵州
25663	8088	14555	8363	741	245.1	云南
11536	5620	3893	6681	668	261.8	陕西
3769	2144	1256	4099	283	122.9	甘肃
1961	847	1034	1091	17	25.3	青海
2065	855	853	1633	207	33.1	宁夏
3222	1778	1146	2356	66	60.4	新疆

3-2-4 建制镇燃气、供热、道路桥梁及防洪（2009 年）

3-2-4 Gas, Central Heating, Road, Bridge and Flood Control of Towns (2009)

地区名称 Name of Regions		用气人口（万人） Population with Access to Gas (10,000 persons)	集中供热（万平方米） Area of Centrally Heated District (10,000 m^2)	道路长度（公里） Length of Roads (km)	本年新增 Added This Year	道路面积（万平方米） Surface Area of Roads (10,000 m^2)	本年新增 Added This Year	道路照明灯盏数（盏） Number of Road Lamps (unit)	桥梁座数（座） Number of Bridges (unit)	防洪堤长度（公里） Length of Flood Control Dikes (km)
全　国	**National Total**	**7090.6**	**15948**	**245334**	**19312**	**182519**	**14164**	**3234093**	**98816**	**63111**
北　京	Beijing	90.2	2600	2617	244	1788	158	108460	889	633
天　津	Tianjin	73.7	1610	2410	255	1518	169	49847	954	646
河　北	Hebei	223.9	985	9285	450	5974	301	112285	1551	1646
山　西	Shanxi	24.5	548	4470	316	3291	223	35897	929	964
内蒙古	Inner Mongolia	54.8	926	2742	210	2029	146	46868	2270	1470
辽　宁	Liaoning	126.5	1877	7516	345	4935	235	53359	2311	2813
吉　林	Jilin	58.9	1292	4508	261	2735	153	29683	1317	1536
黑龙江	Heilongjiang	42.9	587	6955	187	4289	107	24511	669	895
上　海	Shanghai	433.3	30	4853	162	5374	251	99153	5069	932
江　苏	Jiangsu	1142.0	134	31102	2247	23236	1645	430930	17432	7767
浙　江	Zhejiang	590.0	863	17275	1278	13887	1092	337523	11382	5829
安　徽	Anhui	289.2	44	12185	1423	9403	1051	117184	5167	4463
福　建	Fujian	394.2		9266	614	7135	456	143610	2639	1969
江　西	Jiangxi	170.4	13	7172	660	4986	470	48139	1813	1905
山　东	Shandong	390.8	3376	26417	2541	19522	1965	366093	14280	5248
河　南	Henan	43.0	61	11265	919	8739	652	156948	2538	1875
湖　北	Hubei	422.3	37	10942	1185	8483	916	93444	2813	4013
湖　南	Hunan	269.4	30	9998	1039	7256	714	91020	3313	2396
广　东	Guangdong	1104.3		24292	1536	18562	1152	478253	9365	7027
广　西	Guangxi	316.5	18	6149	468	4752	267	54619	1235	421
海　南	Hainan	70.6		2028	157	1404	75	22849	258	261
重　庆	Chongqing	197.6		3359	389	2949	311	60866	1373	493
四　川	Sichuan	346.3		9648	943	7349	707	130217	3763	2789
贵　州	Guizhou	59.4	31	3750	218	2756	174	39937	1065	727
云　南	Yunnan	55.9		3770	310	2689	196	33192	1314	1708
陕　西	Shaanxi	63.9	157	5136	463	3238	286	30351	1331	1205
甘　肃	Gansu	8.6	263	2987	184	1967	139	13902	558	778
青　海	Qinghai	5.0	98	675	95	418	38	4056	132	91
宁　夏	Ningxia	11.5	190	916	125	672	67	7453	276	125
新　疆	Xinjiang	10.9	179	1645	89	1182	51	13444	810	484

3-2-5 建制镇排水和污水处理（2009 年）

3-2-5 Drainage and Wastewater Treatment of Towns（2009）

地区名称 Name of Regions		污水处理厂		污水处理装置		排水管道长度（公里） Length of Drainage Piplines (km)	本年新增 Added This Year	排水暗渠长度（公里） Length of Drains (km)	本年新增 Added This Year
		个数（个） Number of Wastewater Treatment Plants (unit)	处理能力（万立方米/日） Treatment Capacity (10,000 m^3/day)	个数（个） Number of Wastewater Treatment Facilities (unit)	处理能力（万立方米/日） Treatment Capacity (10,000 m^3/day)				
全　国	**National Total**	**1255**	**695.82**	**8033**	**509.47**	**107340**	**11192**	**48994**	**5675**
北　京	Beijing	78	23.21	155	17.50	1241	123	355	37
天　津	Tianjin	28	11.00	19	1.49	954	113	363	36
河　北	Hebei	17	11.35	45	6.02	1952	177	709	84
山　西	Shanxi	4	1.07	4	0.11	1247	76	662	60
内蒙古	Inner Mongolia	13	10.31	32	3.02	840	76	260	44
辽　宁	Liaoning	12	3.72	24	5.08	2028	199	883	147
吉　林	Jilin	7	0.96	8	2.02	883	103	250	32
黑龙江	Heilongjiang	1	0.08	1	0.08	654	64	361	68
上　海	Shanghai	36	26.53	163	19.14	4515	406	589	60
江　苏	Jiangsu	277	192.43	1013	115.92	16224	1710	5570	529
浙　江	Zhejiang	172	119.95	2745	105.60	10186	1193	3184	500
安　徽	Anhui	24	8.13	114	7.78	5727	814	5020	402
福　建	Fujian	16	31.02	68	34.95	4057	226	1386	165
江　西	Jiangxi	9	0.55	62	0.64	3107	347	1678	160
山　东	Shandong	219	97.66	539	78.61	9871	1381	6117	874
河　南	Henan	17	9.91	49	3.45	4266	453	2250	252
湖　北	Hubei	38	9.71	91	6.10	6129	750	2514	317
湖　南	Hunan	15	5.52	33	7.20	4478	502	2198	297
广　东	Guangdong	57	82.21	134	63.80	13046	679	5271	454
广　西	Guangxi	3	0.16	7	0.43	2912	178	1575	138
海　南	Hainan	1	0.10	6	0.47	800	29	368	25
重　庆	Chongqing	59	7.85	167	5.12	2176	229	1070	140
四　川	Sichuan	112	29.36	2430	13.05	4803	729	2796	397
贵　州	Guizhou	15	2.23	32	1.43	879	76	985	86
云　南	Yunnan	7	5.78	24	9.60	1427	116	994	63
陕　西	Shaanxi	7	4.13	55	0.45	1546	241	1190	267
甘　肃	Gansu					618	89	197	30
青　海	Qinghai	2	0.22	6		164	29	48	2
宁　夏	Ningxia	1	0.02	1	0.02	307	63	43	8
新　疆	Xinjiang	8	0.65	6	0.40	301	20	110	1

3-2-6 建制镇园林绿化及环境卫生（2009 年）

3-2-6 Landscaping and Environmental Sanitation of Towns（2009）

地区名称 Name of Regions		园林绿化（公顷）Landscaping（hectare） 绿化覆盖面积 Green Coverage Area	绿地面积 Area of Parks and Green Space	本年新增 Added This Year	公园绿地面积 Public Green Space	环境卫生 Environmental Sanitation 生活垃圾中转站（座） Number of Garbage Transfer Station (unit)	环卫专用车辆设备（台） Number of Special Vehicles for Environmental Sanitation (unit)	公共厕所（座） Number of Latrines (unit)
全　国	**National Total**	**440574**	**223138**	**13450**	**31402**	**27339**	**65792**	**115665**
北　京	Beijing	6403	3319	131	696	440	2501	1541
天　津	Tianjin	4519	1260	120	118	211	1562	2419
河　北	Hebei	9292	3541	133	395	322	1871	2782
山　西	Shanxi	10941	4171	169	275	782	1689	1520
内蒙古	Inner Mongolia	7958	3740	65	457	262	879	12326
辽　宁	Liaoning	8678	2331	222	477	644	1092	2947
吉　林	Jilin	3845	1368	38	198	323	751	2180
黑龙江	Heilongjiang	3647	1404	84	281	167	912	2330
上　海	Shanghai	15779	9969	517	1327	1227	2053	3378
江　苏	Jiangsu	52745	35714	2247	6889	1616	8464	10644
浙　江	Zhejiang	25800	15655	1038	2826	1651	7555	11843
安　徽	Anhui	30541	14003	467	1228	807	3563	5241
福　建	Fujian	15031	5293	451	1973	784	3477	12416
江　西	Jiangxi	9157	4837	451	724	881	1144	2646
山　东	Shandong	59980	34394	2160	3808	2466	4676	5482
河　南	Henan	38864	6495	1132	1820	1035	4713	3343
湖　北	Hubei	23445	12058	514	1626	1553	1807	3868
湖　南	Hunan	21336	12191	475	1073	1000	1519	5378
广　东	Guangdong	42563	26066	1537	2960	2563	5587	7493
广　西	Guangxi	5212	2309	169	250	297	1620	1924
海　南	Hainan	5292	3589	147	247	71	512	739
重　庆	Chongqing	5598	2539	212	253	826	820	1774
四　川	Sichuan	10080	5021	392	475	4573	4394	4074
贵　州	Guizhou	7294	3050	68	105	458	717	1512
云　南	Yunnan	2707	1760	99	305	290	568	2078
陕　西	Shaanxi	5587	2040	175	200	1299	651	1830
甘　肃	Gansu	2871	1323	70	127	305	319	745
青　海	Qinghai	1346	893	46	48	64	93	226
宁　夏	Ningxia	860	584	69	33	294	131	403
新　疆	Xinjiang	3203	2223	55	209	128	152	583

3-2-7 建制镇房屋（2009 年）

地区名称 Name of Regions		住宅 Residential Building						
		本年建房户数（户） Number of Households of Building Housing This Year (unit)	在新址上新建 New Construction on New Site	年末实有建筑面积（万平方米） Total Floor Space of Buildings (year-end) (10,000m²)	混合结构以上 Mixed Strucure and Above	本年竣工建筑面积（万平方米） Floor Space Completed This Year (10,000m²)	混合结构以上 Mixed Strucure and Above	人均住宅建筑面积（平方米） Per Capita Floor Space (m²)
全国	**National Total**	**913856**	**556175**	**441922.0**	**340417.1**	**14719.0**	**13855.7**	**32.11**
北京	Beijing	2623	1535	4075.1	3599.2	50.7	45.9	51.30
天津	Tianjin	12814	11313	2665.9	2012.5	223.1	215.4	34.80
河北	Hebei	29847	16398	15394.8	9845.6	415.0	368.2	28.92
山西	Shanxi	13477	6615	6497.0	4232.6	159.9	150.2	28.29
内蒙古	Inner Mongolia	8221	4864	6344.8	5511.4	71.1	71.0	19.93
辽宁	Liaoning	19142	7603	7873.8	4786.6	270.7	228.2	24.23
吉林	Jilin	7716	1839	5846.1	3385.2	124.4	87.5	21.31
黑龙江	Heilongjiang	16883	1944	6116.3	5377.8	149.8	149.8	22.36
上海	Shanghai	16626	16546	14826.0	14192.6	1009.0	1004.1	59.82
江苏	Jiangsu	88508	65163	41779.6	33714.7	1541.3	1506.4	36.81
浙江	Zhejiang	46808	33403	37562.9	30389.6	1178.1	1095.5	48.79
安徽	Anhui	66349	41097	24315.6	18913.6	887.3	738.5	27.67
福建	Fujian	19285	12226	18958.6	14390.3	442.6	426.4	37.01
江西	Jiangxi	19942	12874	14735.2	11996.0	406.7	396.6	33.33
山东	Shandong	129387	68924	31694.2	22388.8	1474.9	1365.8	29.14
河南	Henan	31314	13707	27439.9	21102.2	481.5	469.1	29.89
湖北	Hubei	43268	28525	25168.3	20744.7	624.4	590.0	30.81
湖南	Hunan	28312	18997	25694.6	22133.6	655.8	637.0	33.24
广东	Guangdong	44623	34121	34620.7	28649.6	1163.7	1094.7	29.17
广西	Guangxi	20147	13554	11021.2	8843.8	416.1	409.9	25.80
海南	Hainan	5520	3681	2299.4	1382.6	107.0	101.3	25.33
重庆	Chongqing	33568	21997	12424.7	10759.5	490.3	485.5	35.71
四川	Sichuan	126788	75656	31156.8	21407.8	1427.9	1368.3	42.92
贵州	Guizhou	17626	10363	8629.8	6633.0	244.4	232.7	24.49
云南	Yunnan	10428	5909	8855.3	4544.5	190.2	167.6	33.38
陕西	Shaanxi	14694	7440	8469.2	5993.3	169.7	160.3	24.01
甘肃	Gansu	22433	7839	4079.0	1847.2	169.5	149.1	24.03
青海	Qinghai	4952	4343	898.2	461.0	69.7	67.0	25.39
宁夏	Ningxia	5555	4394	955.4	365.4	54.7	45.3	19.27
新疆	Xinjiang	7000	3305	1523.5	812.6	49.9	28.7	23.21

3-2-7 Building Construction of Towns (2009)

公共建筑 Public Building				生产性建筑 Industrial Building				地区名称
年末实有建筑面积（万平方米） Total Floor Space of Buildings (year-end) (10,000m²)	混合结构以上 Mixed Strucure and above	本年竣工建筑面积（万平方米） Floor Space Completed This Year (10,000m²)	混合结构以上 Mixed Strucure and Above	年末实有建筑面积（万平方米） Total Floor Space of Buildings (year-end) (10,000m²)	混合结构以上 Mixed Strucure and Above	本年竣工建筑面积（万平方米） Floor Space Completed This Year (10,000m²)	混合结构以上 Mixed Strucure and Above	Name of Regions
105079.8	**86627.3**	**4198.1**	**3984.4**	**147744.2**	**123674.7**	**9768.7**	**8822.8**	**全　国**
998.4	932.1	23.3	21.8	2148.3	2040.5	74.0	67.0	北　京
555.6	431.8	48.7	46.1	2407.5	2178.1	143.9	129.8	天　津
3393.7	2451.6	111.6	93.4	4917.2	3498.4	269.5	210.4	河　北
1413.2	1138.8	58.1	55.4	1478.0	1169.1	53.4	45.5	山　西
1496.2	1232.8	24.1	24.0	1095.4	909.1	26.5	26.5	内蒙古
3589.8	2103.2	94.6	92.8	2575.7	2039.2	119.0	108.1	辽　宁
1906.7	1486.0	46.8	41.4	1279.4	939.3	47.5	42.8	吉　林
1636.6	1433.7	42.3	42.1	1272.4	1039.0	21.0	21.0	黑龙江
2724.7	2702.9	129.2	129.0	7244.4	7183.6	345.1	341.0	上　海
11367.8	9650.6	469.6	450.5	25031.7	22187.9	1931.7	1807.9	江　苏
6936.8	6398.5	302.9	293.2	23920.0	21958.8	1610.2	1576.0	浙　江
4740.0	4126.1	257.2	236.4	5507.3	4207.0	538.9	435.7	安　徽
4082.5	3468.0	124.6	123.3	6387.5	4235.9	346.0	317.4	福　建
2540.9	2150.9	113.2	111.1	2189.2	1656.8	110.9	93.6	江　西
11876.8	9143.0	525.5	505.6	16507.8	13697.9	1241.2	1113.5	山　东
3471.0	2799.1	169.4	163.0	4279.4	3499.9	235.9	219.3	河　南
6485.7	5240.4	193.5	180.6	5109.4	4098.7	362.6	326.3	湖　北
5009.5	4436.2	206.8	191.4	4322.9	3303.9	247.7	213.0	湖　南
9279.6	7952.3	282.8	250.3	16139.6	13217.8	958.3	796.9	广　东
3516.4	2761.1	96.3	95.0	1821.8	1231.9	88.2	81.3	广　西
663.3	403.9	12.6	11.9	205.2	118.6	7.5	6.2	海　南
2464.1	2225.9	96.5	93.2	1625.9	1370.2	75.5	68.6	重　庆
5456.1	4519.8	397.0	387.1	3936.2	2948.7	243.4	213.1	四　川
1959.3	1682.7	72.7	69.6	980.4	835.3	64.6	60.2	贵　州
2306.1	1805.5	78.8	75.5	1199.4	840.2	53.3	44.0	云　南
2230.1	1812.2	90.3	81.2	1550.0	1246.9	153.4	79.6	陕　西
1691.9	1148.5	70.9	64.1	1378.4	1055.3	361.2	357.7	甘　肃
427.0	316.4	10.7	9.8	312.8	303.4	4.4	4.1	青　海
392.1	295.9	13.9	13.0	494.5	388.8	10.2	6.5	宁　夏
467.8	377.7	34.2	32.9	426.7	274.7	23.9	10.0	新　疆

3-2-8 建制镇建设投入（2009 年）

地区名称 Name of Regions		合计 Total	房屋 Building 小计 Input of House	住宅 Residential Building	公共建筑 Public Building	生产性建筑 Industrial Building	本年建设投入 小计 Input of Municipal Public Facilities	供水 Water Supply	燃气 Gas Supply
全 国	**National Total**	**36185346**	**28205697**	**14648895**	**4357689**	**9199113**	**7979649**	**898148**	**243706**
北 京	Beijing	403627	212292	87664	35644	88984	191335	13111	14093
天 津	Tianjin	1230231	1056930	741814	158412	156704	173301	13862	15492
河 北	Hebei	847673	719920	401119	108354	210447	127753	13188	7367
山 西	Shanxi	281265	204869	114930	53477	36462	76396	6239	4420
内蒙古	Inner Mongolia	203361	120870	67361	25261	28248	82491	9291	486
辽 宁	Liaoning	783049	563394	327019	94589	141786	219655	20917	2646
吉 林	Jilin	295742	219078	119617	53430	46031	76664	12797	1467
黑龙江	Heilongjiang	219401	164099	112349	34982	16768	55302	6311	27
上 海	Shanghai	3144045	2744506	2026444	262918	455144	399539	33708	15690
江 苏	Jiangsu	4838691	3681267	1460722	496743	1723802	1157424	92818	22892
浙 江	Zhejiang	3728028	2802968	1052077	346652	1404239	925060	122487	10725
安 徽	Anhui	1906801	1486003	743458	242519	500026	420798	83644	12534
福 建	Fujian	905630	697362	344014	106919	246429	208268	21779	1456
江 西	Jiangxi	482104	356725	215793	73100	67832	125379	14976	4161
山 东	Shandong	3404973	2664152	1231101	436989	996062	740821	75501	17258
河 南	Henan	704208	546013	288353	109674	147986	158195	18973	6132
湖 北	Hubei	1266947	981569	520015	151272	310282	285378	45488	10012
湖 南	Hunan	1089508	799056	443854	177224	177978	290452	48864	7023
广 东	Guangdong	3330607	2505277	1319936	278281	907060	825330	70409	22811
广 西	Guangxi	475208	407391	261027	80599	65765	67817	15861	686
海 南	Hainan	174088	133722	112490	13804	7428	40366	6388	55
重 庆	Chongqing	750382	565748	418875	86183	60690	184634	27460	20916
四 川	Sichuan	2986950	2254882	1476516	527129	251237	732068	75939	39316
贵 州	Guizhou	338650	262784	158965	56693	47126	75866	11502	978
云 南	Yunnan	420690	322628	176950	92927	52751	98062	12107	712
陕 西	Shaanxi	501788	374126	130326	95598	148202	127662	12181	839
甘 肃	Gansu	1145426	1088260	142218	95987	850055	57166	5591	574
青 海	Qinghai	103589	86745	68493	14033	4219	16844	1478	2200
宁 夏	Ningxia	101397	83403	56226	17070	10107	17994	2020	708
新 疆	Xinjiang	121287	99658	29169	31226	39263	21629	3258	30

3-2-8 Construction Input of Towns (2009)

计量单位：万元 Measurement Unit：10, 000 RMB

Construction Input of This Year 市政公用设施 Municipal Public Facilities 集中供热 Central Heating	道路桥梁 Road and Bridge	排水 Drainage	污水处理 Wastewater Treatment	防洪 Flood Control	园林绿化 Lands-caping	环境卫生 Environ-mental Sanitation	垃圾处理 Garbage Treatment	其他 Other	地区名称 Name of Regions
148623	**3003996**	**1193103**	**610512**	**361566**	**708979**	**526806**	**215049**	**894722**	**全国**
12329	69689	17685	6423	1446	18648	31363	8534	12971	北京
11142	41677	14987	5222	1684	33688	7470	2086	33299	天津
13818	53119	8864	3219	4503	11162	9353	3547	6379	河北
4819	29766	7884	354	8043	9376	3765	803	2084	山西
4142	23287	2013	736	2436	5589	3254	629	31993	内蒙古
22117	55160	26915	6915	7589	50375	7823	4687	26113	辽宁
6748	40255	4013	137	2683	2825	2767	685	3109	吉林
3442	20518	5670	5	169	3657	4402	1996	11106	黑龙江
94	161512	84604	54438	7397	45126	30493	12402	20915	上海
4079	433895	178002	117331	29048	145351	67032	26713	184307	江苏
3171	301434	193062	126306	63324	56904	72469	36205	101484	浙江
349	174090	47810	9304	14902	18256	21577	8218	47636	安徽
248	82727	21825	4285	27751	20100	19450	11363	12932	福建
16	53471	10615	1927	9870	11663	8241	3638	12366	江西
47729	255857	88404	43029	19940	116272	42749	14902	77111	山东
107	71670	8445	637	3229	11465	23073	13391	15101	河南
5509	122089	30414	11072	7346	16337	13296	5164	34887	湖北
67	139993	27255	14647	16821	14642	13723	4481	22064	湖南
66	233265	271288	149056	55559	41933	56642	24724	73357	广东
	32719	7708	2422	1558	2154	4149	1870	2982	广西
	16428	1045	258	10795	1548	1833	234	2274	海南
	62576	13676	6370	13472	10317	9212	4300	27005	重庆
799	343412	81241	38592	31177	34852	51931	15947	73401	四川
197	42043	6295	3847	1676	3275	3981	1310	5919	贵州
10	37485	6248	361	5176	7597	4354	2362	24373	云南
809	59969	13288	741	11037	8189	5103	1096	16247	陕西
1638	31632	7081	963	1906	1819	2129	1166	4796	甘肃
1136	3180	3046	924	532	2237	2834	1801	201	青海
2207	6990	2391	540	302	1630	1418	557	328	宁夏
1835	4088	1329	451	195	1992	920	238	7982	新疆

3-2-9 乡市政公用设施水平（2009年）

3-2-9 Level of Municipal Public Facilities of Built-up Area of Townships (2009)

地区名称 Name of Regions		人口密度（人/平方公里） Population Density (person/km²)	用水普及率（%） Water Coverage Rate (%)	燃气普及率（%） Gas Coverage Rate (%)	人均道路面积（平方米） Road Surface Area Per Capita (m²)	排水管道暗渠密度（公里/平方公里） Density of Drains (km/km²)	人均公园绿地面积（平方米） Public Recreational Green Space Per Capita (m²)	绿化覆盖率（%） Green Coverage Rate (%)	绿地率（%） Green Space Rate (%)
全国	**National Total**	**4661**	**63.5**	**18.3**	**10.9**	**3.01**	**0.84**	**11.4**	**4.5**
北京	Beijing	3650	97.9	37.8	12.2	4.79	2.44	27.0	8.1
天津	Tianjin	3140	91.8	62.3	12.0	3.99	0.41	12.1	3.2
河北	Hebei	4463	61.1	22.7	9.1	1.33	0.49	6.8	2.6
山西	Shanxi	4855	82.3	6.2	12.7	2.85	0.73	19.6	7.2
内蒙古	Inner Mongolia	3322	36.5	12.2	6.5	0.44	0.60	6.1	3.0
辽宁	Liaoning	3496	40.5	13.2	15.0	2.07	0.33	8.7	2.4
吉林	Jilin	3049	52.2	11.2	13.4	1.08	0.24	5.4	2.4
黑龙江	Heilongjiang	3072	68.6	9.9	20.4	0.64	0.28	4.8	1.8
上海	Shanghai	4616	82.5	65.4	19.0	10.91	1.31	35.8	10.3
江苏	Jiangsu	5536	90.6	62.9	15.6	6.16	3.33	20.5	13.0
浙江	Zhejiang	5249	69.6	57.0	10.2	5.19	0.86	7.3	4.1
安徽	Anhui	4532	35.2	21.1	11.1	4.77	1.09	14.2	6.0
福建	Fujian	7083	81.7	49.7	12.5	5.93	3.15	16.3	6.9
江西	Jiangxi	4775	51.8	25.0	10.8	4.71	1.56	9.1	4.6
山东	Shandong	4475	82.0	21.5	15.1	6.08	1.44	17.7	8.3
河南	Henan	5843	62.4	3.5	9.3	3.51	0.93	22.9	3.8
湖北	Hubei	4382	72.2	35.5	9.0	2.93	0.60	9.7	4.2
湖南	Hunan	4495	45.8	20.6	8.5	3.34	0.55	11.5	5.9
广东	Guangdong	4176	60.6	42.9	15.0	8.55	0.71	16.7	6.8
广西	Guangxi	7098	84.2	54.1	9.9	5.55	0.38	8.8	4.0
海南	Hainan	3047	83.3	49.9	10.6	1.11		17.9	10.5
重庆	Chongqing	6509	76.6	21.4	10.7	5.86	0.35	7.2	4.2
四川	Sichuan	5185	63.0	10.2	9.4	3.26	0.03	2.8	0.8
贵州	Guizhou	4663	74.5	10.4	9.4	2.14	0.36	9.9	4.2
云南	Yunnan	5273	76.9	10.9	8.7	3.24	0.37	3.5	1.9
陕西	Shaanxi	4566	65.0	19.3	10.2	3.73	0.39	8.0	3.1
甘肃	Gansu	3494	44.1	2.4	12.2	1.35	0.33	8.6	3.3
青海	Qinghai	5111	37.9		8.6	0.11	0.09	4.6	1.9
宁夏	Ningxia	3577	67.7	9.3	12.1	2.53	0.07	5.9	2.5
新疆	Xinjiang	3088	73.5	5.8	19.6	0.16	2.48	15.8	10.9

3-2-10 乡基本情况（2009 年）

地区名称 Name of Regions		乡个数（个） Number of Townships (unit)	建成区面积（公顷） Surface Area of Built-up Districts (hectare)	建成区户籍人口（万人） Registered Permanent Population (10,000 persons)	建成区暂住人口（万人） Temporary Population (10,000 persons)	规划建设 Planning and		
						设有村镇建设管理机构的个数（个） Number of Towns with Construction Management Institution (unit)	村镇建设管理人员（人） Number of Construction Management Personnel (person)	专职人员 Full-time Staff
全　国	**National Total**	**13886**	**757553**	**3276.35**	**254.52**	**8616**	**25921**	**14760**
北　京	Beijing	14	848	1.97	1.13	12	140	67
天　津	Tianjin	20	2657	7.17	1.17	20	96	69
河　北	Hebei	938	63943	272.77	12.58	428	1150	666
山　西	Shanxi	618	25551	115.50	8.55	308	695	394
内蒙古	Inner Mongolia	179	15696	48.15	3.99	131	404	179
辽　宁	Liaoning	348	21108	70.16	3.62	346	543	435
吉　林	Jilin	172	13245	37.65	2.74	160	282	188
黑龙江	Heilongjiang	411	30066	87.58	4.77	390	559	391
上　海	Shanghai	2	165	0.19	0.57	2	11	9
江　苏	Jiangsu	100	11311	57.73	4.89	100	642	369
浙　江	Zhejiang	440	20701	92.66	16.00	296	730	390
安　徽	Anhui	346	32707	137.03	11.21	260	707	489
福　建	Fujian	317	14928	98.41	7.33	286	621	366
江　西	Jiangxi	621	39785	176.96	13.02	592	1994	1036
山　东	Shandong	261	28444	118.50	8.78	252	1477	931
河　南	Henan	948	96969	530.57	35.98	934	5132	3200
湖　北	Hubei	200	22464	87.93	10.50	168	998	424
湖　南	Hunan	1009	59536	246.26	21.36	505	2316	988
广　东	Guangdong	12	849	3.26	0.28	11	97	88
广　西	Guangxi	420	14808	100.86	4.24	278	532	306
海　南	Hainan	21	914	2.68	0.10	15	36	26
重　庆	Chongqing	281	6642	37.48	5.76	244	457	297
四　川	Sichuan	2457	49890	231.82	26.84	939	1796	1052
贵　州	Guizhou	748	36976	161.64	10.78	466	754	510
云　南	Yunnan	687	31436	157.72	8.04	384	984	590
陕　西	Shaanxi	657	26170	108.68	10.81	338	697	299
甘　肃	Gansu	762	34279	112.27	7.50	306	916	464
青　海	Qinghai	217	5507	26.69	1.46	34	43	13
宁　夏	Ningxia	90	4711	15.74	1.11	71	165	99
新　疆	Xinjiang	590	45247	130.33	9.41	340	947	425

3-2-10 Summary of Townships（2009）

管理 Administer			市政公用设施建设财政性资金收入（万元） Fiscal Revenue for Municipal Public Facilities Construction（10,000RMB）					地区名称
有总体规划的乡个数（个） Number of Townships with Master Plans (unit)	本年编制 Compiled This Year	本年规划编制投入（万元） Input in Planning This Year (10,000 RMB)	合计 Total	中央财政 Central Goverment Financial Allocation	省级财政 Province Goverment Financial Allocation	市（县）财政 City（County）Goverment Financial Allocation	本级财政 Local Financial Allocation	Name of Regions
8048	**1171**	**78476**	**1253385**	**193641**	**244888**	**482315**	**332541**	**全　国**
12	3	1030	10002	640	2685	5007	1670	北　京
17	3	136	7542	1280	487	833	4942	天　津
426	135	2797	26895	530	824	10351	15190	河　北
240	36	4916	24266	4304	3684	10647	5630	山　西
90	18	1058	14486	1241	762	8541	3942	内蒙古
273	16	896	30144	1897	7365	11616	9266	辽　宁
78	11	311	19406	1125	8656	8078	1547	吉　林
295	39	735	20974	770	3257	8106	8842	黑龙江
		30	7226	451	501	1294	4980	上　海
96	17	7837	16444		3139	6059	7246	江　苏
270	36	4317	99531	998	12065	63659	22809	浙　江
276	35	2322	72028	5103	15650	29569	21705	安　徽
256	30	1366	32491	2996	9528	11092	8874	福　建
565	17	1976	57658	4577	10588	19096	23398	江　西
240	53	2014	66425	2679	3433	17715	42598	山　东
777	83	13177	95555	13787	17411	22955	41401	河　南
184	43	2159	37689	8213	3004	16079	10393	湖　北
581	42	4586	75918	9106	14733	30399	21681	湖　南
8	1	14	624			337	287	广　东
212	17	654	16595	2233	4338	8600	1424	广　西
17	1	68	6697	100	5788	722	87	海　南
207	33	883	18695	1232	3179	8633	5651	重　庆
887	256	13225	160424	73518	30680	44075	12150	四　川
330	20	2566	43652	7985	6179	21435	8054	贵　州
414	27	2992	42827	8063	8285	18981	7497	云　南
408	81	2626	34456	2227	4977	18610	8643	陕　西
350	64	2275	60071	9205	13234	20094	17537	甘　肃
50	3	222	15077	10063	4263	621	130	青　海
53	2	335	16123	4371	898	9856	997	宁　夏
436	49	952	123465	14947	45295	49253	13970	新　疆

3-2-11 乡供水（2009 年）

地区名称 Name of Regions		集中供水的乡个数（个） Number of Townships with Access to Piped Water (unit)	占全部乡的比例（%） Percentage of Total Rate (%)	公共供水 Public Water Supply 设施个数（个） Number of Public Water Supply Facilities (unit)	水厂个数 Waterwork	综合生产能力（万立方米/日） Integrated Production Capacity (10,000 m^3/day)	自备水源单位 Self-built Water Supply Facilities 个数（个） Number of Self-built Water Supply Facilities (unit)	综合生产能力（万立方米/日） Integrated Production Capacity (10,000 m^3/day)
全　国	**National Total**	**10590**	**76.3**	**12371**	**4768**	**598.9**	**16846**	**229.6**
北　京	Beijing	14	100.0	33	12	1.0	12	0.5
天　津	Tianjin	19	95.0	46	9	3.9	59	0.9
河　北	Hebei	629	67.1	810	79	38.0	1223	18.4
山　西	Shanxi	592	95.8	643	107	15.1	709	16.5
内蒙古	Inner Mongolia	108	60.3	156	37	4.7	95	2.5
辽　宁	Liaoning	194	55.8	344	90	12.8	368	4.6
吉　林	Jilin	126	73.3	180	58	3.7	141	1.7
黑龙江	Heilongjiang	325	79.1	336	131	12.7	167	8.2
上　海	Shanghai	2	100.0	2	2	0.9		
江　苏	Jiangsu	100	100.0	164	141	16.6	100	3.7
浙　江	Zhejiang	382	86.8	447	105	23.9	933	12.6
安　徽	Anhui	188	54.3	299	181	27.1	278	5.0
福　建	Fujian	302	95.3	353	230	22.0	636	7.0
江　西	Jiangxi	476	76.7	578	294	29.3	999	8.3
山　东	Shandong	251	96.2	414	196	30.5	682	14.5
河　南	Henan	865	91.2	778	257	34.3	3812	43.4
湖　北	Hubei	177	88.5	262	173	48.1	334	10.7
湖　南	Hunan	664	65.8	828	340	56.4	1565	12.5
广　东	Guangdong	7	58.3	10	3	1.3	10	0.2
广　西	Guangxi	381	90.7	374	210	13.8	373	6.1
海　南	Hainan	21	100.0	27	3	0.4	17	0.1
重　庆	Chongqing	243	86.5	281	193	10.8	108	0.9
四　川	Sichuan	1656	67.4	1776	985	49.8	1284	8.3
贵　州	Guizhou	643	86.0	762	224	24.9	591	5.0
云　南	Yunnan	592	86.2	732	159	31.3	657	6.6
陕　西	Shaanxi	496	75.5	521	83	14.5	682	5.2
甘　肃	Gansu	432	56.7	381	75	8.7	364	13.7
青　海	Qinghai	99	45.6	112	1	3.2	12	0.1
宁　夏	Ningxia	74	82.2	57	4	4.3	66	1.9
新　疆	Xinjiang	532	90.2	665	386	55.1	569	10.6

3-2-11 Water Supply of Townships（2009）

年供水总量（万立方米） Annual Supply of Water (10,000m³)	年生活用水量 Annual Domestic Water Consumption	年生产用水量 Annual Water Consumption for Production	供水管道长度（公里） Length of Water Supply Pipelines (km)	本年新增 Added This Year	用水人口（万人） Population with Access to Water (10,000 persons)	人均日生活用水量（升） Per Capita Daily Water Consumption (liter)	地区名称 Name of Regions
113798	**65092**	**39089**	**86452**	**8676**	**2242.2**	**79.5**	**全国**
136	93	42	193	7	3.0	84.3	北京
612	222	314	682	51	7.7	79.4	天津
7961	3858	3550	4087	216	174.4	60.6	河北
4918	2062	2856	4028	276	102.0	55.4	山西
1447	397	1022	1406	56	19.1	57.1	内蒙古
1635	774	631	2154	246	29.9	71.1	辽宁
812	550	245	1256	319	21.1	71.4	吉林
2340	1564	706	2663	82	63.4	67.6	黑龙江
34	21	13	17	2	0.6	92.5	上海
3516	2208	1139	2166	256	56.7	106.6	江苏
5175	2850	1659	4057	319	75.6	103.2	浙江
2976	1715	910	2451	510	52.2	90.0	安徽
5990	3289	2094	3088	248	86.4	104.3	福建
6007	3877	1814	2875	338	98.4	107.9	江西
6832	2442	3729	4647	491	104.4	64.1	山东
14324	8529	4911	5444	809	353.5	66.1	河南
3535	2220	1056	1885	383	71.1	85.6	湖北
8314	4353	2406	4097	537	122.6	97.3	湖南
565	119	111	64	1	2.1	151.9	广东
4110	3158	784	2853	245	88.5	97.8	广西
62	55	4	127	14	2.3	64.8	海南
1676	1111	362	1811	283	33.1	91.9	重庆
7382	5325	1688	6955	639	162.9	89.6	四川
5863	3945	1437	6201	602	128.5	84.1	贵州
7016	4146	1987	7076	600	127.4	89.1	云南
3104	1644	1207	2837	261	77.6	58.0	陕西
1687	915	599	2285	252	52.8	47.5	甘肃
560	290	260	626	2	10.7	74.6	青海
609	312	271	694	58	11.4	74.9	宁夏
4599	3049	1285	7728	574	102.8	81.3	新疆

3-2-12　乡燃气、供热、道路桥梁及防洪（2009 年）

3-2-12　Gas, Central Heating, Road, Bridge and Flood Control of Townships (2009)

地区名称 Name of Regions		用气人口（万人）Population with Access to Gas (10,000 persons)	集中供热（万平方米）Area of Centrally Heated District (10,000 m^2)	道路长度（公里）Length of Roads (km)	本年新增 Added This Year	道路面积（万平方米）Surface Area of Roads (10,000 m^2)	本年新增 Added This Year	道路照明灯盏数（盏）Number of Road Lamps (unit)	桥梁座数（座）Number of Bridges (unit)	防洪堤长度（公里）Length of Flood Control Dikes (km)
全　国	**National Total**	**645.7**	**616**	**63263**	**5300**	**38607**	**3304**	**439142**	**28030**	**17852**
北　京	Beijing	1.2	17	84	4	38	3	3646	23	18
天　津	Tianjin	5.2	92	188	24	100	10	5195	77	64
河　北	Hebei	64.8	34	4797	224	2599	130	43227	1041	918
山　西	Shanxi	7.7	97	2500	107	1571	77	22659	787	528
内蒙古	Inner Mongolia	6.4	27	477	24	339	18	4709	381	275
辽　宁	Liaoning	9.7	80	1936	93	1105	49	9343	893	1201
吉　林	Jilin	4.5	11	1014	97	541	39	3631	299	240
黑龙江	Heilongjiang	9.1	23	3418	158	1884	65	7032	366	530
上　海	Shanghai	0.5		36	—	15	1	195	16	48
江　苏	Jiangsu	39.4		1552	178	979	90	10675	1415	361
浙　江	Zhejiang	61.9	3	2116	174	1107	85	35109	1746	1730
安　徽	Anhui	31.3	4	2621	422	1638	250	19080	1816	1349
福　建	Fujian	52.5		2175	116	1326	90	21105	1327	565
江　西	Jiangxi	47.4	1	3253	277	2059	162	20378	1460	1156
山　东	Shandong	27.3	56	3086	319	1926	193	39901	2505	1084
河　南	Henan	19.6	24	7740	900	5266	759	82696	3602	1615
湖　北	Hubei	34.9		1348	171	886	115	9373	462	638
湖　南	Hunan	55.1	4	3685	464	2275	246	14948	1577	919
广　东	Guangdong	1.5		106	1	53		743	46	30
广　西	Guangxi	56.9		1611	79	1040	46	8088	423	167
海　南	Hainan	1.4		58	5	29	3	426	31	22
重　庆	Chongqing	9.2		696	50	460	34	5570	282	111
四　川	Sichuan	26.5		4040	253	2434	144	24467	2109	547
贵　州	Guizhou	17.9	3	2373	218	1615	139	11712	753	772
云　南	Yunnan	18.1	3	2418	191	1448	97	10076	913	421
陕　西	Shaanxi	23.0	11	2123	202	1222	120	6940	620	540
甘　肃	Gansu	2.9	21	2524	205	1461	128	4467	607	661
青　海	Qinghai	—	1	438	13	241	8	328	125	15
宁　夏	Ningxia	1.6	53	305	40	204	33	1033	136	78
新　疆	Xinjiang	8.1	55	4543	289	2745	169	12390	2192	1248

3-2-13 乡排水和污水处理（2009年）

3-2-13 Drainage and Wastewater Treatment of Townships（2009）

地区名称 Name of Regions		污水处理厂		污水处理装置		排水管道长度（公里） Length of Drainage Piplines (km)	本年新增 Added This Year	排水暗渠长度（公里） Length of Drains (km)	本年新增 Added This Year
		个数（个） Number of Wastwater Treatment Plants (unit)	处理能力（万立方米/日） Treatment Capacity (10,000 m^3/day)	个数（个） Number of Wastwater Treatment Facilities (unit)	处理能力（万立方米/日） Treatment Capacity (10,000 m^3/day)				
全　国	**National Total**	**90**	**15.53**	**1023**	**7.15**	**13523**	**1759**	**9284**	**1181**
北　京	Beijing	8	0.07	6	0.03	22	3	19	2
天　津	Tianjin	2	0.30	1	0.20	67	10	39	10
河　北	Hebei	1	0.02	1	0.02	609	44	242	43
山　西	Shanxi	2	0.06	3	0.01	476	42	253	19
内蒙古	Inner Mongolia	2	1.70			59	19	10	3
辽　宁	Liaoning	3	0.04	3	0.04	265	31	171	12
吉　林	Jilin					101	14	42	2
黑龙江	Heilongjiang					90	27	102	37
上　海	Shanghai	2	0.05	5		15	7	3	3
江　苏	Jiangsu	1	8.00	10	0.80	504	62	193	28
浙　江	Zhejiang	29	1.85	879	3.42	719	149	354	56
安　徽	Anhui	4	0.59	2	0.50	821	158	738	103
福　建	Fujian	3	0.06	3	0.06	625	31	261	18
江　西	Jiangxi	4	0.12	21	0.09	1244	124	629	79
山　东	Shandong	1	—	1	—	900	163	828	129
河　南	Henan	4	0.03	36	0.04	2200	266	1199	165
湖　北	Hubei	3	0.48	1	0.15	428	63	230	38
湖　南	Hunan	5	1.85	7	0.19	1141	149	845	86
广　东	Guangdong			1	0.05	33	1	40	
广　西	Guangxi					528	35	294	32
海　南	Hainan					8	1	2	—
重　庆	Chongqing	2	0.04	4	0.60	172	22	217	18
四　川	Sichuan	2	0.03	24	0.04	828	114	797	94
贵　州	Guizhou	2	0.05	3	0.11	358	34	435	43
云　南	Yunnan	1	0.10	1	0.10	543	48	476	33
陕　西	Shaanxi					383	65	592	98
甘　肃	Gansu					258	49	206	25
青　海	Qinghai					1		5	
宁　夏	Ningxia					73	17	46	3
新　疆	Xinjiang	9	0.10	11	0.70	53	12	18	2

3-2-14 乡园林绿化及环境卫生（2009 年）

3-2-14 Landscaping and Environmental Sanitation of Townships（2009）

地区名称 Name of Regions		园林绿化（公顷）Landscaping（hectare）				环境卫生 Environmental Sanitation		
		绿化覆盖面积 Green Coverage Area	绿地面积 Area of Parks and Green Space	本年新增 Added This Year	公园绿地面积 Public Green Space	生活垃圾中转站（座）Number of Garbage Transfer Station (unit)	环卫专用车辆设备（台）Number of Special Vehicles for Environmental Sanitation (unit)	公共厕所（座）Number of Latrines (unit)
全　国	**National Total**	**86658**	**33734**	**2177**	**2969**	**7508**	**13373**	**29612**
北　京	Beijing	229	69	8	8	4	36	77
天　津	Tianjin	321	86	6	3	14	234	224
河　北	Hebei	4369	1645	83	139	493	724	1450
山　西	Shanxi	5010	1827	81	90	404	989	1713
内蒙古	Inner Mongolia	957	465	3	31	15	85	578
辽　宁	Liaoning	1832	515	38	25	140	185	819
吉　林	Jilin	715	312	22	10	45	149	283
黑龙江	Heilongjiang	1444	534	57	26	77	391	1193
上　海	Shanghai	59	17		1	8	34	7
江　苏	Jiangsu	2316	1474	101	208	65	405	549
浙　江	Zhejiang	1507	840	54	93	450	1025	2006
安　徽	Anhui	4639	1950	99	161	241	681	1026
福　建	Fujian	2439	1022	133	333	176	675	883
江　西	Jiangxi	3600	1845	180	295	531	680	1944
山　东	Shandong	5036	2368	111	183	158	635	1014
河　南	Henan	22236	3700	604	528	834	2369	3224
湖　北	Hubei	2175	940	59	59	160	204	423
湖　南	Hunan	6849	3520	89	148	302	701	1413
广　东	Guangdong	142	58		3	8	14	29
广　西	Guangxi	1305	595	18	39	100	330	529
海　南	Hainan	163	96			10	32	21
重　庆	Chongqing	479	277	21	15	151	122	233
四　川	Sichuan	1407	373	22	8	1847	1244	3615
贵　州	Guizhou	3650	1537	61	63	243	430	1090
云　南	Yunnan	1096	597	46	62	154	308	2306
陕　西	Shaanxi	2082	815	47	47	456	198	878
甘　肃	Gansu	2939	1129	46	40	175	119	649
青　海	Qinghai	251	103	8	3	66	22	51
宁　夏	Ningxia	278	115	17	1	27	177	199
新　疆	Xinjiang	7133	4910	164	346	154	175	1186

3-2-15 乡房屋（2009年）

地区名称 Name of Regions		住宅 Residential Building						
		本年建房户数（户）Number of Households of Building Housing This Year (unit)	在新址上新建 New Construction on New Site	年末实有建筑面积（万平方米）Total Floor Space of Buildings (year-end) (10,000m²)	混合结构以上 Mixed Strucure and Above	本年竣工建筑面积（万平方米）Floor Space Completed This Year (10,000m²)	混合结构以上 Mixed Strucure and Above	人均住宅建筑面积（平方米）Per Capita Floor Space (m²)
全国	**National Total**	**247141**	**116115**	**94314.0**	**61927.9**	**2932.1**	**2601.0**	**28.79**
北京	Beijing	21	7	53.4	28.7	0.2	0.2	27.15
天津	Tianjin	456	221	179.5	109.9	3.9	2.9	25.03
河北	Hebei	10245	3703	7008.5	3919.7	123.2	105.2	25.69
山西	Shanxi	7477	3281	3105.5	1751.5	75.3	68.2	26.89
内蒙古	Inner Mongolia	1296	770	917.3	790.3	9.2	9.2	19.05
辽宁	Liaoning	2948	955	1495.5	637.5	38.0	27.0	21.32
吉林	Jilin	2195	522	830.1	420.7	21.0	16.5	22.05
黑龙江	Heilongjiang	9355	670	1901.3	1550.6	79.1	79.1	21.71
上海	Shanghai	7	3	13.7	12.1	1.0	1.0	72.30
江苏	Jiangsu	6784	4180	1595.1	1225.9	85.9	85.3	27.63
浙江	Zhejiang	6350	3385	4128.5	2837.3	113.6	112.8	44.56
安徽	Anhui	13018	8593	3871.3	2772.9	184.5	124.1	28.25
福建	Fujian	4384	2737	3631.4	2429.8	94.7	90.5	36.90
江西	Jiangxi	9374	5629	5474.0	4308.5	171.0	166.5	30.93
山东	Shandong	14191	5616	3087.8	2058.5	169.8	157.3	26.06
河南	Henan	25795	11542	15727.8	11645.9	379.4	361.1	29.64
湖北	Hubei	5937	3768	2455.3	2050.9	89.2	83.1	27.92
湖南	Hunan	11092	7266	8055.7	5915.4	199.1	181.2	32.71
广东	Guangdong	112	102	64.1	50.4	1.5	1.5	19.63
广西	Guangxi	7488	3804	2906.2	1983.8	135.5	132.0	28.81
海南	Hainan	61	37	65.6	17.0	1.4	0.8	24.47
重庆	Chongqing	5113	3535	1400.2	1139.6	58.3	56.5	37.36
四川	Sichuan	29641	14843	8814.9	6073.8	303.4	266.3	38.03
贵州	Guizhou	11095	6356	3555.3	2444.0	128.2	117.4	22.00
云南	Yunnan	8598	4748	4878.0	2100.4	100.3	74.3	30.93
陕西	Shaanxi	5620	2763	2843.6	1714.6	54.8	50.2	26.17
甘肃	Gansu	23125	9103	2519.1	953.2	160.0	132.1	22.44
青海	Qinghai	970	423	377.4	98.8	7.9	4.9	14.14
宁夏	Ningxia	3787	1485	322.1	107.9	28.2	23.1	20.46
新疆	Xinjiang	20606	6068	3036.3	778.6	114.8	70.8	23.30

3-2-15 Building Construction of Townships（2009）

公共建筑 Public Building				生产性建筑 Industrial Building				地区名称
年末实有建筑面积（万平方米） Total Floor Space of Buildings (year-end) (10,000m²)	混合结构以上 Mixed Strucure and Above	本年竣工建筑面积（万平方米） Floor Space Completed This Year (10,000m²)	混合结构以上 Mixed Strucure and Above	年末实有建筑面积（万平方米） Total Floor Space of Buildings (year-end) (10,000m²)	混合结构以上 Mixed Strucure and Above	本年竣工建筑面积（万平方米） Floor Space Completed This Year (10,000m²)	混合结构以上 Mixed Strucure and Above	Name of Regions
21870.1	**16202.6**	**973.1**	**891.8**	**13122.0**	**9252.0**	**871.7**	**738.9**	**全　国**
15.4	9.9	0.5	0.5	11.9	11.1	0.8	0.8	北　京
49.8	40.8	10.3	9.9	180.7	153.2	7.9	7.1	天　津
1280.1	891.0	38.1	32.4	1538.3	1047.9	82.1	67.3	河　北
620.7	461.3	31.4	27.5	557.7	407.3	27.9	20.4	山　西
219.6	186.0	2.6	2.6	102.1	78.3	3.5	3.4	内蒙古
557.3	362.4	28.7	26.0	325.5	199.6	30.2	27.4	辽　宁
239.6	155.4	6.3	6.0	114.8	76.7	5.5	5.0	吉　林
452.8	358.2	18.4	18.4	282.2	234.5	15.0	15.0	黑龙江
8.1	8.1	0.7	0.7	8.1	8.1	0.2	0.1	上　海
529.5	420.0	20.1	20.0	464.8	358.3	56.6	45.8	江　苏
471.6	392.7	17.3	16.5	580.7	450.3	31.8	29.4	浙　江
849.3	730.6	65.3	61.7	594.6	394.7	47.1	35.4	安　徽
1050.1	721.7	22.8	21.3	682.7	457.2	31.4	24.6	福　建
1364.7	1061.0	47.1	45.3	778.9	513.8	47.4	38.4	江　西
1259.5	1026.7	68.7	63.7	1102.2	853.1	117.3	102.9	山　东
2274.8	1743.5	115.4	108.5	1634.2	1234.8	125.0	115.2	河　南
699.0	545.3	25.9	23.9	309.4	230.5	28.5	25.7	湖　北
1742.8	1328.0	58.1	50.1	973.4	710.4	66.1	55.6	湖　南
23.1	19.0	0.5	0.3	17.8	13.6			广　东
976.7	685.9	32.0	30.9	327.1	165.2	15.7	12.6	广　西
17.2	12.5	1.1	1.1	4.1	1.7			海　南
378.1	296.9	14.1	13.9	146.5	109.0	6.5	5.8	重　庆
1688.1	1315.0	109.3	100.4	495.7	335.6	20.2	15.0	四　川
863.6	726.4	34.2	31.4	380.4	322.1	26.6	25.0	贵　州
1341.1	898.4	46.6	40.7	354.8	191.0	8.6	6.8	云　南
645.6	502.4	26.6	24.9	287.9	206.3	16.5	11.6	陕　西
1097.9	647.8	46.7	41.3	517.7	297.4	37.7	31.8	甘　肃
106.5	52.4	3.1	2.8	19.1	8.6	0.5	0.2	青　海
167.1	79.4	12.3	11.7	56.5	29.2	2.5	1.1	宁　夏
880.4	524.2	69.1	57.5	272.1	152.9	12.6	9.3	新　疆

3-2-16 乡建设投入（2009 年）

地区名称	Name of Regions	本年建设投入 合计 Total	房屋 Building 小计 Input of House	住宅 Residential Building	公共建筑 Public Building	生产性建筑 Industrial Building	小计 Input of Municipal Public Facilities	供水 Water Supply	燃气 Gas Supply
全　国	**National Total**	**4714853**	**3705562**	**2120016**	**910259**	**675287**	**1009291**	**149462**	**21983**
北　京	Beijing	4455	1972	162	935	875	2483	400	100
天　津	Tianjin	30694	18411	3379	5728	9304	12283	2104	2002
河　北	Hebei	212876	188027	92853	30951	64223	24849	3681	596
山　西	Shanxi	158773	131246	86199	26636	18411	27527	3009	347
内蒙古	Inner Mongolia	41370	14040	7968	2609	3463	27330	4269	1025
辽　宁	Liaoning	110503	94473	33766	31023	29684	16030	3162	517
吉　林	Jilin	41286	30515	17463	6920	6132	10771	2756	27
黑龙江	Heilongjiang	108245	85562	58584	15098	11880	22683	664	30
上　海	Shanghai	6263	2598	469	1797	332	3665	25	120
江　苏	Jiangsu	164116	137399	73737	17002	46660	26717	3968	280
浙　江	Zhejiang	204070	136666	95735	17454	23477	67404	7511	3544
安　徽	Anhui	329214	253141	137784	72970	42387	76073	16401	2094
福　建	Fujian	162103	121522	58731	21773	41018	40581	5550	780
江　西	Jiangxi	186925	137843	85835	28048	23960	49082	5513	2684
山　东	Shandong	336416	286741	134470	66004	86267	49675	7214	690
河　南	Henan	481987	386019	226273	77481	82265	95968	10562	682
湖　北	Hubei	140786	106503	64531	23669	18303	34283	6451	322
湖　南	Hunan	299539	229286	132825	49731	46730	70253	9428	464
广　东	Guangdong	2826	2595	1366	834	395	231	28	10
广　西	Guangxi	127215	111173	77043	24606	9524	16042	2556	72
海　南	Hainan	3727	2849	1221	1577	51	878	133	
重　庆	Chongqing	74843	57939	42428	11718	3793	16904	4115	104
四　川	Sichuan	507689	389340	246103	123754	19483	118349	21152	2607
贵　州	Guizhou	159824	130641	85468	26581	18592	29183	5352	300
云　南	Yunnan	164256	136052	80757	47817	7478	28204	3972	696
陕　西	Shaanxi	114156	80760	43972	26228	10560	33396	2280	592
甘　肃	Gansu	265368	232298	140145	55151	37002	33070	5143	149
青　海	Qinghai	17141	12856	7984	4502	370	4285	360	
宁　夏	Ningxia	77742	50018	21090	27041	1887	27724	737	726
新　疆	Xinjiang	180445	137077	61675	64621	10781	43368	10966	423

3-2-16 Construction Input of Townships (2009)

计量单位：万元　Measurement Unit：10, 000 RMB

Construction Input of This Year 市政公用设施 Municipal Public Facilities									
集中供热 Central Heating	道路桥梁 Road and Bridge	排水 Drainage	污水处理 Wastewater Treatment	防洪 Flood Control	园林绿化 Landscaping	环境卫生 Environmental Sanitation	垃圾处理 Garbage Treatment	其他 Other	地区名称 Name of Regions
19422	**445851**	**76865**	**16321**	**56725**	**66556**	**65247**	**25019**	**107180**	**全　国**
270	848	100	20	156	263	156	66	190	北　京
3344	1352	1977	685	41	1017	295	51	151	天　津
409	12326	1290	40	729	1934	1287	198	2597	河　北
810	13469	2221	184	779	4151	1735	318	1006	山　西
3252	12433	3177	3005	251	1944	619	287	360	内蒙古
1129	4637	888	110	1082	725	2245	1535	1645	辽　宁
121	4985	353		1125	209	258	67	937	吉　林
55	8479	4656		144	1033	1480	106	6142	黑龙江
		986	931		577	259	110	1698	上　海
130	8576	1784	172	2970	2331	1600	595	5078	江　苏
850	22039	7418	4795	12322	5031	5222	2432	3467	浙　江
1	38877	6919	437	1804	2422	2876	1026	4679	安　徽
	16565	3763	624	2059	4546	4866	3152	2452	福　建
7	19128	3821	223	4437	4551	3623	1726	5318	江　西
1312	22013	3571	172	1539	4722	4052	849	4562	山　东
950	41014	5729	326	3408	9676	7243	3443	16704	河　南
10	12271	1821	564	1337	1469	1678	804	8924	湖　北
22	40290	3142	205	3822	3420	3587	1048	6078	湖　南
	33	28	1	25	36	36	26	35	广　东
	5787	1158	59	3491	283	754	286	1941	广　西
	501	3		150	50	36	2	5	海　南
	6716	708	35	957	1056	1487	795	1761	重　庆
3931	48610	9980	2580	6129	4457	11955	4006	9528	四　川
41	15560	1835	406	494	1137	1824	589	2640	贵　州
3	14809	2188	35	1057	1469	1314	404	2696	云　南
321	14394	3007	176	1223	2629	1751	194	7199	陕　西
851	17848	1748	95	1294	935	1018	232	4084	甘　肃
	2964			60	318	173	72	410	青　海
781	17869	1268	1	2530	2737	555	289	521	宁　夏
822	21458	1326	440	1310	1428	1263	311	4372	新　疆

3-2-17 镇乡级特殊区域市政公用设施水平（2009 年）

3-2-17 Level of Municipal Public Facilities of Built-up Area of Special District at Township Level (2009)

地区名称	Name of Regions	人口密度（人/平方公里）Population Density (person/km^2)	用水普及率（%）Water Coverage Rate (%)	燃气普及率（%）Gas Coverage Rate (%)	人均道路面积（平方米）Road Surface Area Per Capita (m^2)	排水管道暗渠密度（公里/平方公里）Density of Drains (km/km^2)	人均公园绿地面积（平方米）Public Recreational Green Space Per Capita (m^2)	绿化覆盖率（%）Green Coverage Rate (%)	绿地率（%）Green Space Rate (%)
全　国	**National Total**	**3796**	**82.4**	**36.8**	**14.0**	**3.80**	**2.99**	**18.1**	**10.5**
河　北	Hebei	3805	91.4	44.1	11.6	2.75		5.9	2.3
山　西	Shanxi	3465	90.3		6.7				
内蒙古	Inner Mongolia	3052	58.4	5.4	9.0	2.84	2.16	11.8	6.2
辽　宁	Liaoning	3748	49.0	23.0	12.7	2.29	0.61	4.1	1.2
吉　林	Jilin	2529	63.0	8.2	11.6	0.78		4.9	0.9
黑龙江	Heilongjiang	3778	87.5	26.5	13.3	3.46	4.42	19.8	10.1
上　海	Shanghai	2545	95.8	85.8	28.8	5.54	0.04	23.4	19.8
江　苏	Jiangsu	4363	96.2	52.2	15.7	9.01	4.82	21.2	11.5
浙　江	Zhejiang	3538	35.7	35.6	21.0	8.72	1.16	8.8	4.1
安　徽	Anhui	5328	64.6	24.2	10.0	6.53	2.61	18.5	7.6
福　建	Fujian	7030	98.9	90.6	16.0	5.36	5.96	25.5	6.2
江　西	Jiangxi	4415	59.2	17.2	13.6	5.68	2.88	8.0	4.7
河　南	Henan	6446	28.0		12.8	2.08	1.65	34.0	3.7
湖　北	Hubei	4365	80.6	30.4	10.1	4.65	2.00	16.0	5.6
湖　南	Hunan	5108	64.6	27.0	10.8	3.28	0.26	21.4	14.7
广　东	Guangdong	4371	67.4	63.7	17.6	6.06	8.74	29.7	12.9
广　西	Guangxi	6418	97.7	77.8	9.8	11.63	0.39	14.9	6.2
海　南	Hainan	4263	89.0	71.9	12.2	3.49	1.81	22.8	17.0
四　川	Sichuan	9527	98.1		11.3				
贵　州	Guizhou	9351	95.6	3.7	6.0	1.33		9.6	0.7
云　南	Yunnan	6088	55.6	14.3	10.6	3.31	0.91	3.8	2.0
陕　西	Shaanxi	5333	91.9	40.4	7.6	3.92		9.8	2.0
甘　肃	Gansu	4278	100.0		19.5			11.1	11.1
青　海	Qinghai	6818	66.7		13.3			15.2	15.2
宁　夏	Ningxia	3556	84.4	23.4	14.1	1.69	4.93	10.2	5.4
新　疆	Xinjiang	2500	72.9	11.2	20.1	0.04	1.19	9.7	7.0

3-2-18 镇乡级特殊区域基本情况（2009 年）

地区名称 Name of Regions		镇乡级特殊区域个数（个） Number of Special District at Township Level (unit)	建成区面积（公顷） Surface Area of Built-up Districts (hectare)	建成区户籍人口（万人） Registered Permanent Population (10,000 persons)	建成区暂住人口（万人） Temporary Population (10,000 persons)	规划建设 Planning and		
						设有村镇建设管理机构的个数（个） Number of Towns with Construction Management Institution (unit)	村镇建设管理人员（人） Number of Construction Management Personnel (person)	专职人员 Full-time Staff
全　　国	**National Total**	**667**	**85378**	**285.06**	**39.05**	**488**	**3326**	**2032**
河　　北	Hebei	26	2431	8.49	0.76	21	67	49
山　　西	Shanxi	1	43	0.13	0.01			
内 蒙 古	Inner Mongolia	44	2506	6.49	1.16	32	100	67
辽　　宁	Liaoning	29	2045	6.41	1.25	28	50	34
吉　　林	Jilin	4	513	0.98	0.32	4	11	7
黑 龙 江	Heilongjiang	178	38400	133.14	11.94	154	928	548
上　　海	Shanghai	9	9434	14.49	9.52	8	45	23
江　　苏	Jiangsu	11	1658	5.59	1.65	8	66	35
浙　　江	Zhejiang	4	486	0.61	1.11	2	9	3
安　　徽	Anhui	28	1626	7.94	0.73	21	224	104
福　　建	Fujian	6	166	1.16	0.01	3	5	4
江　　西	Jiangxi	35	2479	10.39	0.55	28	83	47
河　　南	Henan	6	259	1.57	0.10	6	28	15
湖　　北	Hubei	42	4756	19.42	1.34	33	250	174
湖　　南	Hunan	29	742	3.71	0.08	9	13	11
广　　东	Guangdong	14	1085	2.77	1.97	11	36	29
广　　西	Guangxi	3	81	0.50	0.01	1	2	
海　　南	Hainan	69	9744	37.02	4.52	53	1120	737
四　　川	Sichuan	1	9	0.03	0.06	1	1	
贵　　州	Guizhou	2	135	1.21	0.05			
云　　南	Yunnan	31	1716	9.94	0.50	11	90	24
陕　　西	Shaanxi	3	51	0.24	0.03			
甘　　肃	Gansu	1	9	0.04		1	2	
青　　海	Qinghai	2	7	0.03	0.02			
宁　　夏	Ningxia	20	1540	4.59	0.88	17	144	93
新　　疆	Xinjiang	69	3456	8.16	0.48	36	52	28

3-2-18 Summary of Special District at Township Level（2009）

管理 Administer			市政公用设施建设财政性资金收入（万元） Fiscal Revenue for Municipal Public Facilities Construction（10, 000RMB）					地区名称
有总体规划的镇乡级特殊区域个数（个） Number of Special District at Township Level with Master Plans（unit）	本年编制 Compiled This Year	本年规划编制投入（万元） Input in Planning this Year（10, 000 RMB）	合计 Total	中央财政 Central Goverment Financial Allocation	省级财政 Province Goverment Financial Allocation	市（县）财政 City（County）Goverment Financial Allocation	本级财政 Local Financial Allocation	Name of Regions
412	**59**	**2403**	**273363**	**45219**	**31811**	**62343**	**133990**	**全　　国**
19	4	57	8213	12		5772	2429	河　　北
								山　　西
29	3	198	60688	19235	4061	21530	15862	内 蒙 古
20	1	43	3127	50	2340	580	158	辽　　宁
2		1	658		382	50	226	吉　　林
127	35	562	66372	2948	765	3330	59330	黑 龙 江
6	1	543	56204	339	1912	10313	43640	上　　海
8		30	942		100		842	江　　苏
4			57				57	浙　　江
18	1	50	8063	479	929	4601	2054	安　　徽
3			1295	417	426	427	25	福　　建
26	1	94	2501	32	477	604	1388	江　　西
5	1	15	10			3	7	河　　南
34	4	347	9452	2091	2099	3622	1641	湖　　北
8		42	781	22	158	360	242	湖　　南
7	1	44	2762	157	1421	386	799	广　　东
								广　　西
34	1	262	41747	17693	14348	7159	2547	海　　南
1								四　　川
1								贵　　州
8	2	76	891	164	328	138	261	云　　南
1			15			15		陕　　西
								甘　　肃
								青　　海
15	3	32	3472	518	972	640	1342	宁　　夏
36	1	8	6111	1063	1092	2813	1142	新　　疆

3-2-19 镇乡级特殊区域供水（2009 年）

地区名称 Name of Regions		集中供水的镇乡级特殊区域个数（个） Number of Special District at Township Level with Access to Piped Water (unit)	占全部镇乡级特殊区域的比例（%） Percentage of Total Rate (%)	公共供水 Public Water Supply			自备水源单位 Self-built Water Supply Facilities	
				设施个数（个） Number of Public Water Supply Facilities (unit)	水厂个数 Waterwork	综合生产能力（万立方米/日） Integrated Production Capacity (10,000 m^3/day)	个数（个） Number of Self-built Water Supply Facilities (unit)	综合生产能力（万立方米/日） Integrated Production Capacity (10,000 m^3/day)
全　国	**National Total**	**543**	**81.4**	**836**	**357**	**67.91**	**1032**	**18.41**
河　北	Hebei	23	88.5	49	12	1.17	60	1.92
山　西	Shanxi	1	100.0				3	0.02
内蒙古	Inner Mongolia	23	52.3	34	7	0.89	45	1.01
辽　宁	Liaoning	19	65.5	37	15	2.42	22	0.69
吉　林	Jilin	2	50.0	2	2	0.06		
黑龙江	Heilongjiang	145	81.5	222	113	24.59	71	3.94
上　海	Shanghai	9	100.0	12	6	4.65		
江　苏	Jiangsu	11	100.0	21	3	1.82	7	0.29
浙　江	Zhejiang	4	100.0	4	3	1.37	2	0.02
安　徽	Anhui	18	64.3	21	13	2.90	7	0.50
福　建	Fujian	5	83.3	5	3	0.37	3	0.03
江　西	Jiangxi	28	80.0	28	14	1.28	31	0.71
河　南	Henan	3	50.0	8	4	0.03	11	0.02
湖　北	Hubei	40	95.2	50	37	8.68	31	1.38
湖　南	Hunan	22	75.9	22	11	0.91	6	0.04
广　东	Guangdong	10	71.4	8	2	0.15	18	0.11
广　西	Guangxi	3	100.0	3	2	0.26	1	0.20
海　南	Hainan	69	100.0	164	59	6.75	594	3.48
四　川	Sichuan	1	100.0	1		0.01		
贵　州	Guizhou	2	100.0	2		0.07	1	0.01
云　南	Yunnan	27	87.1	58	7	3.09	53	0.75
陕　西	Shaanxi	3	100.0	3		0.07		
甘　肃	Gansu	1	100.0	1		0.01		
青　海	Qinghai	1	50.0				1	
宁　夏	Ningxia	18	90.0	20	4	3.37	36	3.06
新　疆	Xinjiang	55	79.7	61	40	2.99	29	0.25

3-2-19 Water Supply of Special District at Township Level (2009)

年供水总量（万立方米） Annual Supply of Water (10,000m^3)	年生活用水量 Annual Domestic Water Consumption	年生产用水量 Annual Water Consumption for Production	供水管道长度（公里） Length of Water Supply Pipelines (km)	本年新增 Added This Year	用水人口（万人） Population with Access to Water (10,000 persons)	人均日生活用水量（升） Per Capita Daily Water Consumption (liter)	地区名称 Name of Regions
19603	**7872**	**9923**	**10545**	**565**	**266.96**	**80.8**	**全国**
726	202	514	262	9	8.45	65.6	河北
8	3	5	3		0.13	51.3	山西
313	119	193	179	22	4.46	72.7	内蒙古
191	101	55	155	22	3.76	73.9	辽宁
15	13	2	10		0.82	43.3	吉林
5426	3514	1901	4100	163	126.88	75.9	黑龙江
6961	518	4993	614	66	23.01	61.7	上海
397	259	113	178	15	6.96	102.1	江苏
226	21	202	54	3	0.61	94.1	浙江
542	231	221	258	14	5.59	113.2	安徽
87	43	38	45	5	1.15	101.1	福建
318	179	132	227	30	6.48	75.8	江西
11	10	1	20		0.47	59.8	河南
901	565	323	939	40	16.72	92.6	湖北
156	120	34	100	13	2.45	134.0	湖南
506	138	368	171	9	3.20	118.3	广东
71	24	47	24		0.51	129.7	广西
1627	1285	296	1994	95	36.97	95.2	海南
2	2				0.09	53.6	四川
28	26	2	26		1.21	59.1	贵州
323	170	94	419	27	5.80	80.5	云南
4	4	1	8	2	0.25	41.7	陕西
1	1	0.12	3		0.04	78.3	甘肃
			1		0.03	30.1	青海
538	148	357	208	16	4.62	87.8	宁夏
223	175	31	550	13	6.30	76.3	新疆

3-2-20 镇乡级特殊区域燃气、供热、道路桥梁及防洪(2009 年)

3-2-20 Gas, Central Heating, Road, Bridge and Flood Control of Special District at Township Level (2009)

地区名称 Name of Regions		用气人口(万人) Population with Access to Gas (10,000 persons)	集中供热(万平方米) Area of Centrally Heated District (10,000 m^2)	道路长度(公里) Length of Roads (km)	本年新增 Added This Year	道路面积(万平方米) Surface Area of Roads (10,000 m^2)	本年新增 Added This Year	道路照明灯盏数(盏) Number of Road Lamps (unit)	桥梁座数(座) Number of Bridges (unit)	防洪堤长度(公里) Length of Flood Control Dikes (km)
全　　国	**National Total**	**119.4**	**2281**	**6930**	**399**	**4548**	**286**	**85311**	**2284**	**1339**
河　　北	Hebei	4.1	14	236	19	107	11	2852	109	95
山　　西	Shanxi			1		1				
内 蒙 古	Inner Mongolia	0.4	57	114	22	69	16	5583	97	37
辽　　宁	Liaoning	1.8	9	131	5	97	5	1619	49	117
吉　　林	Jilin	0.1	8	34	3	15	2	192	8	130
黑 龙 江	Heilongjiang	38.5	2143	2960	105	1926	64	36661	129	163
上　　海	Shanghai	20.6		710	39	691	43	12578	557	50
江　　苏	Jiangsu	3.8		206	7	113	3	1311	66	22
浙　　江	Zhejiang	0.6		34	2	36	5	462	39	5
安　　徽	Anhui	2.1		195	31	87	12	2193	58	236
福　　建	Fujian	1.1		25		19		393	10	13
江　　西	Jiangxi	1.9		252	24	148	16	1527	45	64
河　　南	Henan			31	1	21	1	157	25	3
湖　　北	Hubei	6.3		316	33	209	28	2946	348	115
湖　　南	Hunan	1.0		76	7	41	3	566	29	3
广　　东	Guangdong	3.0		175	2	83	1	2220	36	31
广　　西	Guangxi	0.4		9	1	5	2	71	1	
海　　南	Hainan	29.9		801	72	506	61	10921	276	53
四　　川	Sichuan			1		1				
贵　　州	Guizhou			8		8		104	11	3
云　　南	Yunnan	1.5		184	8	111	5	1236	46	13
陕　　西	Shaanxi	0.1		4		2		20		
甘　　肃	Gansu			1		1				
青　　海	Qinghai			1		1				
宁　　夏	Ningxia	1.3	50	141	10	77	6	892	76	25
新　　疆	Xinjiang	1.0	1	285	9	173	5	807	269	160

3-2-21 镇乡级特殊区域排水和污水处理（2009 年）

3-2-21 Drainage and Wastewater Treatment of Special District at Township Level（2009）

地区名称 Name of Regions		污水处理厂 个数（个） Number of Wastewater Treatment Plants (unit)	污水处理厂 处理能力（万立方米/日） Treatment Capacity (10,000 m^3/day)	污水处理装置 个数（个） Number of Wastwater Treatment Facilities (unit)	污水处理装置 处理能力（万立方米/日） Treatment Capacity (10,000 m^3/day)	排水管道长度（公里） Length of Drainage Piplines (km)	本年新增 Added This Year	排水暗渠长度（公里） Length of Drains (km)	本年新增 Added This Year
全　国	**National Total**	**13**	**1.09**	**19**	**1.59**	**2367**	**265**	**875**	**125**
河　北	Hebei					57	3	10	
山　西	Shanxi								
内蒙古	Inner Mongolia	2	0.42	2	0.85	70	9	1	
辽　宁	Liaoning					32	3	15	3
吉　林	Jilin							4	3
黑龙江	Heilongjiang	3	0.07	5	0.03	905	162	424	76
上　海	Shanghai	1		2	0.20	481	20	41	2
江　苏	Jiangsu			2	0.09	130	6	19	5
浙　江	Zhejiang					41	2	1	
安　徽	Anhui	2	0.15	1	0.10	53	12	53	2
福　建	Fujian					7		2	
江　西	Jiangxi	2		2		98	9	43	11
河　南	Henan					5			
湖　北	Hubei					148	20	73	9
湖　南	Hunan					16	1	8	1
广　东	Guangdong	1	0.15			62	3	4	2
广　西	Guangxi					6		4	
海　南	Hainan	1	0.01	4	0.03	193	8	148	12
四　川	Sichuan								
贵　州	Guizhou					1		1	
云　南	Yunnan					34	3	22	1
陕　西	Shaanxi					1		1	
甘　肃	Gansu								
青　海	Qinghai								
宁　夏	Ningxia	1	0.29	1	0.29	26	3		
新　疆	Xinjiang					1			

3-2-22 镇乡级特殊区域园林绿化及环境卫生（2009 年）

3-2-22 Landscaping and Environmental Sanitation of Special District at Township Level（2009）

地区名称	Name of Regions	园林绿化（公顷）Landscaping（hectare）				环境卫生 Environmental Sanitation		
		绿化覆盖面积 Green Coverage Area	绿地面积 Area of Parks and Green Space	本年新增 Added This Year	公园绿地面积 Public Green Space	生活垃圾中转站（座）Number of Garbage Transfer Station (unit)	环卫专用车辆设备（台）Number of Special Vehicles for Environmental Sanitation (unit)	公共厕所（座）Number of Latrines (unit)
全　国	**National Total**	**15445**	**8986**	**1060**	**969**	**861**	**1649**	**5259**
河　北	Hebei	144	56	7	0	18	80	176
山　西	Shanxi						1	10
内蒙古	Inner Mongolia	295	154		17		35	139
辽　宁	Liaoning	85	25	1	5	7	23	49
吉　林	Jilin	25	5				6	16
黑龙江	Heilongjiang	7611	3869	837	641	313	980	2832
上　海	Shanghai	2203	1871	54	1	30	74	104
江　苏	Jiangsu	351	190	5	35	24	19	156
浙　江	Zhejiang	43	20		2	3	13	36
安　徽	Anhui	301	124	11	23	32	49	241
福　建	Fujian	42	10		7	2	5	14
江　西	Jiangxi	199	116	9	32	24	30	107
河　南	Henan	88	10		3	2	7	14
湖　北	Hubei	759	264	11	42	68	99	270
湖　南	Hunan	159	109	1	1	3	15	23
广　东	Guangdong	323	140	31	41	2	8	14
广　西	Guangxi	12	5		0			2
海　南	Hainan	2226	1654	82	75	271	147	597
四　川	Sichuan							
贵　州	Guizhou	13	1			26	3	8
云　南	Yunnan	65	35	1	9	6	8	228
陕　西	Shaanxi	5	1					3
甘　肃	Gansu	1	1					1
青　海	Qinghai	1	1					
宁　夏	Ningxia	158	84		27	10	31	155
新　疆	Xinjiang	336	241	10	10	20	16	64

3-2-23 镇乡级特殊区域房屋（2009 年）

地区名称 Name of Regions		住宅 Residential Building						
		本年建房户数（户） Number of Households of Building Housing This Year (unit)	在新址上新建 New Construction on New Site	年末实有建筑面积（万平方米） Total Floor Space of Buildings (year-end) (10,000m²)	混合结构以上 Mixed Strucure and Above	本年竣工建筑面积（万平方米） Floor Space Completed This Year (10,000m²)	混合结构以上 Mixed Strucure and Above	人均住宅建筑面积（平方米） Per Capita Floor Space (m²)
全　国	**National Total**	**94521**	**48006**	**7829.83**	**6587.63**	**812.47**	**798.02**	**27.47**
河　北	Hebei	1198	912	239.75	144.33	11.21	10.06	28.24
山　西	Shanxi			2.80				20.82
内蒙古	Inner Mongolia	266	213	144.96	131.07	0.99	0.99	22.33
辽　宁	Liaoning	455	49	123.13	85.41	5.14	4.36	19.20
吉　林	Jilin	20	4	19.38	13.92	0.22	0.20	19.82
黑龙江	Heilongjiang	74472	35276	3348.93	3307.18	584.41	584.41	25.15
上　海	Shanghai			824.75	734.29	82.35	82.35	56.94
江　苏	Jiangsu	871	610	206.46	126.01	8.74	8.74	36.95
浙　江	Zhejiang	88	88	28.32	6.15	0.19	0.19	46.09
安　徽	Anhui	4743	4243	254.48	197.84	3.88	3.67	32.07
福　建	Fujian	158	81	80.57	64.26	1.86	1.86	69.37
江　西	Jiangxi	327	173	336.76	291.04	6.22	5.80	32.40
河　南	Henan	141	28	45.59	37.55	0.66	0.66	29.09
湖　北	Hubei	867	535	515.37	392.78	20.65	18.16	26.54
湖　南	Hunan	145	62	120.18	102.14	1.90	1.90	32.40
广　东	Guangdong	266	244	78.44	60.37	7.45	7.45	28.27
广　西	Guangxi			15.09	3.88			29.89
海　南	Hainan	5563	2596	832.18	557.96	46.52	40.01	22.48
四　川	Sichuan	11	11	1.09	0.89	0.19	0.19	34.49
贵　州	Guizhou	62	43	20.00	13.17	0.68	0.68	16.53
云　南	Yunnan	1429	1005	230.44	139.72	6.59	5.57	23.18
陕　西	Shaanxi	25	13	3.71	2.51	0.16	0.16	15.46
甘　肃	Gansu			1.20				31.17
青　海	Qinghai			0.12				4.80
宁　夏	Ningxia	2390	1381	165.14	123.19	16.64	16.15	35.95
新　疆	Xinjiang	1024	439	190.99	51.97	5.82	4.46	23.40

3-2-23 Building Construction of Special District at Township Level (2009)

公共建筑 Public Building				生产性建筑 Industrial Building				地区名称 Name of Regions
年末实有建筑面积(万平方米) Total Floor Space of Buildings (year-end) (10,000m²)	混合结构以上 Mixed Strucure and Above	本年竣工建筑面积(万平方米) Floor Space Completed This Year (10,000m²)	混合结构以上 Mixed Strucure and Above	年末实有建筑面积(万平方米) Total Floor Space of Buildings (year-end) (10,000m²)	混合结构以上 Mixed Strucure and Above	本年竣工建筑面积(万平方米) Floor Space Completed This Year (10,000m²)	混合结构以上 Mixed Strucure and Above	
1943.17	**1723.29**	**87.81**	**84.08**	**2698.03**	**2293.68**	**208.93**	**194.82**	**全　国**
48.45	40.99	2.68	1.94	62.03	43.33	7.39	4.95	河　北
3.84				5.00				山　西
46.57	45.43	0.42	0.42	26.17	23.78	0.70	0.70	内蒙古
65.77	51.53	3.09	3.09	88.60	70.36	7.35	6.92	辽　宁
4.08	3.65	0.03	0.03	5.60	3.70	0.10	0.10	吉　林
869.98	853.40	51.56	51.56	568.97	548.07	26.45	26.45	黑龙江
228.31	205.73	9.85	9.85	1347.85	1214.99	108.41	108.41	上　海
57.11	43.34	1.27	1.12	31.84	23.95	1.85	1.02	江　苏
0.15	0.10	0.10	0.10	25.50	18.50	18.60	11.20	浙　江
32.88	27.86	1.09	1.04	66.10	24.72	1.79	1.14	安　徽
9.05	8.32	0.19	0.19	12.19	9.93	3.37	3.34	福　建
43.38	32.48	1.78	1.61	47.84	34.86	3.92	3.15	江　西
7.77	7.58	0.12	0.12	5.22	4.12	0.30	0.26	河　南
111.67	95.61	3.98	3.98	115.70	64.43	5.26	4.96	湖　北
25.41	23.11	0.89	0.89	20.94	13.69	0.83	0.83	湖　南
16.28	14.49	0.67	0.52	53.83	48.79	9.09	9.07	广　东
0.45	0.45	0.15	0.15	0.80	0.80	0.30	0.30	广　西
276.33	192.30	5.39	3.24	139.84	89.38	5.83	4.64	海　南
								四　川
3.40	2.90			2.20	2.20			贵　州
24.47	16.76	0.41	0.19	16.06	8.71	0.10	0.10	云　南
2.50	2.50	0.05	0.05	3.00	3.00	0.08	0.08	陕　西
2.75	1.25			2.30				甘　肃
								青　海
30.27	28.35	1.15	1.12	34.54	33.15	6.00	6.00	宁　夏
32.30	25.16	2.94	2.87	15.91	9.22	1.21	1.20	新　疆

3-2-24 镇乡级特殊区域建设投入（2009 年）

地区名称 Name of Regions		本年建设投入 合计 Total	房屋 Building 小计 Input of House	房屋 Building 住宅 Residential Building	房屋 Building 公共建筑 Public Building	房屋 Building 生产性建筑 Industrial Building	小计 Input of Municipal Public Facilities	供水 Water Supply	燃气 Gas Supply
全国	**National Total**	**1247647**	**1028592**	**695391**	**96536**	**236665**	**219055**	**26412**	**3348**
河北	Hebei	31796	26109	16613	2894	6602	5687	728	12
山西	Shanxi								
内蒙古	Inner Mongolia	5664	1632	649	460	523	4032	458	
辽宁	Liaoning	11932	9680	3108	1822	4750	2252	563	3
吉林	Jilin	520	275	164	50	61	245		
黑龙江	Heilongjiang	608409	509164	444004	43767	21393	99245	9168	1014
上海	Shanghai	365336	313659	115694	29663	168302	51677	5494	1298
江苏	Jiangsu	9608	8485	6462	876	1147	1123	72	13
浙江	Zhejiang	15543	7605	115	50	7440	7938	50	
安徽	Anhui	11355	6833	4484	916	1433	4522	1319	
福建	Fujian	2907	1524	1272	165	87	1383	54	
江西	Jiangxi	11655	5944	3096	947	1901	5711	378	256
河南	Henan	750	662	390	62	210	88	20	
湖北	Hubei	34606	24036	14730	4047	5259	10570	2164	65
湖南	Hunan	3740	2908	1677	615	616	832	86	
广东	Guangdong	11244	9624	4205	878	4541	1620	289	
广西	Guangxi	337	306		102	204	31		
海南	Hainan	79720	62720	50940	5318	6462	17000	4650	339
四川	Sichuan	232	220	220			12	6	
贵州	Guizhou	404	394	394			10		
云南	Yunnan	6432	5745	5228	437	80	687	249	
陕西	Shaanxi	187	187	124	25	38			
甘肃	Gansu								
青海	Qinghai								
宁夏	Ningxia	26280	23290	18240	831	4219	2990	422	308
新疆	Xinjiang	8990	7590	3582	2611	1397	1400	242	40

3-2-24 Construction Input of Special District at Township Level（2009）

计量单位：万元　Measurement Unit：10,000RMB

Construction Input of This Year 市政公用设施 Municipal Public Facilities									地区名称
集中供热 Central Heating	道路桥梁 Road and Bridge	排水 Drainage	污水处理 Wastewater Treatment	防洪 Flood Control	园林绿化 Landscaping	环境卫生 Environmental Sanitation	垃圾处理 Garbage Treatment	其他 Other	Name of Regions
25554	**87123**	**18741**	**3130**	**3069**	**22584**	**11639**	**2513**	**20585**	**全　国**
339	3122	270	3	121	631	270	87	194	河　北
									山　西
170	2580	100		80	143	103	34	398	内蒙古
110	178	1030		2	224	93	16	49	辽　宁
	126			1	116	2	2		吉　林
24148	28877	8957	600	207	10082	4844	253	11948	黑龙江
200	29129	2301	1803	213	8359	2444	1272	2239	上　海
2	413	189	28	52	106	115	57	161	江　苏
	2520	3520		300	1	1502	1	45	浙　江
	1839	736	560		104	186	44	338	安　徽
	152	28		1101	3	17	13	28	福　建
	2788	603	48	116	1274	211	141	85	江　西
	64				2	1		1	河　南
	6387	288		527	360	411	145	368	湖　北
	337	17		10	106	60	23	216	湖　南
	471	176	25	155	17	108	56	404	广　东
	11							20	广　西
	6774	236	15	80	709	964	294	3248	海　南
						6			四　川
						10			贵　州
	148	56		21	38	49	3	126	云　南
									陕　西
									甘　肃
									青　海
527	490	234	48	70	243	196	45	500	宁　夏
58	717			13	66	47	27	217	新　疆

3-2-25 村庄人口及面积（2009 年）

地区名称	Name of Regions	村庄现状用地面积（公顷）Area of Villages (hectare)	行政村个数（个）Number of Administrative Villages (unit)	自然村个数（个）Number of Natural Villages (unit)	按人口分组 200 人以下 under 200 (persons)	200～600 人 200-600 (persons)
全　国	**National Total**	**13627604**	**567507**	**2713893**	**1309180**	**894470**
北　京	Beijing	96963	3800	4397	1041	1378
天　津	Tianjin	74662	3398	1728	64	535
河　北	Hebei	826508	41434	56169	15458	15726
山　西	Shanxi	365229	27858	46206	17305	14224
内蒙古	Inner Mongolia	176272	10664	38902	16582	15835
辽　宁	Liaoning	505366	11170	51926	15011	23695
吉　林	Jilin	389755	8939	36969	9521	17360
黑龙江	Heilongjiang	510214	9599	36531	5985	19125
上　海	Shanghai	79060	1681	30488	20098	8291
江　苏	Jiangsu	732381	15423	153383	76870	52753
浙　江	Zhejiang	356787	24491	89994	45320	29157
安　徽	Anhui	778458	15672	231619	132681	66565
福　建	Fujian	238768	12596	64203	27983	22760
江　西	Jiangxi	492732	19215	161649	94881	47477
山　东	Shandong	1181876	70437	88041	10503	33846
河　南	Henan	978137	44205	195704	87297	58728
湖　北	Hubei	504542	26835	169384	87830	49966
湖　南	Hunan	910448	40611	161573	101996	32843
广　东	Guangdong	806332	18415	148127	64477	53749
广　西	Guangxi	501161	14383	180669	84822	58772
海　南	Hainan	121367	4508	20922	10923	7277
重　庆	Chongqing	207878	9108	69845	21967	34846
四　川	Sichuan	763968	45121	267109	169670	82243
贵　州	Guizhou	432959	17155	86608	40833	30351
云　南	Yunnan	465829	13194	132723	70383	42848
陕　西	Shaanxi	390954	24879	72127	32479	24946
甘　肃	Gansu	343114	15696	82383	35934	33698
青　海	Qinghai	49125	4008	5356	1657	1985
宁　夏	Ningxia	76123	2317	13227	4789	6982
新　疆	Xinjiang	243437	8884	14214	4565	5499
新疆兵团	Xinjiang Bingtuan	27197	1811	1717	255	1010

3-2-25 Population and Area of Villages（2009）

Grouped by Population		村庄户籍人口（万人）	村庄暂住人口（万人）	地区名称
600～1000 人	1000 人以上			
600-1000（persons）	Above 1000（persons）	Registered Permanent Population（10,000 persons）	Temporary Population（10,000 persons）	Name of Regions
336292	**173951**	**77045.95**	**2837.89**	**全　国**
1010	968	332.06	237.40	北　京
433	696	287.41	41.30	天　津
11636	13349	4280.90	59.72	河　北
8588	6089	1946.48	80.38	山　西
4505	1980	1312.66	53.93	内蒙古
7973	5247	1866.69	61.41	辽　宁
6970	3118	1357.31	28.96	吉　林
6947	4474	1811.76	35.45	黑龙江
1924	175	291.53	280.50	上　海
15935	7825	3720.75	284.69	江　苏
10078	5439	2246.71	355.59	浙　江
24986	7387	4408.58	67.97	安　徽
9236	4224	1862.84	83.47	福　建
14225	5066	2943.26	63.36	江　西
26195	17497	5550.83	138.03	山　东
32361	17318	6616.88	86.79	河　南
21030	10558	3423.49	77.24	湖　北
16969	9765	4315.03	71.19	湖　南
20454	9447	4307.62	388.34	广　东
25261	11814	3793.35	45.63	广　西
2164	558	491.58	11.61	海　南
10179	2853	2119.56	37.98	重　庆
9974	5222	5861.90	52.19	四　川
10196	5228	2686.99	37.19	贵　州
14095	5397	3262.28	39.71	云　南
9311	5391	2326.72	50.88	陕　西
8320	4431	1831.06	17.54	甘　肃
1128	586	322.05	11.05	青　海
1115	341	368.77	5.39	宁　夏
2751	1399	986.18	25.26	新　疆
343	109	112.72	7.74	新疆兵团

3-2-26 村庄规划及整治 （2009 年）

地区名称 Name of Regions		村庄规划 行政村 Administrative Village 有建设规划的行政村个数（个） Number of Administrative Villages with Construction Plan (unit)	本年编制 Compiled This Year	占全部行政村比例（%） Percentage of Tatol (%)
全　国	**National Total**	**260457**	**42393**	**45.89**
北　京	Beijing	2697	832	70.97
天　津	Tianjin	2438	186	71.75
河　北	Hebei	15512	3493	37.44
山　西	Shanxi	6393	1261	22.95
内蒙古	Inner Mongolia	3352	270	31.43
辽　宁	Liaoning	4628	660	41.43
吉　林	Jilin	2426	156	27.14
黑龙江	Heilongjiang	3862	699	40.23
上　海	Shanghai	795	167	47.29
江　苏	Jiangsu	13127	1793	85.11
浙　江	Zhejiang	16002	2444	65.34
安　徽	Anhui	8622	1788	55.02
福　建	Fujian	7913	837	62.82
江　西	Jiangxi	14972	1032	77.92
山　东	Shandong	45118	6049	64.05
河　南	Henan	23765	5323	53.76
湖　北	Hubei	16873	4515	62.88
湖　南	Hunan	8636	1212	21.27
广　东	Guangdong	6422	1302	34.87
广　西	Guangxi	3589	362	24.95
海　南	Hainan	953	74	21.14
重　庆	Chongqing	2949	583	32.38
四　川	Sichuan	10146	1968	22.49
贵　州	Guizhou	3765	394	21.95
云　南	Yunnan	3175	912	24.06
陕　西	Shaanxi	20968	2366	84.28
甘　肃	Gansu	4197	630	26.74
青　海	Qinghai	1239	319	30.91
宁　夏	Ningxia	1481	122	63.92
新　疆	Xinjiang	3283	385	36.95
新疆兵团	Xinjiang Bingtuan	1159	259	64.00

3-2-26 Planning and Rehabilitation of Villages（2009）

Planning of Villages			村庄整治 Rehabilitation of Villages	地区名称
自然村 Natural Village			各级各类村庄整治个数合计（个） Tatol Number of Villages Rehabilitated (unit)	Name of Regions
有建设规划的自然村个数（个） Number of Natural Villages with Construction Plan (unit)	本年编制 Compiled This Year	占全部自然村比例（%） Percentage of Tatol (%)		
492027	**73260**	**18.13**	**136402**	**全　国**
			2704	北　京
733	59	42.42	1106	天　津
10466	2479	18.63	4064	河　北
1709	446	3.70	4251	山　西
4474	351	11.50	1435	内蒙古
5856	624	11.28	2892	辽　宁
5788	193	15.66	3175	吉　林
6694	927	18.32	2093	黑龙江
4781	929	15.68	852	上　海
45542	6156	29.69	6250	江　苏
32070	5113	35.64	11303	浙　江
28696	4767	12.39	5012	安　徽
8220	709	12.80	5193	福　建
88715	7641	54.88	8316	江　西
42709	5104	48.51	21483	山　东
43770	5886	22.37	13770	河　南
47326	10937	27.94	7785	湖　北
6890	1041	4.26	3168	湖　南
22337	4643	15.08	4764	广　东
15260	3148	8.45	2464	广　西
2213	340	10.58	1352	海　南
6227	1475	8.92	1378	重　庆
11003	3143	4.12	5604	四　川
2243	675	2.59	2242	贵　州
10335	1282	7.79	3602	云　南
25750	3837	35.70	5058	陕　西
5029	462	6.10	1767	甘　肃
297	69	5.55	585	青　海
4035	572	30.51	861	宁　夏
2120	156	14.91	1282	新　疆
739	96	43.04	591	新疆兵团

3-2-27 村庄公共设施(一)(2009 年)

地区名称 Name of Regions		年生活用水量（万立方米） Annual Domestic Water Consumption ($10,000m^3$)	用水人口（万人） Population with Access to Water (10,000persons)	用水普及率（%） Water Coverage Rate (%)	人均日生活用水量（升） Per Capita Daily Water Consumption (liter)
全　国	**National Total**	**1062097**	**39565.27**	**49.53**	**73.55**
北　京	Beijing	13951	508.18	89.24	75.21
天　津	Tianjin	9376	292.05	88.85	87.95
河　北	Hebei	59060	3133.58	72.19	51.64
山　西	Shanxi	24949	1537.09	75.84	44.47
内蒙古	Inner Mongolia	5941	503.19	36.82	32.35
辽　宁	Liaoning	19797	777.89	40.34	69.72
吉　林	Jilin	8566	383.79	27.69	61.15
黑龙江	Heilongjiang	21263	926.41	50.15	62.88
上　海	Shanghai	20556	554.91	97.01	101.49
江　苏	Jiangsu	104313	3641.28	90.91	78.49
浙　江	Zhejiang	64855	1857.81	71.39	95.64
安　徽	Anhui	25983	1013.52	22.64	70.24
福　建	Fujian	48845	1279.73	65.75	104.57
江　西	Jiangxi	20565	636.32	21.16	88.54
山　东	Shandong	107283	4595.16	80.77	63.96
河　南	Henan	57187	2954.59	44.07	53.03
湖　北	Hubei	34413	1318.52	37.66	71.51
湖　南	Hunan	31263	998.39	22.76	85.79
广　东	Guangdong	108535	2618.28	55.76	113.57
广　西	Guangxi	50718	1574.57	41.02	88.25
海　南	Hainan	13435	400.23	79.54	91.97
重　庆	Chongqing	17924	613.63	28.44	80.03
四　川	Sichuan	29649	928.55	15.70	87.48
贵　州	Guizhou	29625	1223.32	44.91	66.35
云　南	Yunnan	61924	1862.24	56.40	91.10
陕　西	Shaanxi	29796	1381.83	58.12	59.08
甘　肃	Gansu	14014	845.94	45.76	45.39
青　海	Qinghai	5977	265.61	79.74	61.65
宁　夏	Ningxia	3487	154.03	41.17	62.02
新　疆	Xinjiang	15459	689.67	68.19	61.41
新疆兵团	Xinjiang Bingtuan	3389	94.96	78.83	97.77

3-2-27 Public Facilities of Villages Ⅰ (2009)

本年新增供水管道长度（公里） Length of Water Supply Pipelines Added This Year (km)	本年新增排水管道沟渠长度（公里） Length of Drains Added This Year (km)	本年新增铺装道路长度（公里） Length of Paved Roads Added This Year (km)	地区名称 Name of Regions
117407.25	**39323.98**	**125572.56**	**全　国**
2352.03	1118.77	1924.24	北　京
1752.42	254.95	635.11	天　津
4698.28	499.53	3584.87	河　北
2688.43	499.34	2483.45	山　西
1755.53	115.56	718.55	内蒙古
3611.84	1111.24	3656.01	辽　宁
1631.76	385.91	2037.50	吉　林
1345.46	538.05	2255.94	黑龙江
585.46	506.47	1878.62	上　海
7787.24	2756.08	7438.83	江　苏
6198.20	2944.98	4102.09	浙　江
5530.15	1691.44	5348.00	安　徽
3155.19	581.88	1958.49	福　建
3127.31	2115.86	5050.98	江　西
13726.40	6825.97	11038.71	山　东
4808.15	1938.58	5569.14	河　南
6865.48	3905.52	10783.78	湖　北
3456.40	893.73	8387.26	湖　南
4260.19	1705.93	5100.18	广　东
3040.74	592.95	2905.98	广　西
662.34	202.77	1277.17	海　南
5688.71	926.41	5346.84	重　庆
4680.18	2191.20	10205.01	四　川
2101.60	326.08	2058.30	贵　州
6058.75	1149.28	4649.79	云　南
5276.90	2607.61	6144.55	陕　西
3905.90	399.24	3548.12	甘　肃
325.26	201.01	1477.88	青　海
1923.19	291.30	1063.34	宁　夏
3186.71	9.37	2612.86	新　疆
1221.05	36.97	330.97	新疆兵团

3-2-28 村庄公共设施(二) (2009年)

地区名称 Name of Regions		集中供水的行政村 Administrative Villages With Access to Piped Water 个数(个) Number (unit)	比例(%) Rate (%)	对生活污水进行处理的行政村 Natural Villages with Domestic Wastewater Treated 个数(个) Number (unit)	比例(%) Rate (%)
全 国	**National Total**	**283082**	**49.9**	**27825**	**4.9**
北 京	Beijing	3105	81.7	820	21.6
天 津	Tianjin	2653	78.1	537	15.8
河 北	Hebei	27200	65.7	858	2.1
山 西	Shanxi	18573	66.7	511	1.8
内蒙古	Inner Mongolia	4107	38.5	174	1.6
辽 宁	Liaoning	5096	45.6	260	2.3
吉 林	Jilin	3812	42.6	309	3.5
黑龙江	Heilongjiang	6169	64.3	10	0.1
上 海	Shanghai	1651	98.2	723	43.0
江 苏	Jiangsu	13714	88.9	2260	14.7
浙 江	Zhejiang	16349	66.8	6225	25.4
安 徽	Anhui	4851	31.0	795	5.1
福 建	Fujian	8474	67.3	957	7.6
江 西	Jiangxi	5479	28.5	916	4.8
山 东	Shandong	57428	81.5	4932	7.0
河 南	Henan	16741	37.9	937	2.1
湖 北	Hubei	9490	35.4	760	2.8
湖 南	Hunan	7024	17.3	712	1.8
广 东	Guangdong	8801	47.8	1740	9.5
广 西	Guangxi	4988	34.7	107	0.7
海 南	Hainan	2197	48.7	73	1.6
重 庆	Chongqing	3341	36.7	345	3.8
四 川	Sichuan	7274	16.1	1469	3.3
贵 州	Guizhou	7482	43.6	211	1.2
云 南	Yunnan	7733	58.6	247	1.9
陕 西	Shaanxi	12331	49.6	632	2.5
甘 肃	Gansu	6096	38.8	87	0.6
青 海	Qinghai	2644	66.0	34	0.9
宁 夏	Ningxia	903	39.0	67	2.9
新 疆	Xinjiang	5797	65.3	117	1.3
新疆兵团	Xinjiang Bingtuan	1579	87.2		

3-2-28 Public Facilities of Villages Ⅱ（2009）

有生活垃圾收集点的行政村 Natural Villages with Domestic Garbge Collected		对生活垃圾进行处理的行政村 Natural Villages with Domestic Garbge Treated		地区名称 Name of Regions
个数（个）Number（unit）	比例（%）Rate（%）	个数（个）Number（unit）	比例（%）Rate（%）	
198848	**35.0**	**100641**	**17.7**	**全　国**
3539	93.1	2825	74.3	北　京
2442	71.9	1834	54.0	天　津
10452	25.2	2765	6.7	河　北
17337	62.2	3490	12.5	山　西
1058	9.9	285	2.7	内蒙古
4294	38.4	1766	15.8	辽　宁
2399	26.8	928	10.4	吉　林
5055	52.7	10	0.1	黑龙江
1617	96.2	1281	76.2	上　海
10480	68.0	8489	55.0	江　苏
18437	75.3	15111	61.7	浙　江
3022	19.3	1795	11.5	安　徽
8740	69.4	5800	46.1	福　建
8743	45.5	5035	26.2	江　西
35142	49.9	20205	28.7	山　东
11693	26.5	3721	8.4	河　南
7131	26.6	3178	11.8	湖　北
5163	12.7	2745	6.8	湖　南
8331	45.2	5537	30.1	广　东
3374	23.5	1133	7.9	广　西
1036	23.0	584	13.0	海　南
1552	17.0	832	9.1	重　庆
9056	20.1	4948	11.0	四　川
3089	18.0	1128	6.6	贵　州
2708	20.5	1040	7.9	云　南
6992	28.1	2337	9.4	陕　西
1984	12.6	328	2.1	甘　肃
443	11.1	292	7.3	青　海
916	39.5	354	15.3	宁　夏
1547	17.4	804	9.1	新　疆
1076	59.4	61	3.4	新疆兵团

3-2-29 村庄房屋（2009 年）

地区名称	Name of Regions	住宅 Residential Building						
		本年建房户数（户） Number of Households of Building Housing This Year (unit)	在新址上新建 New Construction on New Site	年末实有建筑面积（万平方米） Total Floor Space of Buildings (year-end) (10,000m²)	混合结构以上 Mixed Strucure and Above	本年竣工建筑面积（万平方米） Floor Space Completed This Year (10,000m²)	混合结构以上 Mixed Strucure and Above	人均住宅建筑面积（平方米） Per Capita Floor Space (m²)
全　国	**National Total**	**4591900**	**1954293**	**2369935.1**	**1428591.0**	**49131.9**	**43052.3**	**30.76**
北　京	Beijing	22097	7975	14168.4	10041.0	143.7	127.1	42.67
天　津	Tianjin	20750	15516	8614.6	5114.8	100.5	82.4	29.97
河　北	Hebei	129490	53846	115996.2	66005.5	1391.9	1158.9	27.10
山　西	Shanxi	101202	45394	51990.5	32737.0	1007.9	860.4	26.71
内蒙古	Inner Mongolia	21315	9196	26266.1	23790.4	139.0	138.9	20.01
辽　宁	Liaoning	58259	10344	45263.9	15655.1	664.6	389.1	24.25
吉　林	Jilin	96150	11866	27261.4	11795.1	675.0	328.0	20.08
黑龙江	Heilongjiang	231856	17485	35229.9	25216.4	1945.7	1945.7	19.45
上　海	Shanghai	12619	4322	14981.8	13643.7	165.8	164.1	51.39
江　苏	Jiangsu	168997	87857	147760.4	99467.7	2154.4	2035.9	39.71
浙　江	Zhejiang	93639	42317	142743.7	82035.7	1752.6	1727.6	63.53
安　徽	Anhui	177427	83656	127726.8	82948.3	2241.6	1926.6	28.97
福　建	Fujian	46498	24272	64717.4	39821.5	893.1	868.0	34.74
江　西	Jiangxi	123856	69071	103805.9	72410.0	2046.5	2002.3	35.27
山　东	Shandong	414049	179183	161720.7	94677.6	4129.8	3451.7	29.13
河　南	Henan	188631	58085	198884.1	134338.5	2547.2	2509.1	30.06
湖　北	Hubei	119836	58247	111170.5	78836.0	1816.4	1677.1	32.47
湖　南	Hunan	110952	64069	146747.6	105049.9	1828.7	1707.3	34.01
广　东	Guangdong	139711	78109	112360.9	72277.6	2018.0	1894.6	26.08
广　西	Guangxi	215057	94927	91875.7	51242.6	2735.4	2597.6	24.22
海　南	Hainan	28087	12369	12010.7	2463.8	271.4	212.2	24.43
重　庆	Chongqing	85633	43488	83000.4	58141.4	1174.4	1117.3	39.16
四　川	Sichuan	910066	443326	201028.1	121184.6	9348.0	8109.4	34.29
贵　州	Guizhou	176607	95672	67160.7	39707.3	1683.5	1516.4	24.99
云　南	Yunnan	170321	84539	117764.4	27814.8	1654.6	1063.1	36.10
陕　西	Shaanxi	114078	55722	64617.3	40138.0	1001.9	929.8	27.77
甘　肃	Gansu	343119	108725	41691.1	12025.7	2081.1	1705.8	22.77
青　海	Qinghai	27628	16440	5643.8	1944.5	150.4	112.2	17.52
宁　夏	Ningxia	34735	11699	7383.0	1010.9	233.7	85.7	20.02
新　疆	Xinjiang	197947	60762	18028.3	6024.6	1075.8	570.0	18.28
新疆兵团	Xinjiang Bingtuan	11288	5814	2320.9	1031.1	59.5	38.0	20.59

3-2-29 Building Construction of Villages（2009）

公共建筑 Public Building				生产性建筑 Industrial Building				地区名称 Name of Regions
年末实有建筑面积（万平方米）Total Floor Space of Buildings (year-end) (10,000m²)	混合结构以上 Mixed Strucure and Above	本年竣工建筑面积（万平方米）Floor Space Completed This Year (10,000m²)	混合结构以上 Mixed Strucure and Above	年末实有建筑面积（万平方米）Total Floor Space of Buildings (year-end) (10,000m²)	混合结构以上 Mixed Strucure and Above	本年竣工建筑面积（万平方米）Floor Space Completed This Year (10,000m²)	混合结构以上 Mixed Strucure and Above	
109833.8	**74225.1**	**4016.3**	**3688.5**	**161500.2**	**117458.4**	**9580.3**	**8138.9**	**全　国**
2068.0	1954.4	39.3	37.3	4756.1	4115.8	97.4	74.6	北　京
629.3	462.8	14.3	12.7	4656.5	2197.4	88.7	72.0	天　津
4495.9	2963.5	133.7	111.3	8496.0	6080.3	483.9	348.5	河　北
5529.4	3705.0	160.8	146.7	5243.4	3667.3	248.1	224.2	山　西
1128.9	904.7	12.8	12.8	1037.4	845.9	14.4	14.4	内蒙古
2256.5	1335.7	61.4	56.7	3752.2	2496.7	351.9	301.0	辽　宁
883.7	395.9	19.0	12.3	1191.1	698.9	59.8	43.3	吉　林
1645.1	1420.7	31.0	31.0	1765.9	1561.3	82.8	82.8	黑龙江
887.3	862.3	37.4	36.8	6058.4	5876.6	204.4	204.4	上　海
5496.5	3947.4	260.3	251.2	17204.7	14923.1	1265.4	1179.0	江　苏
4682.3	3988.1	290.5	287.7	18095.0	15445.3	892.2	836.4	浙　江
5705.3	3107.3	256.0	235.4	4182.2	3035.3	390.0	315.8	安　徽
4656.3	3361.9	112.8	111.1	6208.5	4568.3	340.2	296.4	福　建
4790.1	3741.4	202.4	194.3	4560.4	2832.0	281.7	198.4	江　西
12287.6	8241.7	594.8	544.3	16825.2	12859.4	1410.9	1164.6	山　东
7561.0	5810.6	272.3	258.9	8880.3	6863.5	525.2	463.8	河　南
5251.2	4155.6	191.5	178.6	4224.4	3119.3	661.7	605.1	湖　北
7298.3	3756.8	178.7	165.5	4589.9	3526.2	317.5	280.3	湖　南
6193.6	4890.9	198.1	172.4	13098.4	7860.5	607.6	504.0	广　东
3478.4	2136.2	80.5	76.8	1948.9	1024.4	104.3	77.6	广　西
567.9	297.8	16.9	13.4	227.3	109.5	16.4	9.1	海　南
2110.7	1576.5	90.9	86.3	3564.3	2487.5	100.8	87.0	重　庆
3407.3	2222.8	172.2	151.6	5869.1	3094.1	284.7	214.8	四　川
2346.7	1835.0	111.3	104.9	1545.5	902.4	100.4	84.3	贵　州
6427.3	2420.8	176.2	146.4	4216.9	1512.9	176.1	112.2	云　南
3201.9	2151.6	107.3	95.7	3927.3	3182.3	228.3	157.2	陕　西
2478.2	1236.2	108.7	88.0	2817.6	1253.5	110.1	85.5	甘　肃
295.5	162.1	9.5	8.7	176.6	120.9	29.7	27.9	青　海
440.5	203.5	13.6	10.8	431.2	211.1	19.3	11.1	宁　夏
1449.4	851.9	52.8	41.2	1563.7	749.4	49.2	28.9	新　疆
183.9	123.9	9.1	7.9	386.0	237.4	37.4	34.3	新疆兵团

3-2-30 村庄建设投入（2009年）

地区名称	Name of Regions	本年建设投入 合计 Total	房屋 Building 小计 Input of House	住宅 Residential Building	公共建筑 Public Building	生产性建筑 Industrial Building
全　国	**National Total**	**54000734**	**45367634**	**34557427**	**3374355**	**7435852**
北　京	Beijing	792497	364863	184451	62648	117764
天　津	Tianjin	351710	286178	172030	19702	94446
河　北	Hebei	1553873	1405122	984800	106723	313599
山　西	Shanxi	1394707	1199124	786473	110547	302104
内蒙古	Inner Mongolia	159291	134180	106195	13183	14802
辽　宁	Liaoning	1088441	874262	496812	65933	311517
吉　林	Jilin	758142	611381	530373	20468	60540
黑龙江	Heilongjiang	1656029	1502961	1419569	22362	61030
上　海	Shanghai	840213	554556	203566	45224	305766
江　苏	Jiangsu	3994679	3166242	1888898	240783	1036561
浙　江	Zhejiang	3015021	2315245	1443212	190753	681280
安　徽	Anhui	2264102	1910280	1420476	199898	289906
福　建	Fujian	1219711	1008876	683210	101487	224179
江　西	Jiangxi	1454448	1190655	938362	111756	140537
山　东	Shandong	5264226	4449063	2970478	507871	970714
河　南	Henan	2167735	1927288	1402537	191677	333074
湖　北	Hubei	1963311	1576206	1142466	140117	293623
湖　南	Hunan	1855739	1478515	1143177	137298	198040
广　东	Guangdong	2869004	2339089	1395941	193512	749636
广　西	Guangxi	1736719	1571938	1432990	62025	76923
海　南	Hainan	388252	281578	260497	12612	8469
重　庆	Chongqing	1158542	848700	701707	67624	79369
四　川	Sichuan	8230816	7644776	7218192	208058	218526
贵　州	Guizhou	1162407	1077183	942312	76371	58500
云　南	Yunnan	1913795	1600465	1265838	175197	159430
陕　西	Shaanxi	1315902	1034278	772766	105070	156442
甘　肃	Gansu	2064886	1914521	1732671	97900	83950
青　海	Qinghai	185493	139647	109600	10853	19194
宁　夏	Ningxia	267518	214141	179378	15465	19298
新　疆	Xinjiang	797285	661148	574163	48134	38851
新疆兵团	Xinjiang Bingtuan	116240	85173	54287	13104	17782

3-2-30 Construction Input of Villages（2009）

计量单位：万元 Measurement Unit：10, 000RMB

Construction Input of This Year								地区名称
市政公用设施 Municipal Public Facilities								
小计 Input of Municipal Public Facilities	供水 Water Supply	道路桥梁 Road and Bridge	排水 Drainage	防洪 Flood Control	园林绿化 Landscaping	环境卫生 Environmental Sanitation	其他 Other	Name of Regions
8633100	**1344329**	**4287492**	**688003**	**511462**	**509974**	**524335**	**767505**	**全　国**
427634	53918	141926	66768	10608	56843	66991	30580	北　京
65532	12478	20779	3944	1338	6982	7848	12163	天　津
148751	26302	78960	4256	4082	7774	6921	20456	河　北
195583	25229	100075	12399	7478	20831	15665	13906	山　西
25111	9253	7085	559	1734	1918	1309	3253	内蒙古
214179	45299	113963	11104	11046	8806	9584	14377	辽　宁
146761	27101	78272	3864	6601	3536	10700	16687	吉　林
153068	9627	92732	4470	692	11763	8061	25723	黑龙江
285657	32200	138060	51555	2497	18930	24883	17532	上　海
828437	120306	371536	66651	42602	74375	62996	89971	江　苏
699776	148612	236966	77189	78666	46936	61244	50163	浙　江
353822	58738	202071	19709	29178	7062	11043	26021	安　徽
210835	38889	95964	12640	21311	12653	18941	10437	福　建
263793	28464	133966	19941	28250	19461	13183	20528	江　西
815163	149084	322025	60855	50748	85996	54479	91976	山　东
240447	38103	136031	9651	5275	12418	11916	27053	河　南
387105	74676	192861	45271	13061	14979	13161	33096	湖　北
377224	41584	263928	10118	17570	5865	7803	30356	湖　南
529915	70155	201451	53665	112896	25611	36604	29533	广　东
164781	21163	110239	5897	5612	2113	2524	17233	广　西
106674	10240	84263	2706	742	1858	2040	4825	海　南
309842	43336	186988	24705	7342	14307	6360	26804	重　庆
586040	65197	338623	65353	16577	14531	28016	57743	四　川
85224	18100	39176	4287	2206	2098	7778	11579	贵　州
313330	63692	156763	22109	18819	10284	12319	29344	云　南
281624	37332	191043	21094	4513	7883	8128	11631	陕　西
150365	27949	91286	3478	5594	2864	1652	17542	甘　肃
45846	5570	33817	1223	691	806	1562	2177	青　海
53377	6750	33674	1355	718	4434	4156	2290	宁　夏
136137	26091	83710	687	2736	3740	2066	17107	新　疆
31067	8891	9259	500	279	2317	4402	5419	新疆兵团

主要指标解释

城市和县城部分

人口密度

指城区内的人口疏密程度。计算公式：

$$人口密度=\frac{城区人口+城区暂住人口}{城区面积}$$

人均日生活用水量

指每一用水人口平均每天的生活用水量。计算公式：

$$人均日生活用水量=\frac{居民家庭用水量+公共服务用水量}{用水人口}\div 报告期日历日数\times 1000升$$

用水普及率

指报告期末城区内用水人口与总人口的比率。计算公式：

$$用水普及率=\frac{城区用水人口}{城区人口+城区暂住人口}\times 100\%$$

燃气普及率

指报告期末城区内使用燃气的人口与总人口的比率。计算公式：

$$燃气普及率=\frac{城区用气人口}{城区人口+城区暂住人口}\times 100\%$$

人均道路面积

指报告期末城区内平均每人拥有的道路面积。计算公式：

$$人均道路面积=\frac{城区道路面积}{城区人口+城区暂住人口}$$

路网密度

指报告期末城区（建成区）内道路分布的稀疏程度。计算公式：

$$路网密度=\frac{城区道路长度}{城区（建成区）面积}$$

排水管道密度

指报告期末城区（建成区）内的排水管道分布的疏密程度，计算公式：

$$排水管道密度=\frac{城区排水管道长度}{城区（建成区）面积}$$

污水处理率

指报告期内污水处理总量与污水排放总量的比率。计算公式：

$$污水处理率=\frac{污水处理总量}{污水排放总量}\times 100\%$$

污水处理厂集中处理率

指报告期内通过污水处理厂处理的污水量与污水排放总量的比率。计算公式：

$$污水处理厂集中处理率=\frac{污水处理厂处理的污水量}{污水排放总量}\times 100\%$$

人均公园绿地面积

指报告期末城区内平均每人拥有的公园绿地面积。计算公式：

$$人均公园绿地面积 = \frac{城区公园绿地面积}{城区人口 + 城区暂住人口}$$

建成区绿化覆盖率

指报告期末建成区内绿化覆盖面积与区域面积的比率。计算公式：

$$建成区绿化覆盖率 = \frac{建成区绿化覆盖面积}{建成区面积} \times 100\%$$

建成区绿地率

指报告期末建成区内绿地面积与建成区面积的比率。计算公式：

$$建成区绿地率 = \frac{建成区绿地面积}{建成区面积} \times 100\%$$

生活垃圾处理率

指报告期内生活垃圾处理量与生活垃圾产生量的比率。计算公式：

$$生活垃圾处理率 = \frac{生活垃圾处理量}{生活垃圾产生量} \times 100\%$$

生活垃圾无害化处理率

指报告期内生活垃圾无害化处理量与生活垃圾产生量的比率。计算公式：

$$生活垃圾无害化处理率 = \frac{生活垃圾无害化处理量}{生活垃圾产生量} \times 100\%$$

在统计时，由于生活垃圾产生量不易取得，用清运量代替。

市区面积

指城市行政区域内的全部土地面积（包括水域面积）。地级以上城市行政区不包括市辖县（市）。

城区面积

指城市的城区包括：(1) 街道办事处所辖地域；(2) 城市公共设施、居住设施和市政公用设施等连接到的其他镇（乡）地域；(3) 常住人口在3000人以上独立的工矿区、开发区、科研单位、大专院校等特殊区域。

连接是指两个区域间可观察到的已建成或在建的公共设施、居住设施、市政设施和其他设施相连，中间没有被水域、农业用地、园地、林地、牧草地等非建设用地隔断。

对于组团式和散点式的城市，城区由多个分散的区域组成，或有个别区域远离主城区，应将这些分散的区域相加作为城区。

城区人口

指划定的城区（县城）范围的人口数。按公安部门的户籍统计为准。

暂住人口

指离开常住户口地的市区或乡、镇，到本市居住一年以上的人员。一般按公安部门的暂住人口统计为准。

建成区面积

城市行政区内实际已成片开发建设、市政公用设施和公共设施基本具备的区域。对核心城市，它包括集中连片的部分以及分散的若干个已经成片建设起来，市政公用设施和公共设施基本具备的地区；对一城多镇来说，它包括由几个连片开发建设起来的，市政公用设施和公共设施基本具备的地区组成。因此建成区范围，一般是指建成区外轮廓线所能包括的地区，也就是这个城市实际建设用地所达到的范围。

城市建设用地面积

指城市用地中除水域与其他用地之外的各项用地面积，即居住用地、公共设施用地、工业用地、仓储用地、对外交通用地、道路广场用地、市政公用设施用地、绿地和特殊用地九大类用地。

城市维护建设资金

指用于城市维护和建设的资金，资金来源包括城市维护建设税、公用事业附加、中央和地方财政拨款、国内贷款、债券收入、利用外资、土地出让转让收入、资产置换收入、市政公用企事业单位自筹资金、国家和省规定收取的用于城市维护建设的行政事业性收费、集资收入以及其他收入。资金支出包括固定资产投资支出、维护支出和其他支出。

本年鉴中仅统计了用于城市维护和建设的财政性资金。

城市维护建设税

指依据《中华人民共和国城市维护建设税暂行条例》开征的一种地方性税种。现行的征收办法是以纳税人实际缴纳的增值税、消费税、营业税税额为计税依据，与增值税、消费税、营业税同时缴纳。根据纳税人所在地不同执行不同的纳税率：市区的税率为百分之七；县城、镇的税率为百分之五；不在市区、县城或镇的税率为百分之一。

城镇公用事业附加

指在部分公用事业产品（服务）价外征收的用于城市维护建设的附加收入。包括工业用电、工业用水附加，公共汽车、电车、民用自来水、民用照明用电、电话、煤气、轮渡等附加。

固定资产投资

指建造和购置市政公用设施的经济活动，即市政公用设施固定资产再生产活动。市政公用设施固定资产再生产过程包括固定资产更新（局部更新和全部更新）、改建、扩建、新建等活动。新的企业财务会计制度规定，固定资产局部更新的大修理作为日常生产活动的一部分，发生的大修理费用直接在成本费用中列支。按照现行投资管理体制及有关部门的规定，凡属于养护、维护性质的工程，不纳入固定资产投资统计。对新建和对现有市政公用设施改造工程，应纳入固定资产统计。

新增固定资产

指报告期内交付使用的固定资产价值。包括报告期内建成投入生产或交付使用的工程投资和达到固定资产标准的设备、工具、器具的投资及有关应摊入的费用。

新增生产能力（或效益）

指通过固定资产投资活动而增加的设计能力。计算新增生产能力（或效益）是以能独立发挥生产能力（或效益）的工程为对象。当工程建成，经有关部门验收鉴定合格，正式移交投入生产，即应计算新增生产能力（或效益）。

供水设计综合生产能力

指按供水设施取水、净化、送水、出厂输水干管等环节设计能力计算的综合生产能力。包括在原设计能力的基础上，经挖、革、改增加的生产能力。计算时，以四个环节中最薄弱的环节为主确定能力。

供水管道长度

指从送水泵至用户水表之间所有管道的长度。在同一条街道埋设两条或两条以上管道时，应按每条管道的长度计算。

供水总量

指报告期供水企业（单位）供出的全部水量。包括有效供水量和漏损水量。

有效供水量指水厂将水供出厂外后，各类用户实际使用到的水量。包括售水量和免费供水量。售水量指收费供应的水量。免费供水量指无偿供应的水量。

漏损水量指在供水过程中由于管道及附属设施破损而造成的漏水量、失窃水量以及水表失灵少计算的水量。

按用水用途可分为生产运营用水、公共服务用水、居民家庭用水和消防及其他特殊用水四类。

生产运营用水指在城市范围内生产、运营的农、林、牧、渔业、工业、建筑业、交通运输业等单位在生产、运营过程中的用水。

公共服务用水指为城市社会公共生活服务的用水。包括行政事业单位、部队营区和公共设施服务、社会服务业、批发零售贸易业、旅馆饮食业等单位的用水。

居民家庭用水指城市范围内所有居民家庭的日常生活用水。包括城市居民、农民家庭、公共供水站用水。

消防及其他特殊用水指城市灭火以及除居民家庭、公共服务、生产运营用水范围以外的各种特殊用水。包括消防用水、深井回灌用水、其他用水。

新水取用量

指取自任何水源被第一次利用的水量。新水量就一个城市来说，包括城市供水企业新水量和社会各单位的新水量。

用水重复利用量

指各用水单位在生产和生活中，循环利用的水量和直接或经过处理后回收再利用的水量之和。

节约用水量

指报告期新节水量，通过采用各项节水措施（如改进生产工艺、技术、生产设备、用水方式、换装节水器具、加强管理等）后，用水量和用水效益产生效果，而节约的水量。

人工煤气生产能力

指报告期末燃气生产厂制气、净化、输送等环节的综合生产能力，不包括备用设备能力。一般按设计能力计算，如果实际生产能力大于设计能力时，应按实际测定的生产能力计算。测定时应以制气、净化、输送三个环节中最薄弱的环节为主。

供气管道长度

指报告期末从气源厂压缩机的出口或门站出口至各类用户引入管之间的全部已经通气投入使用的管道长度。不包括煤气生产厂、输配站、液化气储存站、灌瓶站、储配站、气化站、混气站、供应站等厂（站）内的管道。

供气总量

指报告期燃气企业（单位）向用户供应的燃气数量。包括销售量和损失量。

汽车加气站

指专门为燃气机动车（船舶）提供压缩天然气、液化石油气等燃料加气服务的站点。

供热能力

指供热企业（单位）向城市热用户输送热能的设计能力。

供热总量

指在报告期供热企业（单位）向城市热用户输送全部蒸汽和热水的总热量。

供热管道长度

指从各类热源到热用户建筑物接入口之间的全部蒸汽和热水的管道长度。不包括各类热源厂内部的管道长度。

城市道路

指城市供车辆、行人通行的，具备一定技术条件的道路、桥梁、隧道及其附属设施。城市道路由车行道和人行道等组成。在统计时只统计路面宽度在3.5米（含3.5米）以上的各种铺装道路，包括开放型工业区和住宅区道路在内。

道路长度

指道路长度和与道路相通的桥梁、隧道的长度，按车行道中心线计算。

道路面积

指道路面积和与道路相通的广场、桥梁、隧道的面积（统计时，将人行道面积单独统计）。

人行道面积按道路两侧面积相加计算，包括步行街和广场，不含人车混行的道路。

桥梁

指为跨越天然或人工障碍物而修建的构筑物。包括跨河桥、立交桥、人行天桥以及人行地下通道等。

道路照明灯盏数

指在城市道路设置的各种照明用灯。一根电杆上有几盏即计算几盏。统计时，仅统计功能照明灯，不统计景观照明灯。

防洪堤长度

指实际修筑的防洪堤长度。统计时应按河道两岸的防洪堤相加计算长度，但如河岸一侧有数道防洪堤时，只计算最长一道的长度。

污水排放总量

指生活污水、工业废水的排放总量，包括从排水管道和排水沟（渠）排出的污水量。

（1）可按每条管道、沟（渠）排放口的实际观测的日平均流量与报告期日历日数的乘积。

（2）有排水测量设备的，可按实际测量值计算；

（3）如无观测值，也可按当地供水总量乘以污水排放系数确定。

城市分类污水排放系数

城市污水分类	污水排放系数
城市污水	0.7～0.8
城市综合生活污水	0.8～0.9
城市工业废水	0.7～0.9

排水管道长度

指所有排水总管、干管、支管、检查井及连接井进出口等长度之和。

污水处理量

指污水处理厂（或污水处理装置）实际处理的污水量。包括物理处理量、生物处理量和化学处理量。

污水处理厂干污泥产生量

指报告期内污水处理厂在污水处理过程中干污泥的最终产生量。干污泥是指污水处理过程中分离出来的固体，含水率85%以下。

污水处理厂干污泥处置量

指报告期内经过污泥消化、调理、浓缩、脱水等手段进行处理后，采用土地填埋、焚烧等方法对污泥进行最终安全处置的量。

绿化覆盖面积

指城市中的乔木、灌木、草坪等所有植被的垂直投影面积。包括公园绿地、防护绿地、生产绿地、附属绿地、其他绿地的绿化种植覆盖面积、屋顶绿化覆盖面积以及零散树木的覆盖面积。乔木树冠下重迭的灌木和草本植物不能重复计算。

绿地面积

指报告期末用作园林和绿化的各种绿地面积。包括公园绿地、生产绿地、防护绿地、附属绿地和其他绿地的面积。

公园绿地

城市中向公众开放的、以游憩为主要功能，有一定的游憩设施和服务设施，同时兼有健全生态、美化景观、防灾减灾等综合作用的绿化用地。它是城市建设用地、城市绿地系统和城市市政公用设施的重要组成部分。

公园

指常年开放的供公众游览、观赏、休憩、开展科学、文化及休闲等活动，有较完善的设施和良好的绿化环境、景观优美的公园绿地。包括综合性公园、儿童公园、文物古迹公园、纪念性公园、风景名胜公园、动物园、植物园、带状公园等。不包括居住小区及小区以下的游园。统计时只统计市级和区级的综合公园、专类公园和带状公园。

国家级风景名胜区

风景名胜区指风景名胜资源集中、自然环境优美、具有一定规模和游览条件，供人游览、观赏、休息和进行科学文化活动的地域。国家级风景名胜区指经国务院审定公布的风景名胜区。

风景名胜区面积

指经政府审定批准所确定的风景名胜区规划面积。

供游览面积

指报告期末风景名胜区内实际可供游人游览的面积。

道路清扫保洁面积

指报告期末对城市道路和公共场所（主要包括城市行车道、人行道、车行隧道、人行过街地下通道、道路附属绿地、地铁站、高架路、人行过街天桥、立交桥、广场、停车场及其他设施等）进行清扫保洁的面积。一天清扫保洁多次的，按清扫保洁面积最大的一次计算。

生活垃圾、粪便清运量

指报告期收集和运送到各生活垃圾、粪便处理场（厂）和生活垃圾、粪便最终消纳点的生活垃圾、粪便的数量。统计时仅计算从生活垃圾、粪便源头和从生活垃圾转运站直接送到处理场和最终消纳点的清运量，对于二次中转的清运量不要重复计算。

公共厕所

指供城市居民和流动人口使用，在道路两旁或公共场所等处设置的厕所。分为独立式、附属式和活动式三种类型。统计时只统计独立式和活动式，不统计附属式公厕。

独立式公共厕所按建筑类别应分为三类，活动式公共厕所按其结构特点和服务对象应分为组装厕所、单体厕所、汽车厕所、拖动厕所和无障碍厕所五种类别。

市容环卫专用车辆设备

指用于环境卫生作业、监察的专用车辆和设备，包括用于道路清扫、冲洗、洒水、除雪、垃圾粪便清运、市容监察以及与其配套使用的车辆和设备。如：垃圾车、扫路机（车）、洗路车、洒水车、真空吸粪车、除雪机、装载机、推土机、压实机、垃圾破碎机、垃圾筛选机、盐粉撒布机、吸泥渣车和专用船舶等。对于长期租赁的车辆及设备也统计在内。

村镇部分

人口密度

指建成区范围内的人口疏密程度。计算公式：

人口密度＝建成区人口/建成区面积

用水普及率

指报告期末建成区（村庄）用水人口与建成区（村庄）人口的比率。按建成区、村庄分别统计。计算公式：

建成区用水普及率＝建成区用水人口/（建成区人口＋建成区暂住人口）×100%

村庄用水普及率＝村庄用水人口/村庄人口×100%

燃气普及率

指报告期末建成区使用燃气的人口与建成区人口的比率。计算公式：

燃气普及率＝用气人口/（建成区人口＋建成区暂住人口）×100%

人均道路面积

指报告期末建成区范围内平均每人拥有的道路面积。计算公式：

人均道路面积＝道路面积/（建成区人口＋建成区暂住人口）

排水管道密度

指报告期末建成区范围内排水管道分布的疏密程度。计算公式：

排水管道密度＝排水管道长度/建成区面积

人均公园绿地

指报告期末建成区范围内平均每人拥有的公园绿地面积。计算公式：

人均公园绿地面积＝公园绿地面积/（建成区人口＋建成区暂住人口）

绿化覆盖率

指报告期末建成区范围内绿化覆盖面积与建成区面积的比率。计算公式：

绿化覆盖率＝绿化覆盖面积/建成区面积×100%

绿地率

指报告期末镇（乡）建成区范围内绿地面积与建成区面积的比率。计算公式：

绿地率＝绿地面积/建成区面积×100%

人均日生活用水量

指用水人口平均每天的生活用水量。计算公式：

人均日生活用水量＝报告期生活用水量/用水人口/报告期日历天数×1000 升

建成区

指行政区域内实际已成片开发建设、市政公用设施和公共设施基本具备的区域。建成区面积以镇人民政府建设部门（或规划部门）提供的范围为准。

村庄

指农村居民生活和生产的聚居点。

建成区（村庄）人口

指在其经常居住地的公安户籍管理机关登记了户籍的人口。

暂住人口

指在本地居住半年及以上的非本乡（镇）户籍的人。均以公安部门数据为准。

总体规划

指在镇（乡）行政区域范围内进行的布点规划及相应各项建设的整体部署，并经市（县）人民政府批准同意实施，报告期末仍处于有效期。

村庄建设规划

指在总体规划指导下，根据本地区经济发展水平，主要对住宅和供水、供电、道路、绿化、环境卫生以及生产配套设施建设的具体安排。村庄建设规划须经村民会议讨论同意，由乡级人民政府报县级人民政府批准。统计时要注意规划的有效期，如至本年年底，规划已过期，则按无规划统计。

本年规划编制投入

指本年各种规划编制工作的总投入。

本年市政公用设施建设财政性资金收入

指本年内收到的可用于市政公用设施建造和购置的各种财政性资金，包括中央财政拨款、省财政拨款、市（县）财政拨款、镇（乡）本级财政。

公共供水

指公共供水企业以公共供水管道及其附属设施向单位和居民的生活、生产和其他各项建设提供用水。公共供水设施包括正规的水厂和虽达不到水厂标准，但不是临时供水设施，水质符合标准的其他设施。

自建设施供水

指企事业单位、机关团体、部队等社会单位自办的独立供水设施，以其自行建设的供水管道及其附属设施主要向本单位的生活、生产和其他各项建设提供用水。

综合生产能力

指按供水设施取水、净化、送水、输水干管等环节设计能力计算的综合生产能力。计算时，以四个环节中最薄弱的环节为主确定能力。没有设计能力的按实际测定的能力计算。对于经过更新改造后，实际生产能力与设计能力相差很大的，按实际能力填报。

供水管道长度

指从送水泵至用户水表之间直径 75mm 以上所有供水管道的长度。不包括从水源地到水厂的管道、水源井之间的连络管、水厂内部的管道、用户建筑物内的管道和新安装尚未使用的管道。按单管计算，即：如在同一条街道埋设两条或两条以上管道时，应按每条管道的长度计算。

年生活用水量

指居民家庭与公共服务年用水量。包括饮食店、医院、商店、学校、机关、部队等单位生活用水量，以及生产单位装有专用水表计量的生活用量（不能分开者，可不计）。

年生产用水量

指生产运营单位在生产、运营过程中的年用水量。

用水人口

指由供水设施供给生活用水的人口数，包括学校、机关、部队的用水人口。

用气人口

指报告期末使用燃气（人工煤气、天然气、液化石油气）的家庭用户总人口数。可以本地居民平均每户人口数乘以燃气家庭用户数计算。

在统计液化气家庭用户数时，年平均用量低于90公斤的户数，忽略不计。

集中供热面积

指通过热网向建成区内各类房屋供热的房屋建筑面积。只统计供热面积达到1万平方米及以上的集中供热设施。

道路

指镇（乡）建成区范围内和村庄内有交通功能的各种道路和土路。在统计时只统计路面宽度在3.5米（含3.5米）以上的道路。

道路长度、面积的计算

道路长度包括道路长度和与道路相通的桥梁、隧道的长度。道路面积只包括路面面积和与道路相通的广场、桥梁、停车场的面积，不含隔离带和绿化带面积。

污水处理厂

指污水通过排水管道集中于一个或几个处所，并利用由各种处理单元组成的污水处理系统进行净化处理，最终使处理后的污水和污泥达到规定要求后排放水体或再利用的生产场所。

氧化塘是污水处理的一种工艺，严格按《氧化塘设计规范》运行管理的氧化塘应作为污水处理厂。

污水处理装置

指在厂矿区设置的处理工业废水和周边地区生活污水的小型集中处理设备，以及居住区、度假村中设置的小型污水处理装置。

污水处理能力

指污水处理设施每昼夜处理污水量的设计能力，没有设计能力的按实际能力计算。

年污水处理总量

指一年内各种污水处理设施处理的污水量，包括将本地的污水收集到外地的污水处理设施处理的量，其中污水处理厂处理的量计为集中处理量。

绿化覆盖面积

指建成区内的乔木、灌木、草坪等所有植被的垂直投影面积。包括各种绿地的绿化种植覆盖面积、屋顶绿化覆盖面积以及零散树木的覆盖面积，不包括植物未覆盖的水域面积。

绿地面积

指报告期末建成区内用作园林和绿化的各种绿地面积。包括公园绿地、生产绿地、防护绿地、附属绿地的面积。其中：**公园绿地**　指向公众开放的、以游憩为主要功能，有一定游憩设施的绿地。

年生活垃圾处理量

指一年将建成区内的生活垃圾运到生活垃圾处理场（厂）进行处理的量，包括无害化处理量和简易处理量。

公共厕所数量

指在建成区范围内供居民和流动人口使用的厕所座数。统计时只统计独立的公厕，不包括公共建筑内附设的厕所。

住宅

指坐落在村镇范围内，上有顶、周围有墙，能防风避雨，供人居住的房屋。按照各地生活习惯，可供居住的帐篷、毡房、船屋等也包括在内，兼作生产用房的房屋可以算为住宅。包括厂矿、企业、医院、机关、学校的集体宿舍和家属宿舍，但不包括托儿所、病房、疗养院、旅馆等具有专门用途的房屋。

公共建筑

指坐落在村镇范围内的各类机关办公、文化、教育、医疗卫生、商业等公共服务用房。

生产性建筑

指坐落在村镇范围内的包括乡镇企业厂房、养殖厂、畜牧场等用房及各类仓库用房的建筑面积。

本年竣工建筑面积

指本年内完工的住宅（公共建筑、生产性建筑）建筑面积。包括新建、改建和扩建的建筑面积，未完工的在建房屋不要统计在内。统计时按镇（乡）建成区和村庄分开统计。

年末实有建筑面积

指本年年末，坐落在村镇范围内的全部住宅（公共建筑、生产性建筑）建筑面积。统计时按镇（乡）建成区和村庄分开统计。计算方法为：

年末实有房屋建筑面积 = 上年末实有 + 本年竣工 + 本年区划调整增加 - 本年区划调整减少 - 本年拆除（倒塌、烧毁等）

混合结构以上

指结构形式为混合结构及其以上（如钢筋混凝土结构、砖混结构）的房屋建筑面积。

Explanatory Notes on Main Indicators

Indicators in the Statistics for Cities and County Seats

Population Density

It refers to the quality of being dense for population in a given zone. The calculation equation is:

$$\text{Population Density} = \frac{\text{Population in Urban Areas} + \text{Urban Temporary Population}}{\text{Urban Area}}$$

Daily Domestic Water Use Per Capita

It refers to average amount of daily water consumed by each person. The calculation equation is

Daily Domestic Water Use Per Capita =

(Water Consumption by Households + Water Use for Public Service)

÷ Population with Access to Water Supply ÷ Calendar Days in Reported Period

×1000 liters

Water Coverage Rate

It refers to proportion of urban population supplied with water to urban population. The calculation equation is:

$$\text{Water Coverage} = \frac{\text{Urban Population with Access to Water Supply}}{\text{Urban Permanent Population} + \text{Urban Temporary Population}} \times 100\%$$

Gas Coverage Rate

It refers to the proportion of urban population supplied with gas to urban population. The calculation equation is:

$$\text{Gas Coverage} = \frac{\text{Urban Population with Access to Gas}}{\text{Urban Permanent Population} + \text{Urban Temporary Population}} \times 100\%$$

Surface Area of Roads Per Capita

It refers to the average surface area of roads owned by each urban resident at the end of reported period. The calculation equation is:

$$\text{Surface Area of Roads Per Capita} = \frac{\text{Surface Area of Roads in Given Urban Areas}}{\text{Urban Permanent Population} + \text{Urban Temporary Population}}$$

Density of Road Network

It refers to the extent which roads cover given urban areas (built-up districts) at the end of reported period. The calculation equation is:

$$\text{Density of Road Network} = \frac{\text{Length of Roads in Given Urban Areas}}{\text{Floor Area of Given Urban Areas (built districts)}}$$

Density of Drainage Pipelines

It refers to the extent which drainage pipelines cover given urban areas (built districts) at the end of reported period. The calculation equation is:

$$\text{Density of Drainage Pipelines} = \frac{\text{Length of Drainage Pipelines in Given Urban Areas}}{\text{Floor Area of Given Urban Areas (built districts)}}$$

Wastewater Treatment Rate

It refers to the proportion of the quantity of wastewater treated to the total quantity of wastewater discharged at the end of reported period. The calculation equation is:

$$\text{Wastewater Treatment Rate} = \frac{\text{Quantity of Wastewater Treated}}{\text{Quantity of Wastewater Discharged}} \times 100\%$$

Centralized Treatment Rate of Wastewater Treatment Plants

It refers to the proportion of the quantity of wastewater treated in wastewater treatment plants to the total quantity of wastewater discharged at the end of reported period. The calculation equation is:

Centralized Treatment Rate of Wastewater Treatment Plants =

$$\frac{\text{Quantity of wastewater treated in wastewater treatment facility}}{\text{Quantity of wastewater discharged}} \times 100\%$$

Public Recreational Green Space Per Capita

It refers to the average public recreational green space owned by each urban dweller in given areas. The calculation equation is:

Public Recreational Green Space Per Capita =

$$\frac{\text{Public green space in given urban areas}}{\text{Urban Permanent Population} + \text{Urban Temporary Population}} \times 100\%$$

Green Coverage Rate of Built Districts

It refers to the ratio of green coverage area of built districts to surface area of built districts at the end of reported period. The calculation equation is:

$$\text{Green Coverage Rate of Built Districts} = \frac{\text{Green Coverage Area of Built Districts}}{\text{Area of Built Districts}} \times 100\%$$

Green Space Rate of Built Districts

It refers to the ratio of area of parks and green land of built districts to the area of built up districts at the end of reported period. The calculation equation is:

$$\text{Green Space Rate of Built Districts} = \frac{\text{Area of parks and green land of built districts}}{\text{Area of Built Districts}} \times 100\%$$

Domestic Garbage Treatment Rate

It refers to the ratio of quantity of domestic garbage treated to quantity of domestic garbage produced at the end of reported period. The calculation equation is:

$$\text{Domestic Garbage Treatment Rate} = \frac{\text{Quantity of Domestic Garbage Treated}}{\text{Quantity of Domestic Garbage Produced}} \times 100\%$$

Domestic Garbage Harmless Treatment Rate

It refers to the ratio of quantity of domestic garbage treated harmlessly to quantity of domestic garbage produced at the end of reported period. The calculation equation is:

$$\text{Domestic Garbage Harmless Treatment Rate} = \frac{\text{Quantity of Domestic Garbage Treated Harmlessly}}{\text{Quantity of Domestic Garbage Produced}} \times 100\%$$

Urban District Area

It refers to the total land area (including water area) under jurisdiction of cities.

Urban Area

Urban area of a city includes: (1) areas administered by neighborhood office; (2) other towns (villages) connected to city public facilities, residential facilities and municipal utilities; (3) Independent Industrial and Mining District, Development Zones, special areas like research institutes, universities and colleges with permanent residents of 3000 above.

Towns (villages) connected to city public facilities, residential facilities and municipal utilities means that towns and urban centers are connected with public facilities, residential facilities and municipal utilities that are constructed or under construction, and not cut off by non-construction land like water area, agricultural land, parks, woodland or pasture.

As to conurbation or cities organized in scattered form, urban area should include the separated or decentralized area.

Urban Permanent Population

It refers to permanent residents in urban areas, which are in compliance with the number of permanent residents registered in public security authorities.

Temporary Population

Temporary population includes people who leave permanent address, and live for over one year in a place, which are in compliance with the number of temporary residents registered in public security authorities.

Area of Built District

It refers to large scale developed quarters within city jurisdiction with basic public facilities and utilities. For a nucleus city, the built-up district consists of large-scale developed quarters with basic public facilities and utilities, which are either centralized or decentralized. For a city with several towns, the built-up district consists of several developed quarters attached in succession with basic public facilities and utilities. Range of built-up district is the area encircled by the limits of the built-up district, i. e. the range within which the actual developed land of this city exists.

Area of Urban Land for Construction Purpose

It refers to area of land except water area and land for other purposes, including land for residential development, public facilities, industrial use, storage use, transportation use, roads and squares, utilities facilities, green land and for special purpose.

Urban Maintenance and Construction Fund

It refers to fund used for urban construction and maintenance, including urban maintenance and construction tax, extra-charges for public utilities, financial allocation from the central government and local governments, domestic loan, securities revenue, foreign investment, revenue from land transfer and assets replacement, self-raised fund by municipal utilities, charges by administrative and institutional units for urban maintenance and construction, pooled revenue and other revenues.

Urban Maintenance and Construction Tax

It is one of local taxes imposed according to *Temporary Regulations of People's Republic of China on Urban Maintenance and Construction Tax*. It is levied based on actual value-added tax, consumption tax and business tax paid by a taxpayer. It is also paid with value-added tax, consumption tax and business tax at the same time. Different rates apply different places. The rate comes to 7% in urban areas, 5% in counties and towns and 1% beyond these places.

Extra Charge from Urban Utilities

It is additional revenue obtained from additional fees imposed on provision of products and service of such urban utilities as power generation, water supply for the industry, operation of public bus and trolley bus, taped water supply, electricity for lightening, telephone operation, gas and ferry etc. for the purpose of urban construction and maintenance.

Investment in Fixed Assets

It is the economic activities featuring construction and purchase of fixed assets, i. e. it is an essential means for social reproduction of fixed assets. The process of reproducing fixed assets includes fixed assets renovation (part and full renovation), reconstruction, extension and new construction etc. According to the new industrial financial accounting system, cost of major repairs for part renovation of fixed assets is covered by direct cost. According to the current investment management and administrative regulations, any repair and maintenance works are not included in statistics as investment in fixed assets. Innovation projects on current municipal service facilities should be included in statistics.

Newly Added Fixed Assets

They refer to the newly increased value of fixed assets, including investment in projects completed and put into operation in the reported period, and investment in equipment, tools, vessels considered as fixed assets as well as relevant expenses should be included in.

Newly Added Production Capacity (or Benefits)

It refers to newly added design capacity through investment in fixed assets. Newly added production capacity or benefits is calculated based on projects which can independently produce or bring benefits once projects are put into operation.

Integrated Water Production Design Capacity

It refers to a comprehensive capacity based on the design capacity of components of the process, including water collection, purification, delivery and transmission through mains. The integrated capacity also includes added capacity through reform and renovation of water system based on the original design capacity. In calculation, the capacity of weakest component is the principal determining capacity.

Length of Water Pipelines

It refers to the total length of all pipes from the pumping station to individual water meters. If two or more pipes line in parallel in a same street, the length of water pipelines is the length sum of each line.

Total Quantity of Water Supplied

It refers to the total quantity of water delivered by water suppliers during the reported period, including accounted water and unaccounted water

Accounted water refers to the actual quantity of water delivered to and used by end users, including water sold and free. Water sold refers to the quantity of water billed. Free water refers to water supplied without charge.

Unaccounted water refers to sum of water leakage, theft water due to degeneration of water pipes and accessories as well as non-billed water due to malfunction of water meters.

Water supplied are classified into four types due to different purposes: water for production and operation, water for public service, water for domestic use, water for fire control and other special purposes.

Water for production and operation refers to the quantity of water used by units in sectors of agriculture, forestry, animal husbandry, industry, construction, and transportation for production and operation within cities.

Water for public service refers to water used for public services by units in administration, military, utilities, retails, hotel and food services etc.

Water for domestic use refers to daily water quantity consumed by all urban households, such as urban dwellers, farmers. It also includes water used by public water supply stations.

Water for fire control and other special purposes refers to water used for fire control within cities and other specific purposes, including deep-well recharge, other than for domestic, public service, production and operation purposes,

Quantity of Fresh Water Used

It refers to the quantity of water obtained from any water source for the fist time. As for a city, it includes the quantity of fresh water used by urban water suppliers and customers in different industries and sectors.

Quantity of Recycled Water

It refers to the sum of water recycled, reclaimed and reused by customers.

Quantity of Water Saved

It refers to the water saved in the reported period through efficient water saving measures, e. g. improvement of production methods, technologies, equipment, water use behavior or replacement of defective and inefficient devices, or strengthening of management etc.

Integrated Gas Production Capacity

It refers to the combined capacity of components of the process such as gas production, purification and delivery with an exception of the capacity of backup facilities at the end of reported period. It is usually calculated based on the design capacity. Where the actual capacity surpluses the design capacity, integrated capacity should be calculated based on the actual capacity, mainly depending on the capacity of the weakest component.

Length of Gas Supply Pipelines

It refers to the length of pipes operated in the distance from a compressor's outlet or a gas station exit to pipes connected to individual households at the end of reported period, excluding pipes through coal gas production plant, delivery station, LPG storage station, bottled station, storage and distribution station, air mixture station and supply station.

Quantity of Gas Supplied

It refers to amount of gas supplied to end users by gas suppliers at the end of reported period. It includes sales amount and loss amount.

Gas Stations for Gas-Fueled Motor Vehicles

They are designated stations that provide such fuels as compressed natural gas, LPG to gas-fueled motor vehicles.

Heating Capacity

It refers to the design capacity of heat delivery by heat suppliers to urban customers.

Total Quantity of Heat Supplied

It refers to the total quantity of heat obtained from steam and hot water, which is delivered to urban users by heat suppliers during the reported period.

Length of Heating Pipelines

It refers to the total length of pipes for delivery of steam and hot water from heat sources to entries of buildings, excluding lines within heat sources.

Urban roads

They refer to roads, bridges, tunnels and auxiliary facilities that are provided to vehicles and passengers for transportation. Urban roads consist of drive lanes and sidewalks. Only paved roads with width with and above 3. 5 m, including roads within on-limits industrial parks and residential communities are included in statistics.

Length of Roads

It refers to the length of roads and bridges and tunnels connected to roads. It is calculated based on the length of centerlines of traffic lanes.

Surface Area of Roads

It refers to surface area of roads and squares, bridges and tunnels connected to roads (surface area of sidewalks is calculated separately). Surface area of sidewalks is the area sum of each side of sidewalks including pedestrian streets and squares, excluding car-and-pedestrian mixed roads.

Bridges

They refer to constructed works that span natural or man-made barriers. They include bridges spanning over rivers, flyovers, overpasses and underpasses.

Number of Road Lamps

It refers to the sum of road lamps only for illumination, excluding road lamps for landscape lightening.

Length of Flood Control Dikes

It refers to actual length of constructed dikes, which sums up the length of dike on each bank of river. Where each bank has more than one dike, only the longest dike is calculated.

Quantity of Wastewater Discharged

It refers to the total quantity of domestic sewage and industrial wastewater discharged, including effluents of sewers, ditches, and canals.

(1) It is calculated by multiplying the daily average of measured discharges from sewers, ditches and canals with calendar days during the reported period.

(2) If there is a device to read actual quantity of discharge, it is calculated based on reading.

(3) If without such ad device, it is calculated by multiplying total quantity of water supply with wastewater drainage coefficient.

Category of urban wastewater	Wastewater drainage coefficient
Urban wastewater	0. 7-0. 8
Urban domestic wastewater	0. 8-0. 9
Urban industrial wastewater	0. 7-0. 9

Length of Drainage Pipelines

The total length of drainage pipelines is the length of mains, trunks, branches plus distance between inlet and outlet in manholes and junction wells.

Quantity of Wastewater Treated

It refers to the actual quantity of wastewater treated by wastewater treatment plants and other treatment facilities in a physical, or chemical or biological way.

Quantity of Dry Sludge Produced in Wastewater Treatment Plants

It refers to the final quantity of dry sludge produced in the process of wastewater treatment plants. Dry sludge is the solid mass with moisture below 85%, which is separated from the wastewater treatment process.

Quantity of Dry Sludge Treated in Wastewater Treatment Plants

It refers to total quantity of dry sludge that has been treated through land fill or incinerated after being digested, conditioned, densified and dewatered at reported period.

Green Coverage Area

It refers to the vertical shadow area of vegetation such as trees (arbors), shrubs and grasslands. It is the area sum of public recreational green space, shelter belt green land for production, attached green space and other green space, roof greening and scattered trees coverage. The coverage area of bushes and herbs under the shadow of trees should not be counted for repetitively.

Area of Green Space

It refers to the area of all spaces for parks and greening at the end of reported period, which includes area of public recreational green space, green land for production, shelter belt, attached green spaces, and other green space.

Public Recreational Green Space

It refers to green space with recreation and service facilities. It also serves some comprehensive functions such as improving ecology and landscape and preventing and mitigating disasters. It is an important part of urban construction land, urban green space system and urban service facilities.

Parks

They refer to places open to the public for the purposes of tourism, appreciation, relaxation, and undertaking scientific, cultural and recreational activities. They are fully equipped and beautifully landscaped green spaces. There are different kinds of parks, including general park, Children Park, park featuring historic sites and culture relic, memorial park, scenic park, zoo, botanic garden, and belt park.

Recreational space within communities is not included in statistics, while only general parks, theme parks and belt parks at city or district level are included in statistics.

State-level Scenic Spots and Historic Sites

Scenic spots and historic sites are areas boasting concentrated natural beauty and resources of historic interests, where people could tour, sightsee, rest or conduct scientific and cultural activities. State-level scenic spots and historic sites are scenic spots and historic sites approved and publicized by the State Council.

Area of Scenic Spots and Historic Sites

It is the planned area of scenic spots and historic sites that has been examined and approved by the state council.

Tourism Area

It is the actual area for tourists in scenic spots and historic sites at the end of the reported period.

Area of Roads Cleaned and Maintained

It refers to the area of urban roads and public places cleaned and maintained at the end of reported period, including drive lanes, sidewalks, drive tunnels, underpasses, green space attached to roads, metro stations, elevated roads, flyovers, overpasses, squares, parking areas and other facilities. Where a place is cleaned and maintained several times a day, only the time with maximum area cleaned is considered.

Quantity of Domestic Garbage and Soil Transferred

It refers to the total quantity of domestic garbage and soil collected and transferred to treatment grounds. Only quantity collected and transferred from domestic garbage and soil sources or from domestic garbage transfer stations to treatment grounds is calculated with exception of quantity of domestic garbage and soil transferred second time.

Latrines

They are used by urban residents and flowing population, including latrines placed at both sides of a road and public place. They usually consist of detached latrine movable latrine and attached latrine. Only detached latrines rather than latrines attached to public buildings are included in the statistics.

Detached latrine is classified into three types. Moveable latrine is classified into fabricated latrine, separated latrine, motor latrine, trail latrine and barrier-free latrine.

Specific Vehicles and Equipment for Urban Environment Sanitation

They refer to vehicles and equipment specifically for environment sanitation operation and supervision, including vehicles and equipment used to clean, flush and water the roads, remove snow, clean and transfer garbage and soil, environment sanitation monitoring, as well as other vehicles and equipment supplemented, such as garbage truck, road clearing truck, road washing truck, sprinkling car, vacuum soil absorbing car, snow remover, loading machine, bulldozer, compactor, garbage crusher, garbage screening machine, salt powder sprinkling machine, sludge absorbing car and special shipping. Vehicles and equipment for long-term lease are also included in the statistics.

Indicators in the Statistics for Villages and Small Towns

Population density

Population density is the measure of the population per unit area in built-up district.

Calculation equation is:

Population Density = Total Population in Built District/ Area of Built District

Water Coverage Rate

It refers to proportion of population supplied with water in built district (villages) to population in built district (villages) at the end of reported period. Statistics is made by built district and village respectively. The calculation equation is:

Water Coverage Rate in Built District = Population with Access to Water Supply in Built District/ Total Population in Built District × 100%

Water Coverage Rate in Villages = Population with Access to Water Supply in Villages/ Total Population in Villages × 100%

Gas Coverage Rate

It refers to the proportion of population supplied with gas in built district to urban population in built district at the end of reported period. The calculation equation is:

Gas Coverage Rate = Population Supplied with Gas in Built District/ Total Population in Built District × 100%

Surface Area of Roads Per Capita

It refers to the average surface area of roads owned by each urban resident in built district at the end of reported period. The calculation equation is:

Surface Area of Roads Per Capita = Surface Area of Roads / Total Population in Built District

Density of Drainage Pipelines

It refers to the extent which drainpipes cover built district at the end of reported period. The calculation equation is:

Density of Drainage Pipelines = Length of Drainage Pipelines /Floor Area of Built District

Public Recreational Green Space Per Capita

It refers to the average public recreational green space owned by each dwell in built district at the end of reported period. The calculation equation is:

Public Recreational Green Space Per Capita = Area of Public Recreational Green Space /Total Population in Built District

Green Coverage Rate

It refers to the ratio of green coverage area of built district to surface area of built district at the end of reported period. The calculation equation is:

Green Coverage Rate = Built District Green Coverage Area / Area of Built District × 100%

Green Space Rate

It refers to the ratio of area of parks and green land of built district to the area of built district at the end of reported period. The calculation equation is:

Green Space Rate = Built district Area of Parks and Green Space /Area of built district 100%

Daily Domestic Water Use Per Capita

It refers to average amount of daily water consumed by each person. The calculation equation is:

Domestic Water Use Per Capita = Domestic Water Consumption/Population with Access to Water Supply/Calendar Days in Reported Period × 1000 liters

Built District

It refers to large scale developed quarters within city jurisdiction with basic public facilities and utilities, which is subject to area verified by local construction authorities or planning authorities.

Village

It refers to a collection of houses and other buildings in a country area where rural residents live and produce.

Population of Built Districts (villages)

It refers to the population who register with the public security authorities responsible for the district of their permanent residence.

Temporary Population

Temporary population includes people who leave permanent address, and live for half one year in a place, which are subject to the number of temporary residents registered with the public security authorities.

Master Planning

It addresses location, size, form, character and environment, and arrangement of facilities within local jurisdiction at town (village) level, which is approved by city (county) government and still validates at the end of reported period.

Villages Development Planning

It addresses, under guidance of master planning, detailed arrangement for residential buildings, water supply, power supply, roads, greening, environmental sanitation and supplementary facilities for production according to local economic development level. Development Planning in Villages must be discussed by village farmers, and approved by county government. Special attention should be given to planning validation in statistics.

Input in Planning Development this Year

It refers to total input in development of various kinds of planning this year

Fiscal Appropriation for Municipal Service Facilities Development

It refers to various kinds of fiscal funds for purchase or construction of municipal service facilities received within this year, including appropriation from central government, provincial government, municipal/county and Town/village government

Public Water Supply

It refers to water supply for production, domestic use as well as public service by public water suppliers through water supply pipes and accessories. Public water supply facilities include regular plants , and other facilities which are not temporary facilities and produce water in compliance with standards.

Water Supply by Self-Built Facilities

They refer to independent facilities operated by government agencies, organizations, enterprises and institutions, which supply water for own production, domestic use and services through water supply pipes and accessories.

Integrated Water Production Capacity

It refers to a comprehensive capacity based on the design capacity of components of the process, including water collection, purification, delivery and transmission through mains. In calculation, the capacity of weakest component is the principal determining capacity. Without design capacity, it is calculated based on capacity measured. If real production capacity differs widely from design capacity through renovation, real production capacity will be the basis for calculation.

Length of Water Pipelines

It refers to the total length of all pipes from the pumping station to individual water meters, excluding pipes from water resources to water plants, connection pipes between water resources wells, pipes within water plants and end-use buildings as well as pipes newly installed but not uses yet. If two or more pipes line in parallel in a same street, the length of water pipelines is the length sum of each line.

Yearly Domestic Water Use

It refers to amount of water consumed by households and public facilities, including domestic water use by restaurant, hospital, department store, school, government agency and army as well as water metered by special meters installed in industrial users for domestic use.

Yearly Water Consumption for Production

It refers to water consumed each year by industrial users for production and operation.

Population With Access to Water

It refers to quantity of people supplied with water supply facilities, including people in school, government agency and army.

Population with Access to Gas

It refers to total quantity of customers in households supplied with gas (including man-made gas, natural gas and LPG) at the end of reported period. It can be calculated by multiplying average members in each household by number of households supplied with gas.

When comes to number of households supplied with LPG, the households with yearly average use of LPG being below 90 kilograms are not included in statistics.

Area of Centrally Heated District

It refers to floor area of building stock in built-up districts supplied with centralized heating system. Only areas with centrally heated floor space of 10, 000 square meters and above are included in statistics.

Road

They refer to smooth prepared track or way along which wheeled vehicles can travel in built district at town level and villages. Roads whose width is 3. 5 meters or over are included in statistics.

Length and Surface Area of Road

It refers to the length of roads and bridges and tunnels connected to roads. It is calculated based on the length of centerlines of traffic lanes. Surface area of roads only includes surface area of roads and squares, bridges and tunnels connected to roads, excluding separation belt and green belt.

Wastewater Treatment Plant

It refers to places where wastewater is collected in one or a few places through drainage pipes, then purified and treated by wastewater treatment system with treated water and sludge being discharged or recycled in accordance with related standards and requirements.

Oxidation pond is one of techniques applied in wastewater treatment. Oxidation pond which is strictly operated in accordance with Oxidation Pond Design Standard should be employed as wastewater treatment plant.

Wastewater Treatment Facilities

They refer to small-size and centralized equipment and devices installed in plant or mining area to treat industrial wastewater and domestic wastewater in surrounding areas, as well as wastewater equipment and devices placed in residential areas.

Wastewater Treatment Capacity

It refers to design capacity for amount of wastewater treated every day and night by wastewater treatment facilities. If there is lack of design capacity, real capacity will be the determining factor for calculation.

Yearly Amount of Wastewater Treated

It refers to amount of wastewater treated by different wastewater treatment facilities within a year, including the amount of local wastewater collected and delivered to wastewater treatment facilities in other areas. The amount of wastewater treated in wastewater treatment plants are regarded as centralized treated amount.

Green Coverage Area

It refers to the vertical shadow area of vegetation such as trees (arbors), shrubs and grasslands. It is the area sum of green space, roof greening and scattered trees coverage. The surface area of water bodies which are not covered by green is not included.

Area of Green Space

It refers to the area of all spaces for parks and greening at the end of reported period, which includes area of public recreational green space, green land for production, shelter belt, and attached green spaces. Among which, Public Recreational Green Space refers green space equipped with recreational facilities and open to the public for recreational purposes.

Yearly Amount of Domestic Garbage Treated

It refers to amount of domestic garbage in built district which are delivered to domestic garbage treatment plants for harmless treatment or simplified treatment each year.

Number of Latrines

It refers to number of latrines for residents and floating population. Statistics only includes detached latrines, and latrines located within buildings are not included.

House

It refers to residential building with roof and wall that shelters people from external environment. In light of the local customs, houses also include tent, yurt and ship where people could live, building used for production in addition to habitation, and living quarters for workers and staff supplied by factories and mines, enterprises, hospitals, government agencies and schools. Nursery, ward, sanatorium, and hotel which are special purpose buildings are not included.

Public Building

It refers to buildings for government agencies, culture activities, healthcare, and business and commerce, which are located in towns and villages.

Building for Production

It refers to buildings for township enterprises, farms, stock farms, and warehouses located in towns and villages.

Floor Area of Buildings Completed this Year

It refers to floor area of buildings (public buildings and buildings for production) completed in this year, including floor area of new construction, renovation, and extension. On going construction is not included in statistics. Data are separately collected for the built-up districts of small towns and villages.

Real Floor Area of Buildings at the End of Year

It refers to floor area of total buildings (public buildings and buildings for production) located in towns and villages at the end of year. Calculation equation:

Real Floor Area of Buildings at the End of Year = Real Floor Area of Buildings at The End of Last Year + Added Floor Area of Buildings Due to District Readjustment This Year-Reduced Floor Area of Buildings Due to District Readjustment This Year-floor Area of Buildings Dismantled (collapsed or burned down) This Year.

Building with Mixed Structure

It refers to floor area of buildings with mixed structure, such as reinforced concrete structure, brick-and-concrete structure etc.

/N:1580177·209

统一书号：1580177·209

定　　价：20.00元

建设项目全过程造价咨询规程

中国计划出版社

CECA/GC 4-2009

中国建设工程造价管理协会标准

建设项目全过程造价咨询规程

中国计划出版社